INHALTSVERZEICHNIS

Vorwort

Die Energiewende ist eine der wesentlichen Herausforderungen dieses Jahrhunderts. Die zunehmende Verfügbarkeit von Strom aus erneuerbaren Energien sowie neuen, alternativen Energieträgern wie grünem Wasserstoff verändert die energiewirtschaftlichen Rahmenbedingungen für Industrie und Gesellschaft in erheblichem Maße. Die energieintensive Industrie muss sich nicht nur an die Verfügbarkeit neuer Energieträger anpassen, sondern auch auf sich stetig ändernde wirtschaftliche Rahmenbedingungen, insbesondere schwankende Energiepreise. Der Wandel von einer fossilen, hin zu einer durch erneuerbare Energien geprägten Energiewirtschaft geht zudem nur langsam voran und ist mit einer hohen Unsicherheit behaftet, da auch der politische Rahmen oftmals keine langfriste Planungssicherheit ermöglicht. Mittel- bis langfristig ist weiterhin mit schwankenden Energiepreisen und Abgaben auf die Nutzung fossiler Energieträger zu rechnen.

Eine Verschärfung dieser Entwicklung hat sich in den letzten Jahren zunehmend abgezeichnet. Aus technologischer Sicht stellte sich daher schon früh die Frage, welche Lösungen und Möglichkeiten der energieintensiven Industrie zur Verfügung stehen und wie sich diese für die Zukunft technologisch und wirtschaftlich optimal aufstellen kann. „Hybrid-Heating", die hybride Beheizung, beschreibt dabei den flexiblen Einsatz unterschiedlicher Energieträger zur Prozesswärmeerzeugung. Dies können Technologien sein, welche insbesondere den Wechsel zwischen Gas und Strom ermöglichen, aber auch den Wechsel zwischen unterschiedlichen Gasen oder gezieltes Lastmanagement durch An- und Abschalten von Anlagen erlauben, deren Einsatz vor dem Hintergrund einer systemdienlichen und wirtschaftlichen Fahrweise eines Produktionsstandortes erfolgt. Der Thermoprozesstechnik kommt dabei eine Schlüsselrolle zu, da konventionelle Technologien üblicherweise auf die Beheizung mit einem Energieträger, vielfach Erdgas, ausgelegt sind und eine hybride Beheizung mit neuen technologischen Herausforderungen einhergeht.

Dieser Sammelband greift die Forschungs- und Entwicklungsarbeiten der Thermoprozesstechnik der letzten Jahre auf. Die ausgewählten Beiträge der Autorinnen und Autoren zeigen die vielfältigen Möglichkeiten und Entwicklungsarbeiten. Angefangen mit einem breiten Überblick zu den Möglichkeiten der CO_2-neutralen Prozesswärmeerzeugung in unterschiedlichen Industrien, über eine Vielzahl von Beiträgen, in denen spezifische Lösungen und Entwicklungen vorgestellt werden, wird das Thema in Übersichtsartikeln und Interviews mit Industrie und Wissenschaft eingeordnet. Abgerundet wird dieser Sammelband durch einen Beitrag über das vom BMBF geförderte Innovationsforum Hybrid-Heating, in dem das Thema durch das Institut für Industrieofenbau und Wärmetechnik der RWTH Aachen erstmals einem breiten Interessentenkreis zugänglich gemacht wurde sowie einen Beitrag über das Institut für Elektroprozesstechnik der Leibniz Universität Hannover, welches insbesondere das Thema Elektrowärme in der Thermoprozesstechnik maßgeblich prägt.

In Zeiten einer sich verändernden Energieinfrastruktur ist die Kenntnis der technologischen Möglichkeiten für die Industrie von besonderer Bedeutung. Kommunikation und Zugänglichkeit neuer Erkenntnisse sind wesentlich für die Umsetzung und breite Anwendung und tragen zur Sicherung der Wettbewerbsfähigkeit bei. Ein besonderer Dank gilt daher den Autorinnen und Autoren der Beiträge aus Industrie und Wissenschaft sowie dem Vulkan-Verlag, der das Thema von Anfang an begleitet und unterstützt. Der Sammelband soll den Leserinnen und Lesern einen ersten Eindruck über die Vielfalt der technischen Möglichkeiten vermitteln. Unternehmen müssen dennoch sehr individuelle und standortspezifische Entscheidungen treffen, wie hybrid und damit flexibel sie ihre Produktions- und Prozessketten zukünftige ausgestalten möchten. Dies ist keine leichte Aufgabe. Mit großer Sicherheit wird dabei jedoch auch weiterhin die Dynamik der Rahmenbedingungen zur Relevanz des Themas für die Thermoprozesstechnik beitragen und einen Teil der Forschungs- und Entwicklungsaktivitäten in Industrie- und Wissenschaft ausmachen. Die technischen Möglichkeiten optimal einzusetzen, wird von zentraler Bedeutung sein, die deren Kenntnis voraussetzt.

Dr.-Ing. Christian Schwotzer
Institut für Industrieofenbau und Wärmetechnik RWTH Aachen University

CO_2-neutrale Prozesswärmeerzeugung

Dr.-Ing. Christian Schwotzer, Katharina Rothhöft, Dr. Tobias Fleiter, Dr. Matthias Rehfeldt, Dr. Fabian Jäger-Gildemeister

Die voranschreitende Klimakrise erfordert eine CO_2-neutrale Bereitstellung von Prozesswärme, insbesondere in Ländern wie Deutschland, die ehrgeizige Defossilisierungsziele verfolgen und energieintensive Industriestandorte sind. Dieser Artikel präsentiert einen Auszug aus den Ergebnissen einer umfassenden Studie, welche im Auftrag des Umweltbundesamtes durch das Fraunhofer ISI in Zusammenarbeit mit dem Institut für Industrieofenbau und Wärmetechnik der RWTH Aachen University durchgeführt wurde. Die Studie beleuchtet den derzeitigen Einsatz von fossilen Brennstoffen zur Bereitstellung von Prozesswärme in verschiedenen energieintensiven Industrien in Deutschland und zeigt insbesondere das technische Potential für eine zukünftige CO_2-neutrale Prozesswärmeerzeugung auf. Dazu wurde der gegenwärtige Stand der Technik der Metall- und Mineralindustrie sowie der Dampferzeugung analysiert und Lösungsansätze für CO_2-neutrale Transformationspfade der Industrie entwickelt.

Einleitung

Die Notwendigkeit einer CO_2-neutralen Bereitstellung von Prozesswärme steht im Mittelpunkt globaler Bemühungen zur Eindämmung des Klimawandels. In Deutschland, einem Standort mit viel energieintensiver Industrie, ist dies von entscheidender Bedeutung, um ehrgeizige Klimaziele zu erreichen und gleichzeitig Arbeitsplätze und internationale Wettbewerbsfähigkeit zu erhalten. Gegenwärtig ist die Prozesswärmeerzeugung durch den Einsatz fossiler Brennstoffe, insbesondere Erdgas, geprägt und der Einsatz von erneuerbaren Energien ist gering (**Bild 1** und **Bild 2**). In der Metallindustrie dominieren fossile Energieträger mit einem Anteil von 87,3 %, während Strom mit 10,8 % und hybride Beheizungssysteme mit 2,0 % vertreten sind. Die Mineralindustrie zeigt mit einem Anteil von 99,7 % an fossilen Brennstoffen eine noch stärkere Abhängigkeit. Diese Zahlen verdeutlichen die Herausforderungen und das Potenzial für technische Innovationen zur Bereitstellung von CO_2-freier Prozesswärme in diesen Sektoren.

Obwohl einige Branchen bereits Technologien zur CO_2-neutralen Prozesswärmeversorgung einsetzen oder dies in Zukunft planen, fehlt ein umfassender Überblick über die technischen Möglichkeiten zur Prozesswärmeerzeugung energieintensiver Industriezweige im Kontext zukünftiger ökonomischer Rahmenbedingungen.

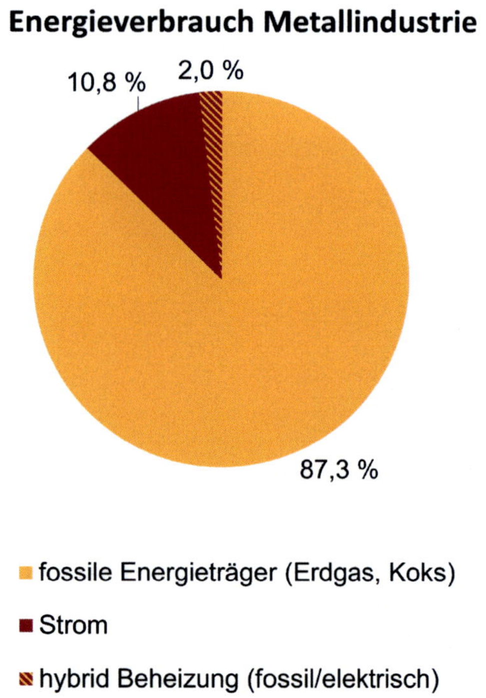

Bild 1: Metallindustrie – Verteilung jährlicher Gesamtenergieverbrauch nach Energieträgern. Anmerkungen: Mittelwerte auf Basis der Branchenanalysen, Gesamtenergieverbrauch 33.501 GWh/a

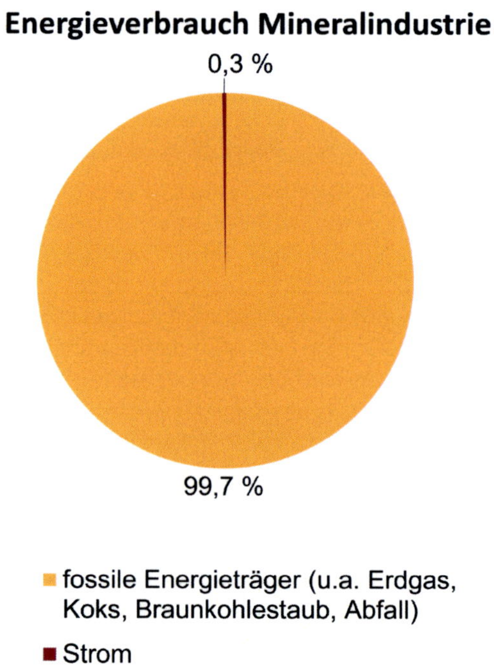

Bild 2: Mineralindustrie – Verteilung jährlicher Gesamtenergieverbrauch nach Energieträgern. Anmerkungen: Mittelwerte auf Basis der Branchenanalysen, Gesamtenergieverbrauch 51.748 GWh/a

Die vorliegende Studie adressiert diese Lücke, indem sie aus technischer, wirtschaftlicher und ökologischer Perspektive die Möglichkeiten der CO_2-neutralen Prozesswärmeerzeugung untersucht. Der Stand der Technik wird als Referenztechnik in insgesamt 13 Branchen für 34 exemplarische Anwendungen in der Metall- und Mineralindustrie sowie die Dampferzeugung analysiert (**Tabelle 1**). Für jede Anwendung werden alternative, CO_2-neutrale Technologien auf ihre technische Machbarkeit, wirtschaftliche Umsetzbarkeit und ökologischen Auswirkungen untersucht. Im Fokus stehen die Elektrifizierung der Anlagentechnik, der Einsatz von Wasserstoff, aber auch hybride Systeme und vereinzelt der Einsatz von Biomasse. Aus dieser umfassenden Bestandsaufnahme der aktuellen Lage und den möglichen Alternativtechnologien werden Erkenntnisse und Handlungsempfehlungen für Industrie, Politik und

Tabelle 1: Übersicht über die untersuchten Branchen, zugehörigen Referenztechniken und Thermoprozessanlagen

Branche	Referenztechnik	Thermoprozessanlagen
Wärme- und Glühöfen Stahl-Walzwerke	Kontinuierlicher Erwärmungsofen Flach-/Langstahl mit Erdgasbeheizung	Hubbalkenofen, Stoßofen
	Kontinuierlicher Wärmebehandlungsofen Flachstahl mit Erdgasbeheizung	Durchlaufglühöfen
	Diskontinuierlicher Wärmebehandlungsofen Flachstahl mit Erdgasbeheizung	Haubenglühöfen
Gießerei-Industrie	Kontinuierlicher Schmelzofen Gusseisen mit Koksbeheizung (geringe Kapazität)	Kaltwindkupolofen, Heißwindkupolofen
	Kontinuierlicher Schmelzofen Gusseisen mit Koksbeheizung (mittlere Kapazität)	Heißwindkupolofen
	Kontinuierlicher Schmelzofen Gusseisen mit Koksbeheizung (hohe Kapazität)	Heißwindkupolofen
	Kontinuierlicher Schmelzofen Aluminium Formguss mit Erdgasbeheizung	Schachtofen
NE-Metallindustrie: Aluminium	Diskontinuierlicher Schmelz-/Warmhalteofen Halbzeugguss Aluminium mit Erdgasbeheizung	Kammerherdofen
	Kontinuierlicher Homogenisierungs-/Erwärmungsofen Alu Band/Profil mit Erdgasbeheizung	Stoßofen, (Rollen-)durchlaufofen
	Diskontinuierlicher Homogenisierungs-/Erwärmungsofen Alu Band/Profil mit Erdgasbeheizung	Tiefofen, Kammerofen, Bolzenerwärmungsanlage
	Kontinuierlicher Wärmebehandlungsofen Alu Band mit Erdgasbeheizung	Schwebebandofen, Durchlaufofen
NE-Metallindustrie: Kupfer	Kontinuierlicher Schmelzofen Kupfer Gießwalzdraht mit Erdgasbeheizung	Kathodenschachtofen
	Kontinuierlicher Erwärmungsofen Kupfer-Halbzeug mit Erdgasbeheizung (geringe Kapazität)	Hubherdofen, Hubbalkenofen, Rollenherdofen
	Kontinuierlicher Erwärmungsofen Kupfer-Halbzeug mit Erdgasbeheizung (hohe Kapazität)	Hubherdofen, Hubbalkenofen, Rollenherdofen
	Diskontinuierlicher Wärmebehandlungsofen Kupfer-Halbzeug mit Erdgasbeheizung (geringe Kapazität)	Haubenofen
	Diskontinuierlicher Wärmebehandlungsofen Kupfer-Halbzeug mit Erdgasbeheizung (hohe Kapazität)	Haubenofen

Branche	Referenztechnik	Thermoprozessanlagen
Umformtechnik	Kontinuierlicher Erwärmungsofen Schmiedebauteile mit Erdgasbeheizung (Gesenkschmieden)	Drehherdofen, Durchlaufofen
	Diskontinuierlicher Erwärmungsofen Schmiedebauteile mit Erdgasbeheizung	Kammerschmiedeofen, Herdwagenschmiedeofen
	Kontinuierlicher Erwärmungsofen Stahlblechzuschnitte mit Erdgasbeheizung	Rollenherdofen
Härtereitechnik	Diskontinuierlicher Aufkohlungs-/Austenitisierungsofen mit Erdgasbeizung	Kammerofen
	Kontinuierlicher Aufkohlungs-/Austenitisierungsofen mit Erdgasbeizung (Lohnhärterei)	Durchstoßofen, Bandofen, Rollenherdofen
	Kontinuierlicher Aufkohlungs-/Austenitisierungsofen mit Erdgasbeizung (Betriebshärterei)	Durchstoßofen, Bandofen, Rollenherdofen
Glasindustrie inkl. Glasfaser	Kontinuierlicher Schmelzofen Behälterglas mit Erdgasbeizung	U-Flammenwanne regenerativ
	Kontinuierlicher Schmelzofen Flachglas mit Erdgasbeizung	Querbrennerwanne regenerativ
Kalkindustrie	Kontinuierlicher Brennofen Kalk mit niedriger Reaktivität mit Koksbeheizung	Normalschachtofen
	Kontinuierlicher Brennofen Kalk mit mittlerer/hoher Reaktivität mit Erdgasbeheizung	GGR-Ofen
	Kontinuierlicher Brennofen Kalk mit hohem Durchsatz mit Brennstoffmixbeheizung	Drehrohrofen
Zementindustrie	Kontinuierlicher Brennofen Zementklinker mit Brennstoffmixbeheizung	Drehrohrofensystem
Keramik- und Ziegelindustrie	Kontinuierlicher Brennofen Ziegel mit Erdgasbeheizung	Tunnelofen
	Kontinuierlicher Brennofen Feuerfeststeine mit Erdgasbeheizung	Tunnelofen
	Diskontinuierlicher Brennofen Feuerfeststeine mit Erdgasbeheizung	Herdwagenofen
Dampferzeugung Nahrungsmittelindustrie	KWK-Anlage	
Dampferzeugung Chemieindustrie	KWK-Anlage mit Spitzenlastkesseln	
Dampferzeugung Papierindustrie	Erdgaskessel & Biomassekessel	

Forschung entwickelt, die die Transformation zu einer CO_2-neutralen Prozesswärmeerzeugung unterstützen sollen.

Vorgehen der Studie

Die Studie baut auf einer umfangreichen Erhebung des Stands der Technik auf (**Bild 3**). Die Ergebnisse aus den Branchen der Metall- und Mineralindustrie sowie der Querschnittstechnik Dampferzeugung wurden im Austausch mit Expert*innen analysiert und zusammengefasst. Von zentraler Bedeutung sind die Branchenanalyse des Status quo im Bereich der Prozess- und Anlagentechnik und die Technologieanalyse des Potentials neuer CO_2-neutraler Beheizungstechnologien. Für jede Branche wurden die zentralen Prozessketten betrachtet und die energetisch wichtigsten Prozesse identifiziert. Jede Prozesskette enthält mehrere Prozesse, in denen spezifische Thermoprozessanlagen (Industrieöfen) eingesetzt werden, die zu Anlagentypen zusammengefasst werden. Basierend auf den ausgewählten Prozessen und Anlagentypen werden Anwendungen für die weitere Betrachtung definiert. Zu jeder Anwendung

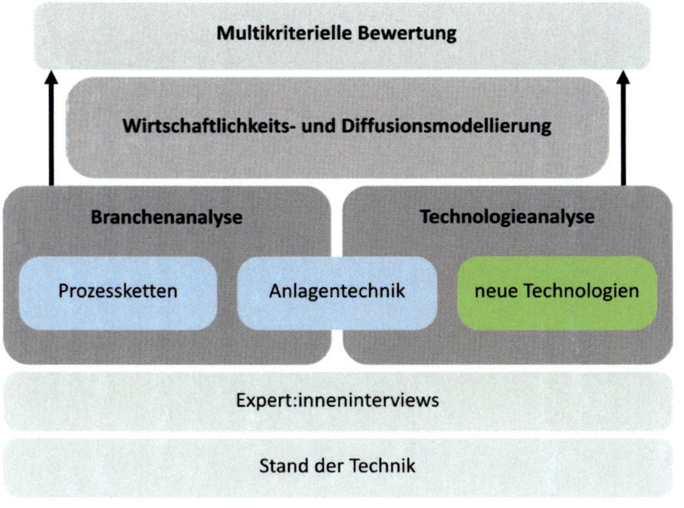

Bild 3: Vorgehen der Studie

werden eine Referenztechnik und zwei bis vier CO_2-neutrale Alternativtechniken (neue Technologien) zugeordnet. Diese werden mittels Kennzahlen wie beispielsweise dem spezifischen Energiebedarf, den Investitionskosten oder der Anlagenlebensdauer verglichen.

Die zentralen Erkenntnisse der Studie sind in elf Thesen zur Transformation der Prozesswärmeerzeugung zusammengefasst (**Tabelle 2**). Im Rahmen dieses Beitrags werden die Thesen 1, 2, 6 und 9, anhand derer ein breiter Überblick über die wesentlichen Erkenntnisse gegeben werden soll, vertieft vorgestellt. Für eine Vertiefung der Thesen wird an dieser Stelle auf die Studie (siehe Link am Ende dieses Artikels) verwiesen.

Tabelle 2: Ergebnisse der Studie als Thesen zusammengefasst

These 1	Der Anlagenpark der Industrieöfen ist heterogen
These 2	Die Umstellung auf eine THG-neutrale Prozesswärmeerzeugung ist bis 2045 technisch realisierbar
These 3	Bei Elektrifizierung und Wasserstoffeinsatz sind Forschung, Entwicklung und Demonstration notwendig
These 4	Eine Elektrifizierung verlangt einen umfassenderen Umbau des Anlagenparks als der Einsatz von Wasserstoff oder synthetischem Methan
These 5	Die Elektrifizierung geht mit leichten Effizienzgewinnen bei den meisten Anwendungstechniken einher
These 6	Elektrifizierung ist bei vielen Anwendungen mit niedrigeren Temperaturen vorteilhaft, Wasserstoff bei sehr hohen Energiedichten
These 7	Der zusätzliche Investitionsbedarf für den Neubau der Anlagen ist aus Systemsicht eher gering
These 8	Die Umstellung auf CO_2-neutrale Techniken ist mit deutlich höheren Energiekosten verbunden
These 9	Aufgrund langer Modernisierungszyklen ist die Gefahr von stranded investments hoch
These 10	Hybride Anlagenkonzepte können den Einstieg in die CO_2-neutrale Prozesswärme ermöglichen
These 11	CO_2-neutrale Techniken mindern direkte Umweltwirkungen sowie Umweltkosten

Der Anlagenpark der Industrieöfen ist heterogen

Die Metall- und Mineralindustrien sind durch eine Vielzahl an kleinen Prozessanlagen mit einem Durchsatz von unter 20 t/h und einer Anlagenleistung von unter 20 MW gekennzeichnet. Gleichzeitig existieren große Anlagen mit deutlich höherem Durchsatz und einer entsprechend hohen Anlagenleistung. **Bild 4** zeigt eine Auswahl an Technikbeispielen der Studie. Beispiele für große Anlagen sind die Wärme- und Glühöfen in der Stahlbranche mit einer Kapazität von bis zu 170 t/h oder Kathodenschachtöfen der Kupferindustrie mit einem Durchsatz von bis zu 80 t/h. Darüber hinaus sind die Prozesse durch unterschiedliche Prozesstemperaturen gekennzeichnet. Die Prozesstemperatur ist dabei ein kritischer Parameter des Herstellungsprozesses und notwendig sowohl für die Prozessführung als auch für Einstellung der Produkteigenschaften entlang der Prozesskette. Sie liegt in einem eng definierten Toleranzbereich. Mit der Prozesstemperatur steigt der spezifische Energiebedarf, wobei sich Möglichkeiten zur Steigerung der Energieeffizienz wie bspw. eine Wärmerückgewinnung positiv auf den spezifischen Energieverbrauch auswirken.

Zusätzlich wurde die Querschnittstechnologie der Dampferzeugung untersucht. Stand der Technik ist der Erdgaskessel oder die Kraft-Wärme-Kopplung (KWK). Branchenspezifische Charakteristika spielen bei der Auswahl der Technik zur Realisierung der CO_2-Neutralität hierbei eine untergeordnete Rolle. Die Endanwendungen unterscheiden sich - im Vergleich zu Industrieöfen - deutlich weniger und vor allem in Bezug auf die technischen Anforderungen wie Leistung, Durchsatz, Druck und Temperatur.

Eine Umstellung auf eine CO_2-neutrale Prozesswärmeerzeugung umfasst je nach Branche und Anwendung unterschiedliche technische Möglichkeiten und Hemmnisse sowie Investitionskosten und Platzbedarf. Demnach erfordern die notwendigen Anpassungsmaßnahmen eine differenzierte Herangehensweise bei der Umstellung auf eine CO_2-neutrale Prozesswärmeerzeugung. Eine übergeordnete Strategie zur Erreichung der CO_2-Neutralität sollte die branchentypischen Charakteristika der Produktionsprozesse berücksichtigen und die spezifischen Herausforderungen und Möglichkeiten der unterschiedlichen Branchen in Betracht ziehen.

Technisch ist Transformation zu einer CO_2 neutralen Produktion realisierbar

Trotz der großen Anlagenvielfalt und spezifischen Herausforderungen wird geschlussfolgert, dass die Umstellung auf eine CO_2-neutrale Prozesswärmeerzeugung bis 2045

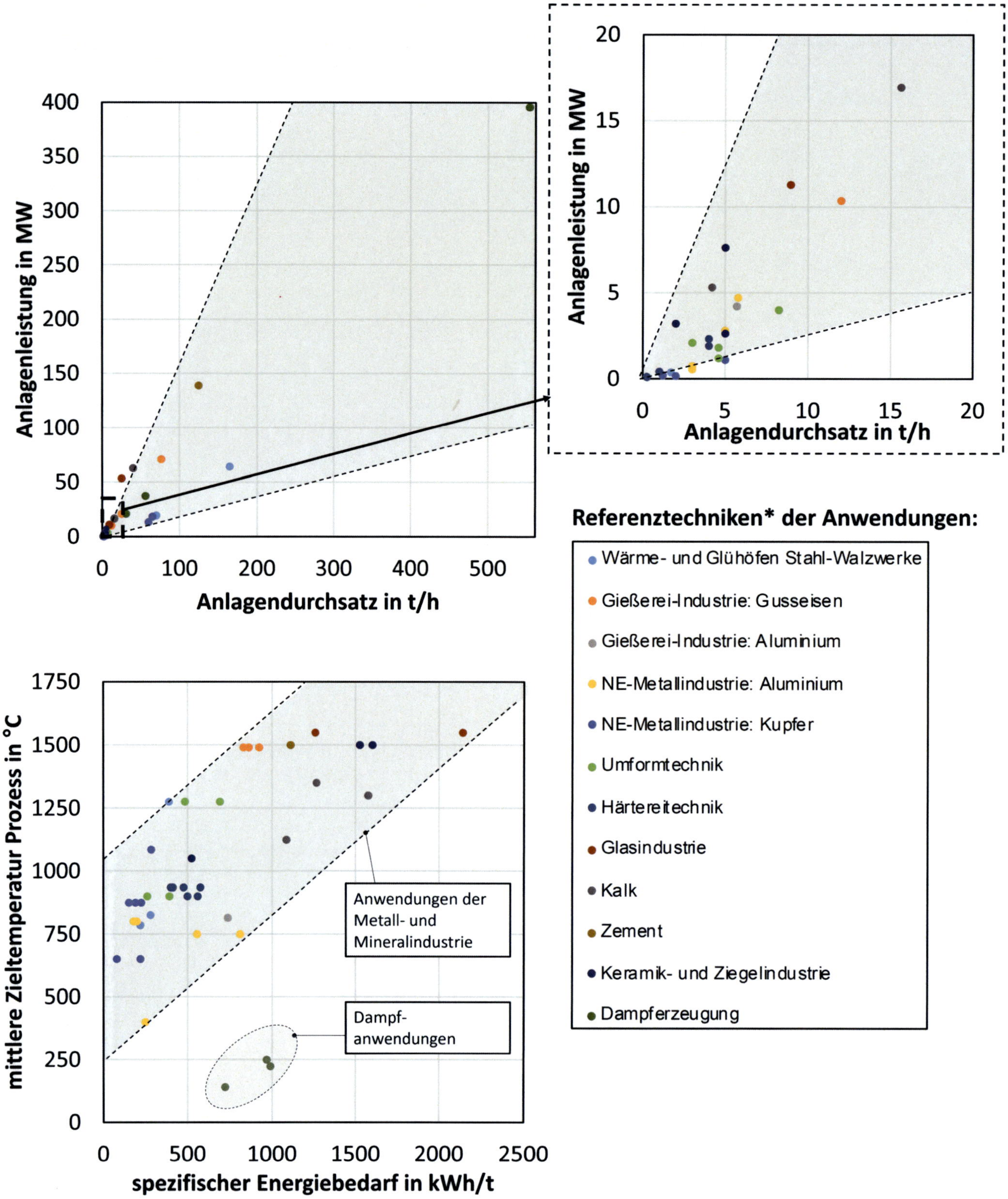

Bild 4: Einordnung der betrachteten Anwendungen und Referenztechniken im Anlagenpark in Deutschland anhand charakteristischer Kenngrößen; Anmerkungen: *Anwendungsspezifische Daten auf Basis der Branchenanalysen; insgesamt 37 Anwendungen (dargestellt sind die jeweilige Referenztechnik und ggf. die elektrische Alternative, falls bereits in größerem Umfang im Bestand vorhanden)

insgesamt technisch realisierbar ist. Die Lösungsansätze werden je nach Branche und Anwendung variieren und der Aufwand für die Umstellung von aktuell eingesetzten Referenztechniken auf CO_2-neutrale Alternativen unterscheidet sich stark.

Die Heterogenität der Industrieöfen hat insbesondere Auswirkungen auf die zukünftigen Optionen für den Einsatz einer CO_2-neutralen Alternativtechnik. Während die Elektrifizierung in Anwendungen wie in der Gießerei-Industrie, Massivumformung oder beim Schmelzen von Aluminium

TRL der Alternativtechnologie	Branche und Anwendung (zusammengefasst)																	
	Aluminium: Schmelzen, Erwärmen und Wärmebehandlung	Gießerei-Industrie: Schmelzen Al-Formguss	Kupfer: Schmelzen, Erwärmen und Wärmebehandlung	Gießerei-Industrie: Schmelzen Gusseisen	Härtereitechnik: Aufkohlen und Austenitisieren	Umformtechnik: Erwärmung Stahlblechzuschnitte	Stahl-Walzwerke: Wärmebehandlung	Keramik- und Ziegelindustrie: Brennen Ziegel und Feuerfest	Glasindustrie: Schmelzen Behälterglas	Glasindustrie: Schmelzen Flachglas	Kalk: Brennen im GGR-Ofen	Kalk: Brennen im Drehrohrofen	Zement: Brennen Zementklinker	Umformtechnik: Diskont. Erwärmung	Umformtechnik: Konti. Erwärmung	Stahl-Walzwerke: Konti. Erwärmung	Kalk: Brennen im Schachtofen	Dampferzeugung
Energieträger Referenztechnik	Gas			Koks	Gas							BS-Mix		Gas			Koks	Gas
Elektrifizierung	9	9	9	9*	9	9	< 4	< 4	4/9[1)]	< 3	< 3	< 3	< 3	< 3	< 2	< 2	< 2	9[7]
Wasserstoffbeheizung	< 4	< 5	< 5	< 5	< 4	< 5	< 4	< 5	< 4	< 4	< 4	< 4	< 4	< 5	< 5	< 4	< 2	9
Biomassebeheizung (Feststoff)	n.v.	n.v.	n.v.	< 8[2)]	n.v.	n.v.	n.v.	n.v.	n.v.	n.v.	n.v.	< 6	n.b.	n.v.	n.v.	n.v.	< 4[2)]	9[8]
Erdgas-/EE-Methanbeheizung	(9)	(9)	(9)	< 8[3)]	(9)	(9)	(9)	(9)	(9)	(9)	(9)	< 4	n.b.	(9)	(9)	(9)	n.v.	n.v.
hybride Beheizung (Strom/Erdgas (EE-Methan))	n.b.	n.b.	n.b.	n.b.	n.b.	n.b.	n.b.	n.b.	< 7[4]	< 4[4]	n.b.	n.b.	n.b.	n.b.	9	< 3[5]	n.v.	n.v.
hybride Beheizung (Strom/Wasserstoff)	n.b.	n.b.	n.b.	n.b.	n.b.	n.b.	n.b.	n.b.	< 4[4]	< 4[4]	n.b.	n.b.	n.b.	n.b.	< 5	< 35	n.b.	n.v.
Hybride Beheizung (Brennstoffmix/Strom)	n.v.	n.v.	n.v.	n.v.	n.v.	n.v.	n.v.	n.v.	n.v.	n.v.	n.v.	n.b.	< 5[6]	n.v.	n.v.	n.v.	n.v.	n.v.
Hybride Beheizung (Biomasse/H_2/Strom)	n.v.	n.v.	n.v.	n.v.	n.v.	n.v.	n.v.	n.v.	n.v.	n.v.	n.v.	n.b.	< 4[6]	n.v.	n.v.	n.v.	n.v.	n.v.

Bild 5: Technologiereifegrad (TRL) der Alternativtechnologien (zusammengefasst)

Anmerkungen:

Anwendungen mit gleichem TRL innerhalb einer Branche wurde für eine übersichtlichere Darstellung zusammengefasst. Der Fokus der Betrachtungen lag auf der Analyse des technischen Potenzials einer vollständigen Elektrifizierung als PtH-Alternative und dem Einsatz von Wasserstoff als PtG-Alternative. Für Alternativtechnologie mit der Kennzeichnung „n.v." konnten im Rahmen der Studie keine signifikanten F&E-Anwendungen identifiziert werden. Für ein TRL < 1 ist eine absehbare Umsetzung mit den betrachteten Alternativtechnologien im Rahmen der Studie nicht realistisch. Diese Techniken werden in den folgenden ökonomischen Analysen nicht weiter betrachtet (Kennzeichnung „n.b."). Für ein TRL < 3 wird eine Verfügbarkeit der Technik ab dem Jahr 2040 angenommen. Für ein TRL < 9 und ≥ 3 wird eine Verfügbarkeit der Technik ab dem Jahr 2030 angenommen.

[1] Für Anlagen mit einem Durchsatz < 10 t/d ist eine vollständige Elektrifizierung möglich. Für Anlagen mit einem höheren Durchsatz ist das nicht der Fall.

[2] Beim Einsatz von Biomasse ist vor allem die Qualität des Brennstoffes für die Prozessführung und die Produktqualität ausschlaggebend. Die Anforderungen an den Biomassebrennstoff sind anwendungs- und anlagenspezifisch. Hier ist eine individuelle Erprobung des Gesamtsystems (Anlage/Brennstoff/Produkt) notwendig.

[3] Es wurde in der Vergangenheit eine Anlage in Deutschland mit geringer Kapazität betrieben. Für größere Anlagen ist das TRL niedriger einzuschätzen.

[4] Die hybride Beheizung bezeichnet hier Technikbeispiele mit einem Elektrifizierungsanteil von > 50 % in Abgrenzung zu Anlagen mit einer elektrischen Zusatzheizung mit einem Anteil von deutlich < 50 %, welche vielfach Stand der Technik ist.

[5] Hybride Beheizungstechnologien mit einem Elektrifizierungsanteil von > 50 % (wie auch für die Anwendung der kontinuierlichen Erwärmung von Schmiedebauteilen) sind als zukünftige Alternativtechnologien denkbar, jedoch sind die Kapazitäten dieser Anlagen um ein Vielfaches (1/10) geringer und damit nur bedingt direkt vergleichbar.

[6] Die hybride Beheizung umfasst unterschiedliche Technikbeispiele mit einem Anteil der Elektrifizierung zwischen 10 % und 60 %.

[7] TRL 9 bezieht sich auf Elektrodenkessel als kommerziell verfügbare strombasierte Technik. Hochtemperaturwärmepumpen liegen je nach erforderlicher Dampftemperatur bei TRL 5-8.

[8] Der Einsatz von Biomasse zur Dampferzeugung wurde lediglich bei der Anwendung Papiertrocknung am Rande mitbetrachtet.

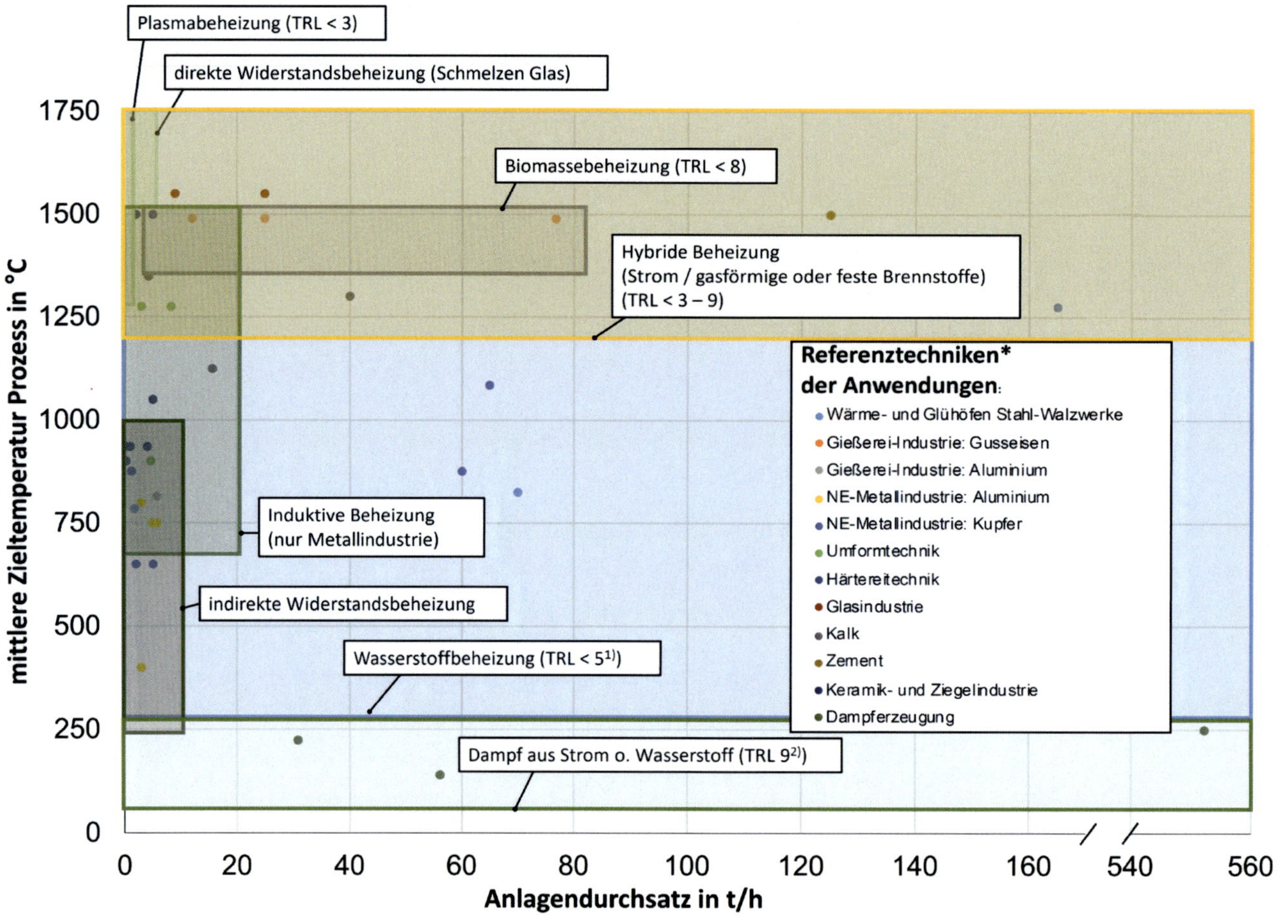

Bild 6: Einordnung und Anwendungspotenzial der betrachteten Alternativtechnologien

Anmerkungen:

*Anwendungsspezifische Daten auf Basis der Branchenanalysen; insgesamt 40 Anwendungen (dargestellt sind die jeweilige Referenztechnik und ggf. die elektrische Alternative, falls bereits in größerem Umfang im Bestand vorhanden); nicht alle Referenztechniken lassen sich durch Alternativtechnologien (insbesondere elektrische) mit identischen Produktionsmengen ersetzen; der Technologiereifegrad TRL des Gesamtsystems ist für viele Anwendungen gering.

[1] Für den Einsatz von Wasserstoff in den Branchen Metall- und Mineralindustrie ist der Technologiereifegrad der Gesamtanlage als gering eingestuft (TRL < 5), da mangels Verfügbarkeit von Wasserstoff die Einsatzfähigkeit in Pilot- oder Demonstrationsanlagen und die Auswirkungen auf den Prozess bisher vielfach (noch) nicht ausreichend erprobt werden konnten. Einzelne Komponenten (bspw. Brenner) haben vielfach jedoch bereits ein deutlich höheres TRL.

[2] Im Vergleich zum Einsatz von Wasserstoff in der Metall- und Mineralindustrie bleiben bei der Dampferzeugung nachgelagerte Prozessschritte bzw. Produkteigenschaften unbeeinflusst. Wasserstoffbefeuerte Dampferzeuger werden für den großtechnischen Einsatz kommerziell angeboten (TRL 9) und sind bereits in Industriezweigen mit internen Wasserstoffflüssen, wie der Chemieindustrie, im Einsatz.

für einige Anwendungen mit beispielsweise Induktionsöfen bereits Stand der Technik ist, weist sie in Sektoren wie der Kalk- und Zementindustrie eine vergleichsweise geringe technologische Reife auf, die mit fundamentalen technischen Herausforderungen einhergeht (**Bild 5**). Diese große Heterogenität im Anlagenbestand und in Bezug auf den Technologischen Reifegrad (TRL) erfordert eine Berücksichtigung bei der Entwicklung von Transformationsstrategien.

Sowohl Wasserstoff als auch die Elektrifizierung können eine bedeutende Rolle spielen, allerdings sind in vielen Bereichen weitere Forschung und Entwicklung erforderlich. Anwendungsübergreifend zeigt sich, dass die Elektrifizierung meist einen Neubau der Anlage erfordert. Die Umstellung der mit Erdgas betriebenen Referenztechnik auf Wasserstoff ist in Bezug auf die Anlagentechnik mit weniger technischem Aufwand verbunden und wird mit einer Umrüstung der Brennertechnik möglich sein. Ergänzend ist beim Einsatz von Wasserstoff lokale Infrastruktur (Leitungen, Ventile) erforderlich; zusätzlich sind Auswirkungen auf Prozess- und Produktqualität zu erproben. Anlagen im industriell-kommerziellen Maßstab sind noch nicht vorhanden. Aus diesem Grund wird der TRL im Rahmen der Studie mit <5 eingestuft. Aufgrund weiterer Forschungs- und Entwicklungsarbeiten, welche derzeit in vielen Projekten stattfinden, wird davon ausgegangen, dass der TRL in vielen Anwendungen in den nächsten Jahren schnell steigen kann.

Entscheidend für alle Alternativtechnologien ist deren Skalierung auf industrielle Ebene sowie die Erprobung im operativen Einsatz. Einige Technologien stehen vor erheblichen technischen Barrieren, wie beispielsweise die elektrische Beheizung des Drehrohrofens in der Kalk- oder Zementherstellung oder die kontinuierliche Erwärmung in Stahlwalzwerken. Diese Prozesse und deren Anlagentechnik sind durch sehr hohe Prozesstemperaturen und Produktionskapazitäten gekennzeichnet, sodass Beheizungstechnologien mit einer hohen Energiedichte bereitgestellt werden müssen. Dies ist mit den elektrischen Beheizungstechnologien nach dem Stand der Technik gegenwärtig nicht möglich. Auch der Einsatz von Wasserstoff stellt eine besondere technologische Herausforderung dar. Dies gilt insbesondere in Bereichen, in denen derzeit feste Brennstoffe wie Koks verwendet werden, beispielsweise im Schachtofen zum Brennen von Kalk oder in den Kupolöfen der Eisengießereien, weshalb für diese Anwendungen alternative, biobasierte Brennstoffe diskutiert werden. Diese müssen jedoch in ausreichender Qualität und Menge zur Verfügung stehen. Im Gegensatz dazu stehen für die Dampferzeugung bereits heute CO_2-neutrale Techniken sowohl für die Nutzung von Wasserstoff als auch für die Elektrifizierung für den industriellen Einsatz zur Verfügung.

Elektrifizierung ist bei vielen Anwendungen mit vergleichsweise niedrigeren Temperaturen vorteilhaft, Wasserstoff bei sehr hohen Energiedichten

Anhand der charakteristischen Kennzahlen Anlagendurchsatz und Prozesstemperatur (mittlere Zieltemperatur) lassen sich vereinfacht Anwendungsfelder für die betrachteten Alternativtechniken definieren (**Bild 6**). Darüber hinaus sind weitere Parameter zu berücksichtigen wie der Technologiereifegrad, der Aufwand für den technischen Umbau oder die Energieeffizienz.

Für die Anwendungen der Metall- und Mineralindustrie mit einem Durchsatz von unter ca. 20 t/h und einer Prozesstemperatur bis ca. 1.000 °C sind elektrische Beheizungstechnologien verfügbar. Die Technologiegrenzen sind jedoch fließend und die Anwendungsfelder werden stetig erweitert, sodass auch bei höheren Prozesstemperaturen für einige der betrachteten Anwendungen technische Lösungen vorhanden sind, wie beispielsweise das induktive Schmelzen metallischer Werkstoffe. Prozesse, für die hohe Prozesstemperaturen und ein hoher Durchsatz nötig sind, wie beispielsweise für das Brennen und Schmelzen in der Mineralindustrie, weisen einen geringen Technologiereifegrad auf. Für diese Anwendungen sind Beheizungstechnologien mit einer hohen Energiedichte, wie beispielsweise Wasserstoff oder biogene Energieträger als Ersatz für feste Kohlenstoffträger, notwendig.

Insgesamt wird festgestellt, dass die Elektrifizierung bei vielen Anwendungen mit moderaten Prozesstemperaturen (< 1.000 °C) und geringerer Anlagenleistung (< 20 t/h) auf einem hohen TRL verfügbar ist. Hier ist ein Vorteil für eine schnelle Transformation gegeben. Elektrische Beheizungstechnologien sind für einige Anwendungen in der Metallindustrie bereits heute Stand der Technik, werden in Deutschland jedoch vielfach nicht eingesetzt. Die Gründe dafür sind von komplexer Natur und betreffen z. B. produktionsspezifische Aspekte, Platzbedarf, Infrastruktur und Energiekostenunterschiede zwischen Strom und fossilen Brennstoffen. Eine Elektrifizierung kann bei kontinuierlichen Prozessen zu einem höheren Anlagen- und Platzbedarf führen, da für die gleiche Produktionskapazität meist mehrere kleine diskontinuierliche elektrische Anlagen anstelle einer fossilen Anlage erforderlich sind. Weiterhin stellt die nötige Infrastruktur, wie beispielsweise die elektrische Anschlussleistung am Standort, eine Hürde dar. Zusätzlich

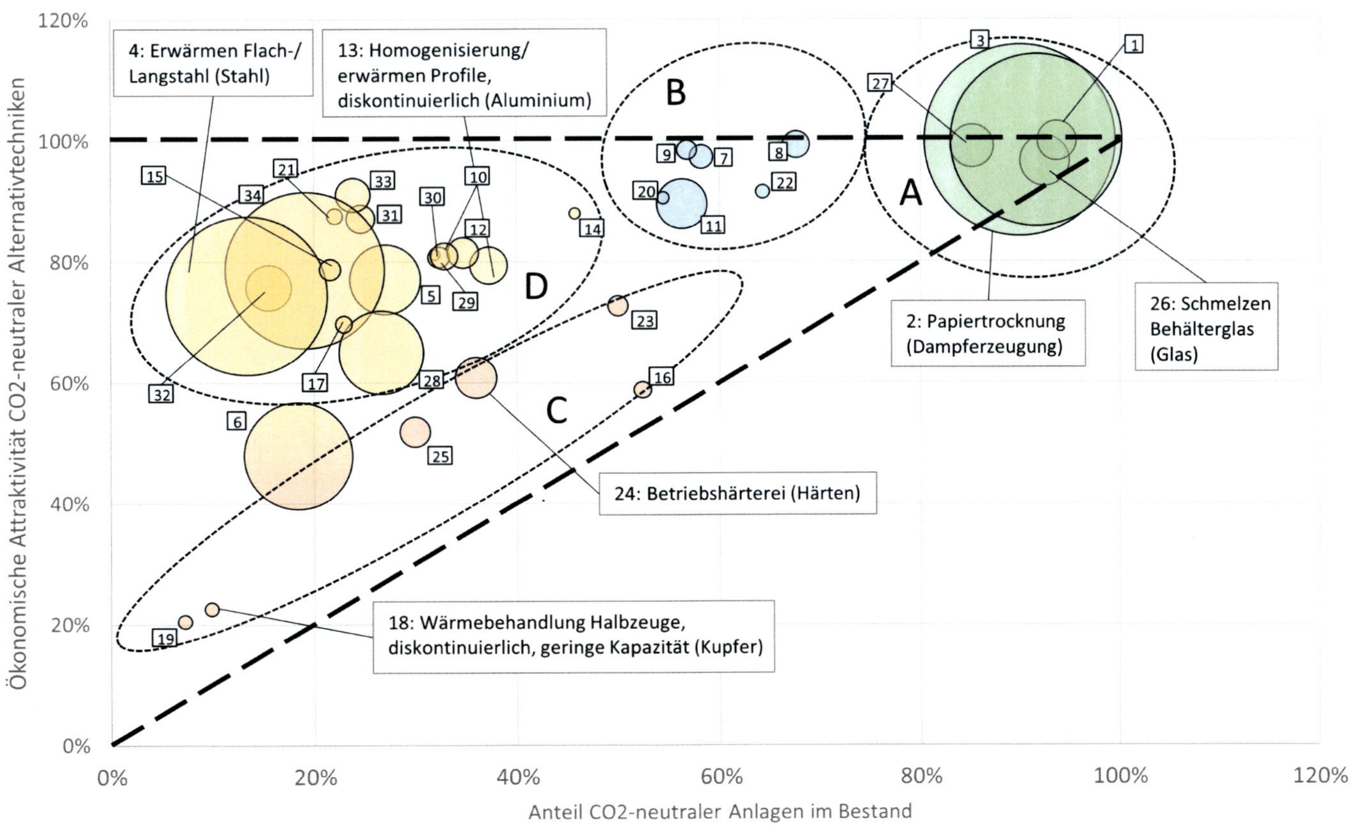

Bild 7: Diffusion und Attraktivität CO_2-neutraler Anlagen im Jahr 2040 nach Anwendung (exemplarisch)

hinderte insbesondere die in der Vergangenheit geringe Wirtschaftlichkeit im Vergleich zu einer Gasbeheizung die Investition in elektrische Beheizung.

Die Beheizung mit Wasserstoff kann vorteilhaft sein für Anwendungen, die aufgrund hoher Produktivität und Prozesstemperaturen hohe Energiedichten benötigen. Für diese konventionell vielfach mit Erdgas betriebenen Anwendungen besteht derzeit keine schnell einsetzbare und vollständig elektrifizierte Alternative. Grundsätzlich stellt Wasserstoff für alle gasbeheizten Anwendungen eine Option dar. Der Einsatz von Wasserstoff kann von Vorteil sein, wenn eine Elektrifizierung mit unüberbrückbaren technischen Hürden verbunden ist oder durch Elektrifizierung keine Energieeffizienzgewinne möglich sind.

Aufgrund langer Modernisierungszyklen ist die Gefahr von stranded investments hoch

Die Nutzungsdauer und Modernisierungszyklen vieler Anlagen betragen meist 20 bis 50 Jahre. Dadurch haben neue Investitionen einen erheblichen Einfluss auf die langfristige Transformation des Bestands. Da lange Anlagennutzungsdauern und Modernisierungszyklen den Transformationsprozess deutlich verlangsamen können, sind frühe klima- und energiepolitische Signale maßgeblich, um Investitionen in besonders langlebige, neue fossile Anlagen zu verhindern.

Die Voraussetzung für eine Markdiffusion der CO_2-neutralen Technik sind deren Verfügbarkeit und Wirtschaftlichkeit. Weitere Faktoren wie Lebensdauer bzw. der Modernisierungszyklus und das Alter des bestehenden Anlagenbestandes beeinflussen die Dynamik der Marktdiffusion. Die Voraussetzungen für die Marktdiffusion unterscheiden sich je nach Anwendung und Branche und lassen sich in verschiedene Gruppen einteilen. Für das Jahr 2040 werden exemplarisch vier Gruppen (A, B, C und D) definiert, die sich hinsichtlich der ökonomischen Attraktivität der CO_2-neutralen Alternativtechnik und dem Anteil an CO_2-neutralen Anlagen im Bestand unterscheiden (**Bild 7**).

In Gruppe A („Advanced") sind Anwendungen, für die früh wirtschaftlich attraktive CO_2-neutrale Techniken zur Verfügung stehen und die aufgrund von geringen Anlagenlebensdauern vergleichsweise schnell ausgetauscht werden können. Diese Anwendungen können bis 2040 eine vollständige Defossilisierung (im gerechneten Szenario über 80 % Diffusion) erreichen und sind in der Glasherstellung und Dampferzeugung zu finden.

In Gruppe B („Boosted"), sind Anwendungen, für die 2040 attraktive CO_2-neutrale Techniken zur Verfügung stehen, aber die durch höhere Anlagenlebensdauern eine geringere Diffusion aufweisen. In dieser Gruppe sind Gießereien und Umformtechnikunternehmen vertreten.

Anwendungen, deren CO_2-neutrale Techniken einerseits zwar ökonomisch weniger attraktiv sind, andererseits jedoch die mögliche Diffusion stark nutzen, werden Gruppe C („Cornered") zugeteilt. Hierin sind Kupferverarbeitung und Härtereien vertreten.

Mangelt es an wirtschaftlichen CO_2-neutralen Techniken und einer schnellen Diffusion, werden Anwendungen der Gruppe D („Delayed") zugeordnet. In dieser Gruppe sind die Zement-, Kalk-, Aluminium- und Stahlproduktion vertreten, und hier zeigen sich besondere Gefahren für fossile Lock-ins und somit Handlungsbedarf.

Die Geschwindigkeit der Entwicklung zu einer CO_2-neutralen Industrie ist abhängig von der Zeit, die benötigt wird, eine alte Anlage gegen eine neue auszutauschen. Für viele Anwendungen besteht das Risiko, dass die CO_2-neutrale Anlage zwar wirtschaftlich attraktiv ist, jedoch aufgrund einer bestehenden fossilen Anlage und deren Modernisierungszyklus nicht errichtet wird. Weiterhin besteht ein ökonomisches Risiko, wenn fossil beheizte Anlagen frühzeitig ausgetauscht werden, bevor sie das Ende ihrer Lebensdauer erreicht haben. Da die Nutzungsdauer von Anlagen teilweise mehrere Jahrzehnte beträgt, können auch starke wirtschaftliche Signale zeitverzögert wirken. Lange Anlagennutzungsdauern und Modernisierungszyklen verlangsamen den Transformationsprozess erheblich. Daher sind frühe klima- und energiepolitische Signale maßgeblich, um Investitionen in neue fossile Anlagen zu verhindern. Darüber hinaus ist in vielen Anwendungen davon auszugehen, dass fossile Bestandsanlagen das Ende ihrer technischen Lebensdauer nicht erreichen können.

Kostendifferenzen zwischen konventionellen und CO_2-neutralen Anlagen entstehen vor allem durch Energiekosten. Folglich sind zur Steigerung der ökonomischen Konkurrenzfähigkeit der CO_2-neutralen Alternativtechniken, zwei Bedingungen entscheidend: 1. Verfügbarkeit von klimaneutralem Strom und Wasserstoff zu wettbewerbsfähigen Preisen und 2. eine Erhöhung des CO_2-Preises.

Fazit

Zur Erreichung der gesetzten Ziele zur Defossilisierung der Industrie in Deutschland ist eine CO_2-neutrale Bereitstellung von Prozesswärme notwendig. Die Analyse des aktuellen Standes der Technik in der Metall- und Mineralindustrie sowie der Dampferzeugung im Rahmen der hier vorgestellten Ergebnisse als Teil der Studie zeigt eine große Heterogenität im Anlagenpark und verdeutlicht den hohen Anteil an eingesetzten fossilen Brennstoffen entlang der Prozessketten. Die Untersuchung von CO_2-neutralen Alternativtechnologien zeigt auch, dass eine Umstellung bis 2045 technisch realisierbar ist, wobei Elektrifizierung und Wasserstoff zentrale Rollen spielen. Die Heterogenität des Anlagenparks in der Industrie erfordert differenzierte Herangehensweisen, wobei eine branchenspezifische Transformationsstrategie die Charakteristika der Produktionsprozesse berücksichtigen sollte. Die Gefahr von stranded investments aufgrund langer Modernisierungszyklen betont die Dringlichkeit frühzeitiger klima- und energiepolitischer Signale, um Investitionen in neue fossile Anlagen zu verhindern und die Marktdiffusion CO_2-neutraler Technologien zu fördern.

Quellen und Studie

Alle in diesem Beitrag vorstellten Ergebnisse sind der Studie „CO_2-neutrale Prozesswärmeerzeugung - Umbau des industriellen Anlagenparks im Rahmen der Energiewende: Ermittlung des aktuellen SdT und des weiteren Handlungsbedarfs zum Einsatz strombasierter Prozesswärmeanlagen“ entnommen. Die Autor*innen des Artikels bedanken sich bei allen Personen, die an der Erstellung der Studie mitgewirkt haben. Eine Auflistung dieser Personen ist dieser zu entnehmen. Die Studie und weiterführende Unterlagen sind auf der Homepage des Umweltbundesamts verfügbar: https://www.umweltbundesamt.de/publikationen/co2-neutrale-prozesswaermeerzeugung

Autor*innen

Dr.-Ing. Christian Schwotzer
Institut für Industrieofenbau und Wärmetechnik RWTH Aachen University
schwotzer@iob.rwth-aachen.de

Katharina Rothhöft, M.Sc.
Institut für Industrieofenbau und Wärmetechnik RWTH Aachen University
rothhoeft@iob.rwth-aachen.de

Dr. Tobias Fleiter
Fraunhofer Institut für System- und Innovationsforschung
tobias.fleiter@isi.fraunhofer.de

Dr. Matthias Rehfeldt
Fraunhofer Institut für System- und Innovationsforschung
matthias.rehfeldt@isi.fraunhofer.de

Dr. Fabian Jäger-Gildemeister
Umweltbundesamt (UBA)
fabian.jaeger-gildemeister@uba.de

Hybride Beheizungskonzepte in der Wärmebehandlung

Dr. Horst Graf von Schweinitz

Am Anfang ist der Strom. Dieser Umstand ist uns Menschen fremd. Denn seit 1,5 Millionen Jahren wissen wir: Am Anfang ist das Feuer. Wir stehen vor einem Paradigmenwechsel, denn die Nutzbarmachung von Strom ist uns erst seit ca. 150 Jahren bekannt. Während bei uns der Umgang mit Feuer in den Genen verankert ist [1], müssen wir den Umgang mit Strom neu lernen.

Wir haben aus dem Feuer, also dem Brennstoff, Arbeitsmaschinen und später Elektromotoren entwickelt. Diese waren uns so wichtig, dass der Wirkungsgrad zunächst gar keine Rolle spielte. James Watt ist es gelungen, den Wirkungsgrad von Dampfarbeitsmaschinen erheblich zu verbessern, nämlich auf bescheidene 3 % [2,3]. Mit Blick auf diese Historie sollten Diskussionen um unzureichende Wirkungsgrade mit Bedacht geführt werden, denn sie blockieren unter Umständen wichtige Forschungspfade.

Die moderne Gesellschaft entnimmt noch immer unachtsam den Brennstoff der Erde, welchen sie dann verfeuert oder verstromt. Der Brennstoff ist und war einfach da und ist auch aus heutiger Sicht noch in beliebiger Menge vorhanden [4]. Die Verstromung erfolgte dem Bedarf folgend, konstant und stabil. Erst mit der Diskussion um den Klimawandel wurde deutlich, dass die fossilen Brennstoffe in der Erde bleiben müssen.

Der grüne Öko-Strom, also derzeit vorwiegend aus Licht, Wind, Wasser und Biomasse gewonnen, ist nicht immer verfügbar. Er ist dann da, wenn die Natur es uns gestattet. So müssen wir uns nach der Natur richten und nicht umgekehrt. Das ist noch ein Paradigmenwechsel, denn nach biblischer Auffassung macht der Mensch sich die Erde untertan [5] (was ihn von seiner Verantwortung nicht entbinden darf).

Strom ist aus heutiger Sicht nur schwer speicherbar. Batterien haben bei weitem nicht die Kompaktheit, wie die uns wohlvertrauten Brennstoffe. Die gravimetrische Energiedichte liegt beispielsweise bei der Mobilität aktuell im Bereich von 1:30, bereinigt mit einem Wirkungsgrad von 33 %, bei 1:10 [6]. Zur Speicherung sind Rohstoffressourcen erforderlich die prinzipbedingt endlich sind und wiederum einen weiteren CO_2-Fußabdruck nach sich ziehen. Dem Beispiel der Dampfmaschine folgend, kann sich das Verhältnis durch Forschung und Entwicklung positiv verändern. Vielleicht schmunzeln wir in 30 Jahren über unsere Überlegungen, weil die Technologie ganz neue Wege aufgezeigt hat. Deshalb ist Technologieoffenheit von zentraler Bedeutung für die zukünftige Forschung und Entwicklung.

Bis dahin ist allerdings auch heute zu überlegen, wie wir mit dem grünen Strom umgehen wollen und können. Im Sinne der Effizienzmaximierung muss der Strom sofort verbraucht werden. Erst danach ist im Falle einer negativen Residuallast (Überschuss an grünem Strom), die überschüssige Energie zu speichern [7]. Bei Thermoprozessanlagen ist der Energiebe-

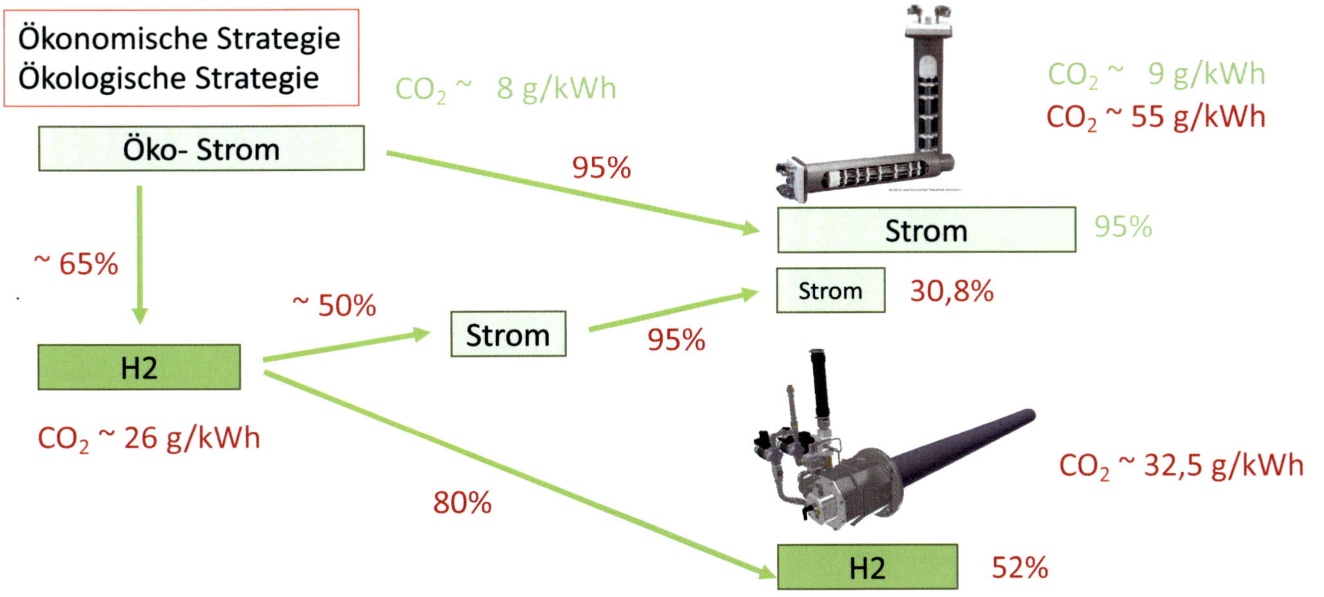

Bild 1: Energiepfade und CO_2-Fußabdruck für eine Beheizung mit Mantelstrahlheizrohren in Wärmebehandlungsanlagen bis zu einer Temperatur von 1.000 °C, Konzept 1 bis 4

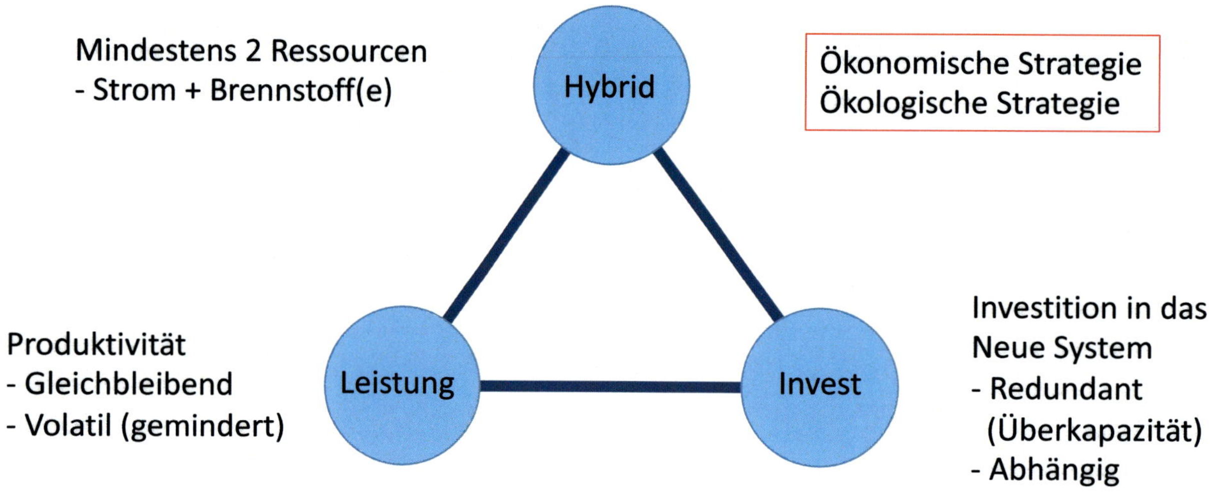

Bild 2: Zielkonflikt bei der Auslegung einer hybriden Thermoprozessanlage

darf so hoch, dass die Speicherung in Form von Wasserstoff sinnvoll sein kann. Entsprechend muss das Beheizungskonzept der Thermoprozessanlage an die neuen Bedingungen angepasst werden.

Es werden beispielhaft vier Konzepte unter ökonomischen und ökologischen Aspekten beleuchtet. Grundlage hierfür ist ein hypothetischer Strommarkt der Zukunft, der ohne fossile und atomare Energieträger auskommt:

- Thermoprozessanlage elektrisch beheizt, durch direkten Verbrauch von grünem Strom
- Thermoprozessanlage elektrisch beheizt, durch Rückverstromung von grünem Wasserstoff
- Thermoprozessanlage durch Feuerung beheizt, mit grünem Wasserstoff
- Thermoprozessanlage hybrid beheizt, durch direkten Verbrauch von grünem Strom und Feuerung mit grünem Wasserstoff.

Zu 1: Der direkte Verbrauch von grünem Strom ist theoretisch die ökologisch optimale Variante. Der entscheidende Nachteil ist dabei, dass die Produktion der fluktuierenden Stromerzeugung unterworfen ist. Wärmebehandlungsprozesse sind nach heutigem Verständnis einem zeitlichen Schema unterworden, das nicht unterbrochen werden darf. Von daher scheidet diese Form der Verwendung aus.

Alternativ könnte der Wärmebehandlungsprozess aus dem Sockel an grünem Strom betrieben werden. Also aus dem Anteil, der immer vorhanden ist. Dies ist allerdings aus ökonomischer Sicht unrealistisch, weil diese Form des Strombezuges die teuerste ist [8]. Diese Betrachtungsweise berücksichtigt, dass der Strombezug der Zukunft der Erzeugung angepasst wird und granuliert im Stundentakt bezogen und abgerechnet wird [9].

Zu 2: Die Rückverstromung von gespeichertem, grünen Wasserstoff ermöglicht die Nachteile von Konzept 1 auszugleichen. Die Produktion ist stabil und unterbrechungsfrei. In Bezug auf die Effizienz und somit die Ökonomie ist dieses Konzept nachteilig. Im Bestfall können 31 % des grünen Stromes genutzt werden (**Bild 1**).

Zu 3: Bei diesem Konzept wird überschüssiger Strom (negative Residuallast) in Form von Wasserstoff gespeichert. Der Wasserstoff steht dann der Wärmebehandlungsanlage als Gas zur Verfügung und kann in modernen rekuperativen Feuerungsanlagen verbrannt werden. Bei Wärmebehandlungsöfen mit rekuperativen Brennern kann bei einem feuerungstechnischen Wirkungsgrad von > 80 % ein Gesamtwirkungsgrad von 52 % erzielt werden.

In Anlehnung an den Technology Readiness Level (TRL) wird für rekuperative Brenner, betrieben mit Wasserstoff, die Stufe 7 bis 8 erreicht [10,11]. Vorteil dieser Brennerbauart ist, dass sie eine Brückentechnologie ist. Eine Wärmebehand-

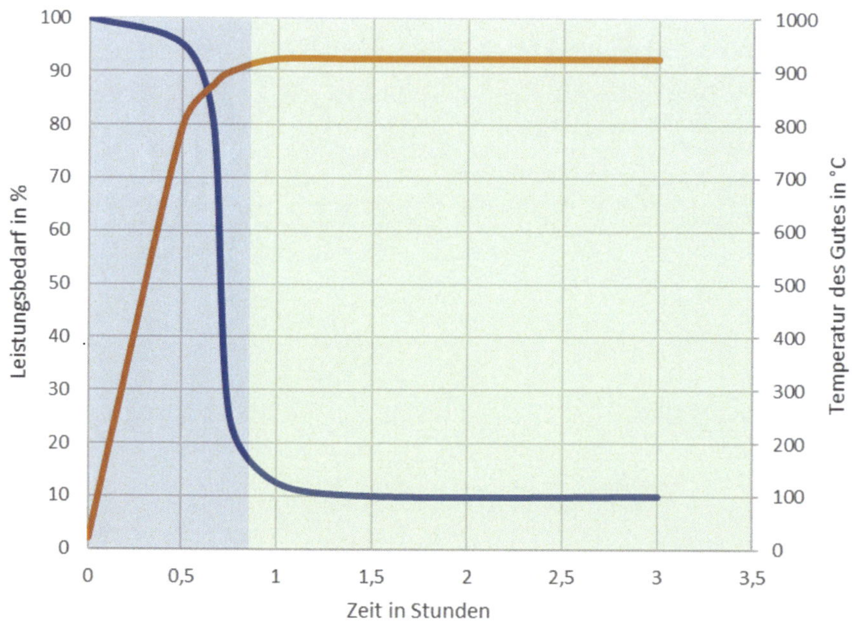

Bild 3: Qualitativer, zeitlicher Verlauf an Leistungsbedarf (Blau) und der Temperatur (Rot) am Beispiel eines Kammerofens

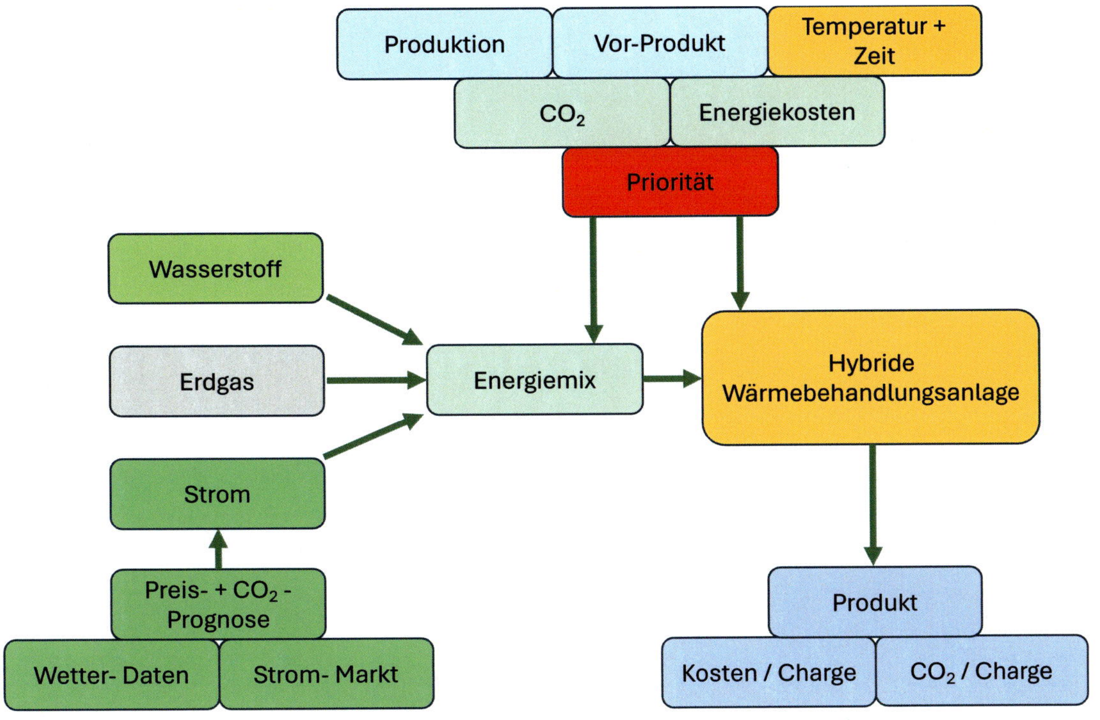

Bild 4: Optimierungspfade für eine hybride Wärmebehandlungsanlage

lungsanlage, die heute mit Erdgas betrieben wird, kann in Zukunft auf Wasserstoff umgestellt werden. Weiterhin kann das Erdgas stufenweise mit Wasserstoff angereichert werden, bis hin zu 100 % Wasserstoff.

Zu 4: Die hybride Bauart vereint die Vorteile der direkten Nutzung von grünem Strom mit der Konstanz der Produktion durch die Verfeuerung von Wasserstoff in rekuperativen Brennern. Das Konzept verbindet sowohl ökonomische als auch ökologische Aspekte. Diese Bauart wird in Zukunft vom Standort der Produktion abhängen. Je nach Anbindung an das Stromnetz und die Verfügbarkeit von Wasserstoff, kann die Leistungsaufteilung zwischen Strom und Brennstoff einer Wärmebehandlungsanlage variieren. Im Idealfall kann bei indirekter Beheizung in einem Mantelstrahlheizrohr wahlweise eine elektrische Beheizung oder eine Brennstoff- Feuerung verbaut werden. So ist es möglich auch in Zukunft die Beheizung an die Ressourcen anzupassen.

Bild 2 zeigt den Zielkonflikt einer hybriden Beheizung. Problematisch bei dem hybriden Konzept ist die Vorhersage, mit welcher Aufteilung an Strom und Brennstoff das individuelle Optimum erreicht werden kann. Soll die Produktion der Anlage auch dann gleichbleibend sein, wenn nur eine Ressource zur Verfügung steht, ist eine erhöhte Investition in die Produktionsanlage erforderlich.

Bei Kammeröfen ändert sich zeitlich der Energiebedarf (**Bild 3**), so dass mit der Bereitstellung der relevanten Informationen smarte Produktionszyklen berechnet werden können. Im Aufheizprozess wird viel Energie benötigt. Im Halteprozess müssen lediglich Verluste ausgeglichen werden. Das kann Einfluss auf die Aufteilung von Strom und Wasserstoff haben. So kann zum Beispiel in der intensiven Aufheizphase Wasserstoff zum Einsatz kommen und in der Haltephase Strom.

Je nach Energieangebot in Bezug auf Preis und CO_2-Fußabdruck, kann mit entsprechender Priorität der Energiemix gewählt werden. Je nach Strategie und Ausstattung der Wärmebehandlungsanlage, kann der Energiemix auch im Produktionsverlauf gleitend variieren.

Die Daten für den CO_2-Ausstoß je erzeugter kWh Strom in stündlicher Auflösung liegen schon heute vor. Je nach Öko-Strom-Anteil liegt dieser höher oder geringer als der von Erdgas. Bei der Verwendung von grünem Wasserstoff ist dieser ca. 10-fach geringer als bei Erdgas [12,13].

Sofern die Software die Daten einlesen kann, kann abschließend je Charge der CO_2-Fußabdruck nachgewiesen werden.

Hybride Anlagen der Zukunft erfordern eine fortgeschrittene Hard-und-Softwarestruktur, so dass gezielt die Kundenwünsche erfüllt werden können. Das kann ein besonders attraktiver Preis oder ein geringer CO_2-Fußabdruck sein. Derzeit zeichnet sich ab, dass beide Optimierungsziele zu demselben Ergebnis führen, denn Strom wird derzeit besonders günstig gehandelt, wenn der Anteil an grünem Strom hoch ist (**Bild 4**).

Literatur

[1] Troy D. Hubbard: Ligand Selectivity and evolutionary divergence of the human aryl hydrocarbon receptor, Dissertation (May 2017), The Pennsylvania State University

[2] Claudia Sarrazin, Alexandra Klockau, Martin Schramm: ARDalpha (04.01.2023),URL: https://www.ardalpha.de/wissen/geschichte/historische-persoenlichkeiten/james-watt-dampfmaschine-industrielle-revolution-100.html (Stand: 16.01.2024)

[3] Dieter Freude: Energie- Grundlagen Wärmekraftmaschinen, Uni- Leipzig (22.09.2023), URL: https://home.uni-leipzig.de/energy/energie-grundlagen/12.html (Stand: 16.01.2024)

[4] o.V.: Handelsblatt, Rohstoffe: Wie lange reicht die Kohle (09.02.2010),

URL: https://www.handelsblatt.com/technik/rohstoffe-wie-lange-reicht-die-kohle/3365380.html, (Stand: 16.01.2024)

[5] Schlachter Bibel Gen 1.28, Schlachter 2000, URL: https://www.schlachterbibel.de/de/bibel/, (Stand: 16.01.2024)

[6] o.V.: Wissenschaftlicher Dienste, Deutscher Bundestag, WD8-3000-090/20 (2020)

[7] Hans- Martin Henning, Andreas Paelzer: Fraunhofer ISE, Energiesysteme Deutschland 2050, Seite 19-20, Freiburg (November 2013)

[8] Mara Marthe Kleiner, Philipp Litz, Fabian Hein, Katharina Hartz: Agora Energiewende, Strompreis und Stromexport / -Import, URL: https://www.agora-energiewende.de (Stand: 16.01.2024)

[9] o.V.: Strommarkt in Deutschland- Gewährleistet das derzeitige Marktdesign Versorgungssicherheit, Bericht für das BMWI, Frontier Economics Ltd. London (Juli 2014)

[10] Horst Graf von Schweinitz: ALLGAS by Econova for the CO_2 neutral future, Broschüre, Econova GmbH, Bochum (Nov. 2021), URL: https://www.mach1.one/portfolio (Stand: 16.01.2024)

[11] o.V.: HORIZON 2020 Work Programme 2014-2015, European commission Decision C (2015) 8621, Page 29 (04.12.2015)

[12] Steffen Bukold: Kurzstudie Blauer Wasserstoff, Greenpeace Energy (Januar 2020)

[13] o.V.: Informationsblatt CO_2- Faktoren, Bundesamt für Wirtschaft und Ausfuhrkontrolle, Versionsnummer 1.1 (15.11.2021)

Autor

Dr. Horst Graf von Schweinitz
Econova GmbH
0234/5200875-1
h.schweinitz@mach1.one

Hybride Erwärmungsstrategien in der Thermoprozesstechnik

Helmut Krammer, Dr.-Ing. Markus Langejürgen, Dr. Christian Sprung

Aufgrund der aktuellen Energiewende und der damit verbundenen Diskussion stellt sich die Frage wie der zukünftige Einsatz von Strom und Gas in industriellen Erwärmungsanlagen aussehen wird. Auch wenn beide Erwärmungsstrategien auf den ersten Blick wenig gemeinsam haben, ist das Ziel beider Erwärmungsstrategien stets das gleiche. Es soll eine vorgegebene Erwärmungstemperatur mit der einzuhaltenden Gleichmäßigkeit und Haltedauer unter möglichst geringem Energie- und Materialeinsatz erreicht werden. Da der Erwärmungsweg über einen gasbeheizten Ofen in vielen Betrieben stark verankert ist, werden alternative Erwärmungsstrategien zu selten betrachtet. Durch hybride Lösungen können nicht nur Kosten- und Qualitätsvorteile erzielt werden. Durch die gegenseitige Ergänzung werden neben neuen Erwärmungsstrategien auch neue Prozessrouten ermöglicht. Wie unterschiedlich hybride Lösungen und die Vorteile aussehen, kann am besten anhand von Beispielen aus den verschiedensten Fachbereichen vorgeführt werden.

Jede Erwärmungsstrategie zeichnet sich durch klare Vor- und Nachteile aus. Bei induktiven Erwärmungsanlagen kann durch die sehr rasche und gezielte Erwärmung direkt im Material ein Vorteil bei der Randentkohlung und bei der Zunderbildung erzielt werden. Weiter sind einstellbare Temperaturgradienten bzw. eine Erwärmung von Teilbereichen durch speziell angepasste Induktoren möglich. Die Einhaltung einer hohen Temperaturgenauigkeit während der Haltezeit oder das Erwärmen großer Bauteile ist jedoch schwer umsetzbar und somit auch kostenintensiv.

Ein konventionell gasbeheizter Ofen kann hingegen problemlos eine hohe Temperaturgenauigkeit über eine lange Zeit sicherstellen. In Punkto diskontinuierliche Produktion, Energieeffizienz, Emissionen und dem Energieverbrauch in Nebenzeiten, weisen diese Erwärmungsaggregate jedoch deutliche Defizite auf. Auch wenn exemplarisch nur die gravierendsten Stärken und Schwächen gegenübergestellt werden, kann klar erkannt werden, dass sich beide Anlagentypen je nach Anwendungsfall perfekt ergänzen.

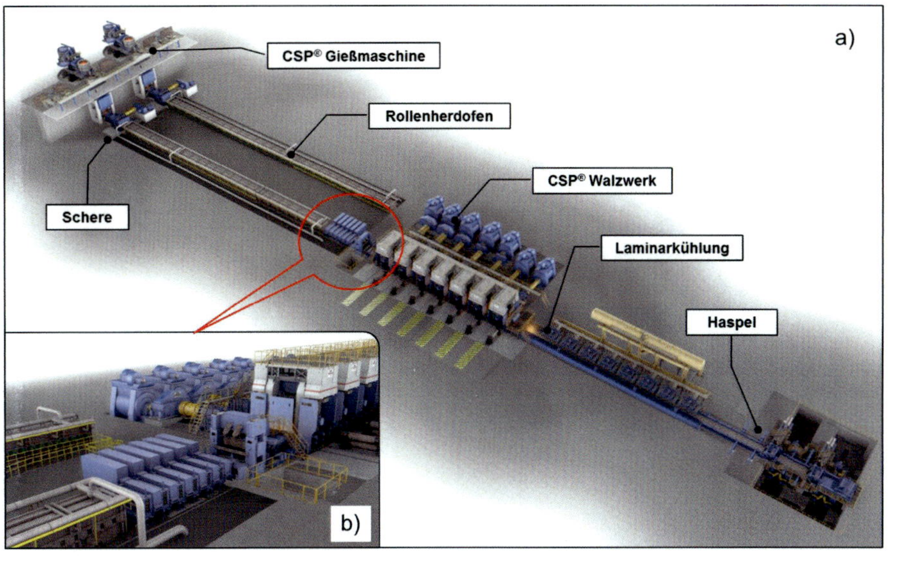

Bild 1: Integrierte Gieß- und Walzanlage mit Induktionsbooster (Teilbild b)

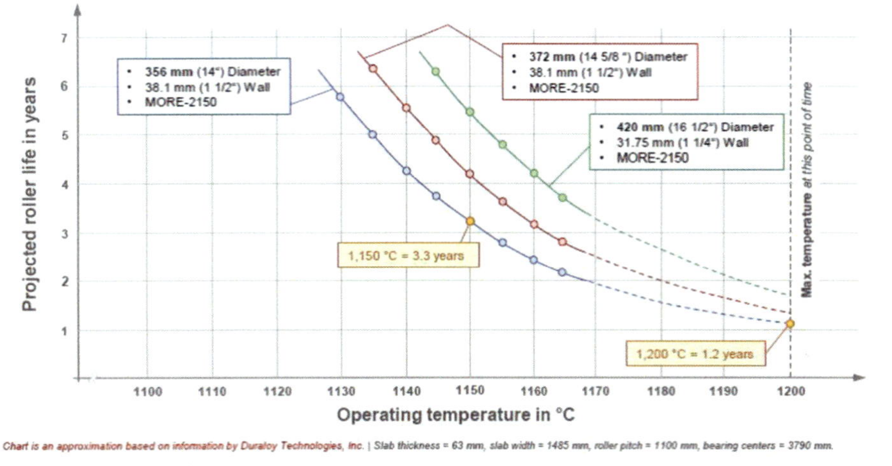

Bild 2: Zusammenhang zwischen Ofenraumtemperatur und Lebensdauer von Rollen

Vorhandene Anwendungsbereiche

Anwendungsbereiche für hybride Erwärmungsanlagen sind hinreichend bekannt und vielfach im Einsatz, beschränken sich jedoch meist auf eine reine Leistungssteigerung. Bei kontinuierlichen Ofenanlagen wie z.B. Hubbalkenofen bzw. Gleichschrittofen kann durch eine induktive Vor- bzw. Nacherwärmung eine Leistungs-

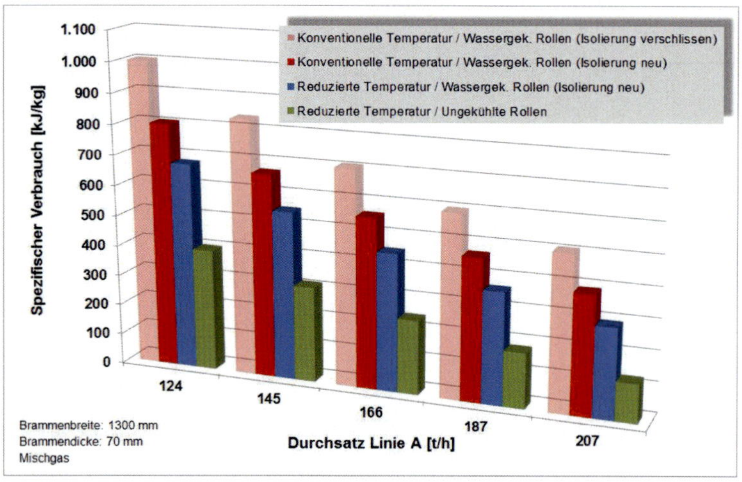

Bild 3: Der spezifische Verbrauch des Ofens lässt sich reduzieren

Bild 4: Integration einer Induktionserwärmung in eine CSP-Anlage

steigerung auf kleinsten Raum und mit höchster Effizienz realisiert werden. Bei einer induktiven Nacherwärmung kann ein Qualitäts- und Kostenvorteil durch geringere Ofenraumtemperaturen und den damit verbundenen Vorteilen bei der Zunderbildung und der Randschichtentkohlung erzielt werden.

Hauptgrund für eine Leistungssteigerung mittels Induktion sind meist beengte Platzverhältnisse in bestehenden Werken und geringere Investmentkosten, da die meisten konventionellen Ofentypen nur mit hohem baulichen Aufwand (Hubherd-, Hubbalken-, Gleichschritt-, Rollenherdofen) oder gar nicht (Drehherd- und Drehtellerofen) verlängert werden können. Eine Leistungssteigerung ohne Ofenverlängerung stellt meist einen Kompromiss dar, da ein höherer Wärmeübergang sich nur durch höhere Ofenraumtemperaturen realisieren lässt. Oftmals werden Regenerativbrenner in die Konvektionszonen gesetzt, wobei dies zusätzliche Änderungen wie z.B. in der Feuerfestauskleidung, bei der Rollenauslegung oder im Weg des Abgases nach sich zieht.

Neue Anwendungsbereiche

Folgend sind wie eingangs erwähnt exemplarische Anwendungsbereiche für hybride Systeme aus den verschiedensten Gebieten aufgeführt:

Integrierte Gieß- und Walzanlagen wie Continuous Strip Production CSP / Rollenherdofen

Rollenherdöfen in CSP-Anlagen können durch einen nachfolgenden Induktionsbooster entweder Brammen mit höheren Ziehtemperaturen bereitstellen oder einen Betrieb des Ofens mit abgesenkten Temperaturen bei Beibehaltung der Ziehtemperatur darstellen.

Eine mögliche Anordnung zeigt **Bild 1**. Bei der letztgenannten Variante ergibt sich eine Ersparnis bei den Betriebskosten durch die Temperaturabsenkung an sich und die Möglichkeit trockene Ofenrollen einzusetzen. Diese Rollen vertragen in gewissem Maße die Innenraumtemperaturen eines Ofens. Eine Kühlung ist daher nicht erforderlich, was netto etwa 20 kW thermische Verluste pro Rolle einspart. Bei Tunnelöfen von mehreren hundert Meter Länge und einem Rollenabstand von ungefähr 1 m ergeben sich Einsparungen bei den Verlusten von 2 MW / 100 m Ofenlänge. Je nach feuerungstechnischem Wirkungsgrad können also insgesamt erhebliche Einsparungen beim Gasverbrauch erzielt werden.

Allerdings sinkt die zu erwartende Lebensdauer dieser Rollen mit zunehmender Temperatur (**Bild 2**). Sollen diese Rollen wirtschaftlich eingesetzt werden, dann ist eine hohe Standzeit notwendig. Hierzu muss allerdings die Ofenraumtemperatur begrenzt werden. Mit dieser Beschränkung lässt sich häufig nicht das gesamt Produktspektrum produzieren.

Die Lösung liegt auch hier in einer nachgeschalteten Induktionserwärmung, die je nach Bedarf die Brammentemperatur von kleiner 1.150 °C auf das geforderte Niveau anhebt. Die durch Umbau der Rollen kontinuierlich eingesparte Energie, würde somit nur gezielt bei den Produkten zusätzlich eingebracht, die dies für die Produktion benötigen.

Werden die Maßnahmen Absenkung der Ofenraumtemperaturen um 50 °C und Substituieren der wassergekühlten Rollen durch trockene Rollen realisiert, lässt sich der spezifische Verbrauch des Ofens je nach konkretem Betriebspunkt um ca. 50-70 % reduzieren, wie **Bild 3** demonstriert.

Bei einer Kombination von Tunnelofen mit induktiver Erwärmungseinheit kann eine nachfolgende Induktionseinheit auch dazu genutzt werden, Temperaturunterschiede in der Dünnbramme (z. B. Temperaturkeil) auszugleichen, was ein weiteres wesentliches Qualitätsmerkmal darstellt.

In **Bild 4** ist die Integration einer Induktionserwärmung in eine CSP-Anlage bei Nucor am Standort Berkeley ersichtlich. Es sind insgesamt 4 Module mit jeweils 4,5 MW installiert. Innerhalb der induktiven Erwärmung wird vor dem Einlauf in das erste Walzgerüst die Temperatur von 1.150 °C auf max. 1.200 °C in einer Durchlaufzeit von 12 Sekunden angehoben.

Natürlich beschränkt sich ein Einsatz einer induktiven Nacherwärmung nicht auf CSP-Anlagen. Die Standzeit der Ofenrollen ist bedingt durch den hohen Preis bei jedem Rollenherdofen ein zentrales Thema.

Platinenerwärmung

Bei der Platinenerwärmung vor dem Presshärten ist eine induktive Vorerwärmung von Formplatinen auf ca. 700 °C

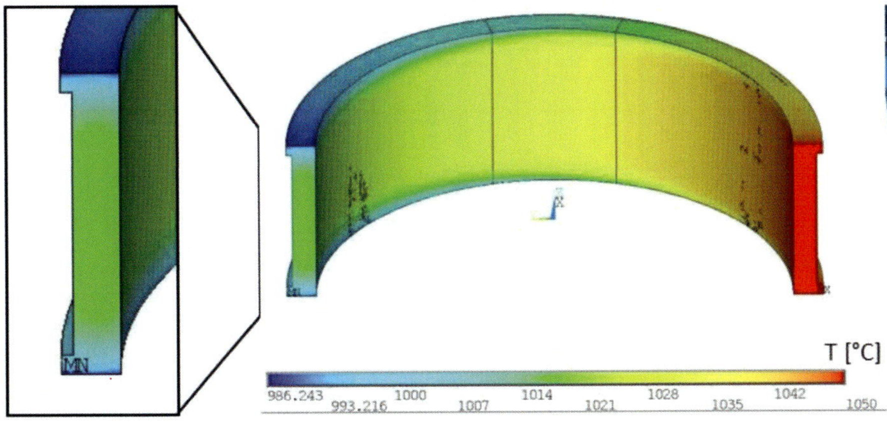

Bild 5: Induktive Inline-Erwärmung für Ringwalzmaschine

Bild 6: Vorerwärmung für Upsets

sinnvoll einsetzbar. Es wird gezielt nur auf eine induktive Vorerwärmung gesetzt, da bei den komplizierten geometrischen Formen mit Hinterschneidungen und der geringen Dicke von max. 2 mm die Temperaturgleichmäßigkeit bei knapp oberhalb von 900 °C Umformtemperatur nur mit hohem Aufwand erzielt werden kann. Durch die induktive Vorerwärmung verkürzt sich die gesamte Wärmzeit und somit auch der nachfolgende Rollenherdofen um ca. 2/3. Die Rollenanzahl verringert sich dementsprechend, weiter erhöht sich die Standzeit der Rollen, da der Temperaturschock durch die vorgewärmten Platinen geringer ausfällt. Neben der Energieeinsparung und den geringeren Wartungskosten für den Rollentausch sind vor allem die verkürzten Wärmzeiten für die Betreiber von Vorteil. Teurer Ausschuss bei Stillständen wird deutlich reduziert und ein schnelleres Anfahren der Gesamtanlage wird ermöglicht.

Ein großer Vorteil ist auch der Platzbedarf einer derartigen Anlage, während 12 m Tunnelofen eingespart werden, besitzt die 800 kW-Induktionseinheit zwischen Einlaufrolle und Auslaufrolle gerade einmal 950 mm Länge.

Durch den natürlichen Ausgleich in der Nähe zur Curie-Temperatur kommen auch sogenannte „taylored" Platinen mit unterschiedlicher Blechdicke nahezu homogen erwärmt aus der induktiven Vorerwärmung in den Ofen. Typische Taktzeiten von 10 Sekunden können auch für große Formate realisiert werden.

Zwischenerwärmung während des Walzens

Das Gut wird vor dem Walzprozess in konventionellen Öfen entweder im Durchlauf- oder im Satzbetrieb erwärmt. Um ein Nachsetzen in Öfen zu vermeiden bzw. zu verringern, kann während des Umformprozesses nachgewärmt werden. Die Induktionsheizung wird dabei vor, nach oder zwischen den Walzgerüsten platziert. Gerade bei Geometrien mit großen Oberflächen und geringer Masse, wo zum Teil mehrfach nachgesetzt werden muss, bringt eine Umformung aus einer Hitze erhebliche Vorteile. Neben der Energieeinsparung wird die Produktionslogistik vereinfacht und die Zykluszeit stark verringert. Das konventionelle Aggregat muss nicht für etwaiges Nachsetzen freigehalten werden, sodass bei ansonsten gleicher Ausrüstung eine Produktionssteigerung möglich ist. Ein schlechtes Verhältnis von Oberfläche zu Masse findet sich exemplarisch bei Ringen. **Bild 5** zeigt eine induktive inline-Erwärmung für eine Ringwalzmaschine.

Hier kühlen die Randbereiche vorzeitig aus, was ein mehrfaches Nacherwärmen im Ofen erforderlich macht. Falls induktiv während des Walzens nachgewärmt wird, entfallen je nach Komplexität des Profils und Eigenschaften des Werkstücks mehrere der Nachwärmungen. Bestenfalls kann das Produkt mit einer Vorerwärmung produziert werden, was die Produktion erheblich steigert.

Hierbei liegt der Fokus auf dem Halten der Temperatur. Es werden lediglich die Verluste an die Umgebung und die Walzen nachgewärmt. Ein vorangegangenes Aufwärmen erfolgt mit konventioneller Ofentechnik.

Gezieltes Vorwärmen

Werden Bauteile mit stark unterschiedlichen Massen in einem konventionellen Ofen erwärmt, kann nicht gezielt auf die verschiedenen Massen eingewirkt werden. Die Erwärmungszeit ergibt sich aus der größten Masseansammlung. Dünnere Bereiche liegen zu lange im Ofen und verzundern dementsprechend. Rohre mit heavy upset liegen häufig viel zu lange in einem zu großen Ofen, da ein kleiner Teilbereich eine größere Masse aufweist. Diese Masseansammlung kann vor einem konventionellen Ofen in sehr kurzer Zeit induktiv vorerwärmt werden. In **Bild 6** ist eine Vorerwärmung für upsets zu sehen, sodass sich die Ofenzeit stark verkürzt, woraus eine ideale Erwärmungsstrategie mit geringstem Energieeinsatz und Zunderanfall resultiert.

Gezieltes Nachwärmen

Lokaler Temperaturausgleich wie z.B. Nacherwärmung von „skid marks". Bei Stoßöfen aber auch bei Hubbalkenöfen entstehen an der Brammenunterseite kalte Streifen während des Transports auf den Auflageflächen im Ofen. Auch isolierte Reiter können nur bedingt diese kalten Stellen vermeiden. Skid marks sind ein Qualitätsproblemen für das anschließende Walzen und sollten somit möglichst vermieden werden. Durch eine induktive Beheizung mit speziell angepassten Induktoren können diese Stellen gezielt nacherwärmt und somit die Brammentemperatur ausgeglichen werden.

Einsatz konventioneller Öfen in induktiven Anlagen

Optimierung induktiver Systeme wie z. B. Stab- oder Rohrvergüteanlagen mittels gasbeheizter Ofentechnik. Durch die induktive Erwärmung auf Härte- bzw. Anlasstemperatur kann sehr schnell und unter geringer Zunderentwicklung aufgeheizt werden. Um einen idealen Temperaturausgleich zu erzielen, kann die Ausgleichsstrecken dieser Anlagen durch konventionelle gas- oder elektrisch beheizte Öfen ersetzt werden. Bei einer Gasbeheizung kann durch die Ofenatmosphäre die Zunderentwicklung und die Randschichtenkohlung gegenüber einer reinen induktiven Anlage noch weiter reduziert werden. Weiter ist ein optimaler Temperaturausgleich auch bei unterschiedlichen Wandstärken möglich, was für rein induktive Anlagen bedingt durch das Erwärmungskonzept eine große Herausforderung darstellt.

Fazit

Die vielfältigen Vorteile der Hybridlösungen können nur beispielhaft aufgezeigt werden. Oftmals sind es nicht die reinen Energiekosten, welche die vorgestellten Lösungen rentabel machen. So können zum Beispiel beim Rollenherdofen durch zwei verschiedene Ansätze, welche jeweils auf das Produkt zugeschnitten sind, teure Rollenwechsel verringert werden.

Aus einem nur langsam reagierenden Ofen kann durch eine zusätzliche Induktionserwärmung ein extrem flexibles Gesamtsystem geschaffen werden. Umgekehrt sind jedoch konventionelle Öfen für das Erreichen einer höheren Temperaturgenauigkeit besser geeignet, sodass auch ein Einsatz von konventionellen Öfen in normalerweise rein induktiven Linien sinnvoll sein kann. Die optimale (hybride) Wärmstrategie muss daher an die Anforderungen des Wärmgutes und des Betriebs angepasst werden.

Autoren

Helmut Krammer
SMS Elotherm GmbH
Remscheid
Tel.: 02191 / 891-250
h.krammer@sms-elotherm.com

Dr.-Ing. **Markus Langejürgen**
SMS Elotherm GmbH
Remscheid
Tel.: 02191 / 891-218
m.langejuergen@sms-elotherm.com

Dr. **Christian Sprung**
SMS group GmbH
Düsseldorf
Tel.: 0211 / 881 6724
christian.sprung@sms-group.com

Verbesserung des Prozesswirkungsgrades bei einem hybriden Erwärmungskonzept

Dipl-Ing. Stefan Beer, Dipl.-Ing. Joachim Sokoll

Die Kombination einer induktiven Bolzenerwärmungsanlage mit einem gasbeheiztem Vorerwärmungsofen ist ein leistungsfähiges Verfahren, welches bei der flexiblen Erwärmung von Nichteisenmetallen erhebliche prozesstechnische Vorteile bietet. In der Strangpressindustrie, insbesondere für Aluminium, ist dieses Konzept als Stand der Technik zu bezeichnen. Die energieeffizienteste Variante ist hier der sogenannte Inlineofen, der beide Erwärmungssysteme direkt hintereinander miteinander verbindet, um die thermischen Verluste merklich zu reduzieren. Im nachfolgenden Fachbericht wird die Möglichkeit der verbesserten Abwärmenutzung beschrieben und Betriebsdaten und Energieverbrauchswerte werden dargestellt.

Die richtige und vor allem reproduzierbare Bolzentemperatur ist von zentraler Bedeutung für einen wirtschaftlichen und qualitätsgerechten Strangpressbetrieb. Aufgrund einer immer höheren Bandbreite bezüglich Einsatzmaterialien und Losgrößen ist letztlich eine erheblich stärkere Flexibilität bei den Erwärmungskonzepten gefordert. Die Kombination von gas- und induktiv beheizten Ofenanlagen erfüllt diese Aufgabenstellung nahezu perfekt. Der Vorteil des Induktionsofens liegt in erster Linie in der sehr genauen Temperaturführung, die in der Praxis bei +/- 4 bis 5 K bei gängigen Bolzenabmessungen liegt. Ebenso sorgt die hohe übertragbare Leistungsdichte des modernen Induktionsofens für die gewünschten Temperaturanstiegsraten, die aus technologischer Sicht insbesondere bei hochfesten Legierungen als unverzichtbar gelten. Aufgrund der unbestrittenen Kostenvorteile für Erdgas als Energieträger wird der Gasofen in Verbindung mit leistungsstarken Induktionsöfen bei sogenannten Hybridofensystemen auch zukünftig eine wichtige Rolle spielen.

Hierbei hat der Inlineofen durch die permanente Füllung des gesamten Ofensystems einen sehr hohen thermischen Wirkungsgrad, der zusätzlich durch den Wegfall eines sogenannten Feldverteilers gesteigert wird, um die unerwünschten Temperaturinhomogenitäten bei abweichenden Blocklängen im induktiv beheizten Ofen zu kompensieren. **Bild 1** zeigt eine komplette Inlineofen-Erwärmungsanlage mit den konvektiv beheizten Vorwärmzonen, dem direkt beheizten Bereich des Gasofens und dem mehrzonigen Induktionsmodul sowie nachgeschalteter Warmsäge, mit der die erwärmte Stange dann entsprechend der Prozessanforderung zugeschnitten wird.

Je nach Durchsatzleistung und Einsatzgutabmessungen verfügt der Gasofenabschnitt über zwei bis drei konvektiv beheizte Vorwärmzonen und drei bis fünf direkt beheizte Zonen. Der induktiv beheizte Abschnitt ist immer etwas kürzer als die maximale Blocklänge, was eine Heizzone einspart. In der Regel verfügt das Induktionsofenmodul über drei bis vier individuell einstellbare Regelzonen [1].

Sowohl der konvektive als auch der direkt beheizte Ofenabschnitt sind auf eine maximale Wärmeübertragung optimiert, ohne dabei das Material metallurgisch zu verändern. Klassische Brennerleistungen für 8 bis 10“-Bolzen liegen bei 170 bis 200 kW/m Ofenlänge.

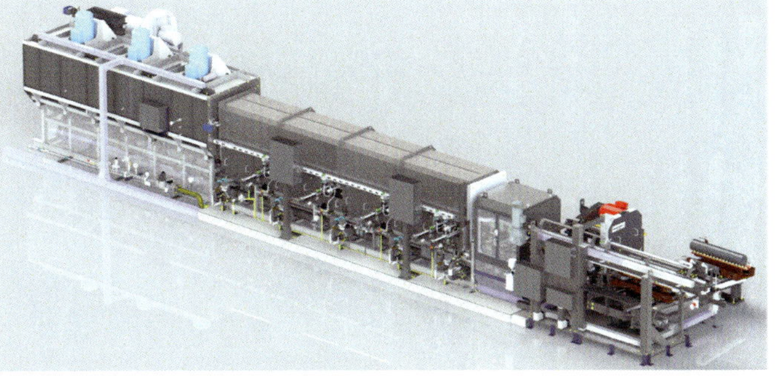

Bild 1: Inlineofen-Erwärmungsanlage mit den konvektiv beheizten Vorwärmzonen, dem direkt beheizten Bereich des Gasofens und dem mehrzonigen Induktionsmodul sowie nachgeschalteter Warmsäge

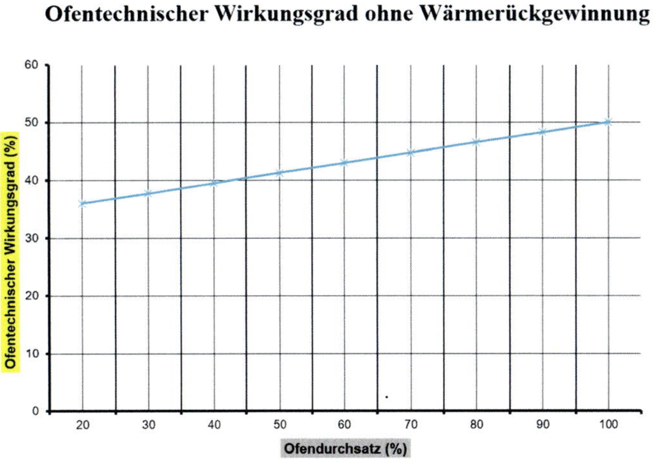

Bild 2: Abhängigkeit des Wirkungsgrades im direkt beheizten Ofenabschnitt im typischen Durchmesserbereich von 8 bis 10“

Weitere besondere Anforderungen ergeben sich durch prozessbedingte Einflüsse und Vorgaben, die bei der Auslegung der gesamten Erwärmungsanlage berücksichtigt werden

Bild 3: Wärmetauscher und Abgasführung

Bild 4: Bolzenvorwärmung mit heißem Wasser

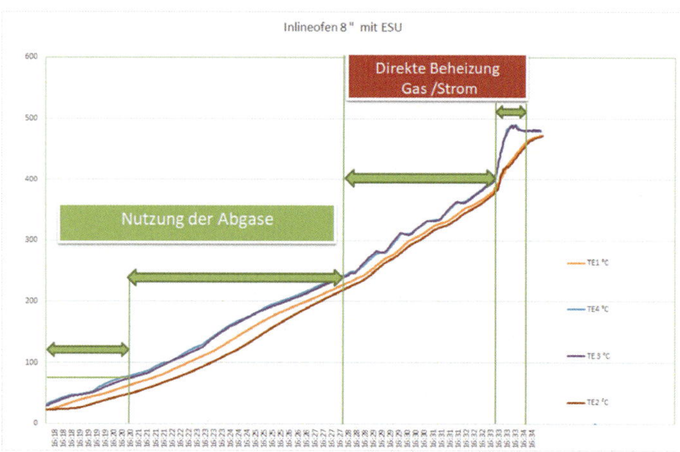

Bild 5: Aufheizkurve am Beispiel einer 8"-Anlage

müssen. Neben metallurgischen Faktoren sind hier natürlich unterschiedliche Durchsatzleistungen, eine hohe Prozessstabilität unter allen Produktionsbedingen, aber natürlich auch die Energiekosten wesentliche Faktoren für die Betreiber solcher Anlagen.

Mit diesem hybriden Erwärmungskonzept werden folgende verfahrenstechnische Vorteile realisiert:

- Reduzierung der Energiekosten durch die Kombination von Gas für die Grunderwärmung und elektrischer Energie für die Induktionserwärmung
- Hohe Flexibilität in Bezug auf Einsatzgut und Losgrößen
- Enge Temperaturtoleranzen
- Axialer Temperaturgradient für das isotherme Strangpressen
- Nahezu lastunabhängiger Wirkungsgrad beim Induktionsofenmodul.

Die Einhaltung der Klimaziele auf nationaler und europäischer Ebene umfasst die schrittweise Reduzierung von Treibhausgasemissionen bei gleichzeitiger Erhöhung des Einsatzes von erneuerbaren Energien am Bruttoendenergiebrauch. Gleichzeitig beträgt in Westeuropa der Faktor bei den Energiekosten für Industriekunden von Strom zu Erdgas bis zu 3,5 zu 1 – trotz steigender CO2-Abgaben.

Mit einem Anteil von 66 % am gesamten industriellen Energieverbrauch ist die Prozesswärme der wichtigste gewerbliche Energieeinsatz. Im Jahr 2015 betrug der Energieverbrauch durch Prozesswärme in der Industrie 21,6 % des gesamten Endenergieverbrauchs in Deutschland. Etwa die Hälfte der Prozesswärme wird in Industrieöfen für thermische Prozesse eingesetzt, etwa 40 % zur Dampf- und Heißwassererzeugung für Prozesse vor allem in der Chemie-, Papier-, Investitionsgüter- sowie Nahrungs- und Genussmittelindustrie und der Rest überwiegend für industrielle Trocknungsprozesse.

Im Jahr 2019 belief sich die Produktion von Strangpressprodukten in Deutschland auf 522.700 t [2]. Hierzu müssen ca. 750.000 t Aluminium erwärmt werden, was einen Energiebedarf von 150.000 MWh bis 180.000 MWh entspricht.

Die Steigerung der Energieeffizienz ist folglich eine absolute Notwendigkeit, um hier einen entscheidenden Beitrag zu leisten.

Der Wirkungsgrad bei einem gasbeheizten Ofen ist sehr von der Betriebsart abhängig. Eine sorgfältig auf den Durchsatz dimensionierte installierte Brennerleistung führt in Verbindung mit einem leistungsstarken Induktionsofen dazu, dass der Gasofen im optimalen Betriebsbereich genutzt wird. Bei erheblich reduzierter Durchsatzleistung ist es sinnvoll, Heizzonen im direkten beheizten Abschnitt des Gasofens abzuschalten, um für die restlichen Zonen einen besseren Betriebspunkt zu erreichen. In **Bild 2** ist die Abhängigkeit des Wirkungsgrades von gasbeheizten Ofenanlagen im typischen Durchmesserbereich von 8 bis 10" dargestellt.

Ein Ansatz, um den feuerungstechnischen Wirkungsgrad beim Gaserwärmungsofen zu verbessern, ist beispielsweise die Möglichkeit die Verbrennungsluft vorzuwärmen. Mit der Fokussierung auf den Gesamtwirkungsgrad der gesamten Erwärmungseinheit war, neben dem Betrieb im Nennbereich, die Überlegung die Abgase wesentlich effizienter zur Bolzen-

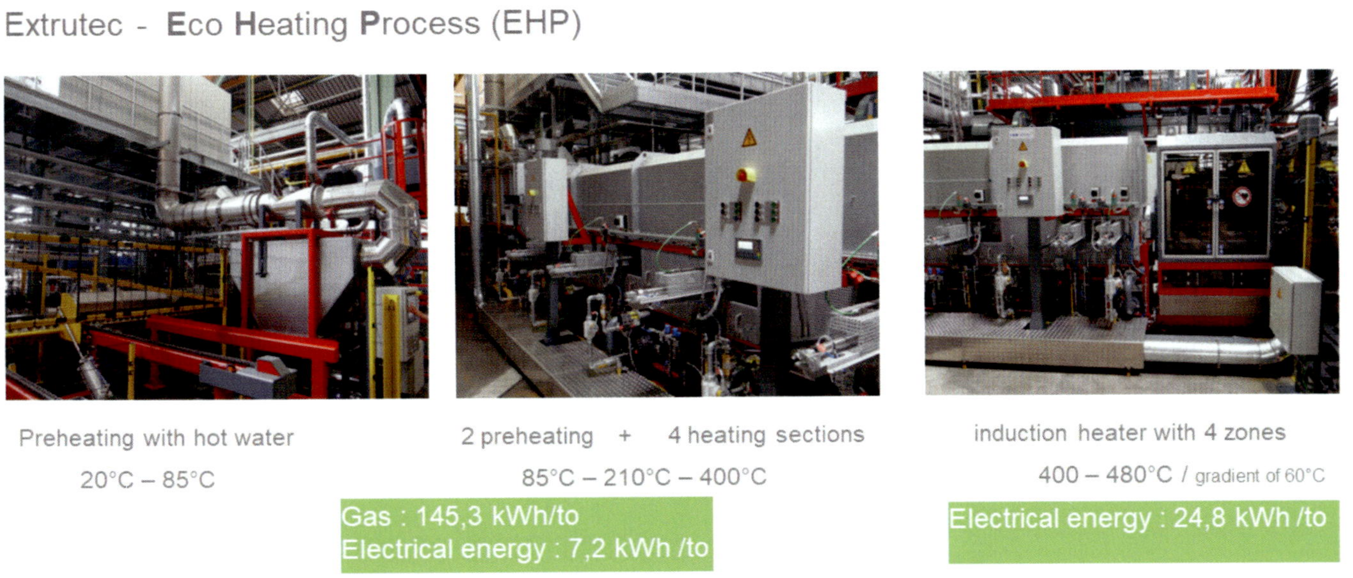

Bild 6: Übersicht der Prozessparameter und Teilverbräuche

vorwärmung einzusetzen. Dies wird zunächst durch eine Hochkonvektionsvorwärmzone, die mit Düsenaustrittsgeschwindigkeiten bis zu 50 m/s arbeitet, realisiert. Dabei treten die Abgase mit bis zu 1.000 °C in die Vorwärmzone hinein und verlassen diese, je nach Anzahl der Zonen mit ca. 250 bis 350 °C. Die in den Abgasen noch vorhandene Energie wird in einer letzten Stufe, in der von Extrutec patentieren ESU (Eco Shower Unit) genutzt. Hier werden die Abgase über einen Luft-Wasser-Wärmetauscher geführt (**Bild 3**), und erzeugen dabei bis zu 90 °C heißes Wasser. **Bild 4** zeigt eine Innenansicht der Bolzenvorwärmung mit heißem Wasser.

In der dem Gasofen vorgeschalteten ESU-Baugruppe werden die Aluminiumstangen durch laminare Benetzung der gesamten Oberfläche mit Heißwasser auf Temperaturen von bis zu 90 °C vorgewärmt. Die Kombination aus der hohen spezifischen Wärmekapazität des Wassers und der sehr guten Wärmeleitfähigkeit von Aluminium führt zu sehr hohen Temperaturgradienten und damit einer sehr kurzen Baulänge dieser Vorwärmeinheit.

Die Abgase verlassen dann den Wärmetauscher mit rund 130 °C. Dieses vollintegrierte Konzept führt zu einer Energieeinsparung von ca. 12 bis 15 %, je nach Temperaturprofil.

Die Kombination aus einer Hochkonvektionszone und der davor geschalteten Eco Shower Unit führen zu einem ofentechnischen Wirkungsgrad von bis zu 78 %.

In Verbindung mit dem nachgeschaltem Induktionsofenmodul, welches für das Nachwärmen und Aufbringen eines axialen Temperaturprofils für den Umformprozess [3] verantwortlich ist, ergibt sich die Aufheizkurve in **Bild 5** für den gesamten Erwärmungsprozess, hier am Beispiel einer 8"-Anlage.

Darin ist der hohe Beitrag der Rekuperationszonen an der Gesamterwärmung eindrucksvoll erkennbar. In diesem Fall liegt bei einem Nenndurchsatz von 4,5 t die Temperatur am Ausgang der Vorwärmzonen bei rund 230 °C, was für eine hohe Effizienz der Konvektionszonen spricht.

Durch die gezielte Weiterentwicklung des Inlineofens sind auch beim Induktionsofenmodul entsprechende Maßnahmen erfolgt, die eine Energieeinsparung nach sich ziehen.

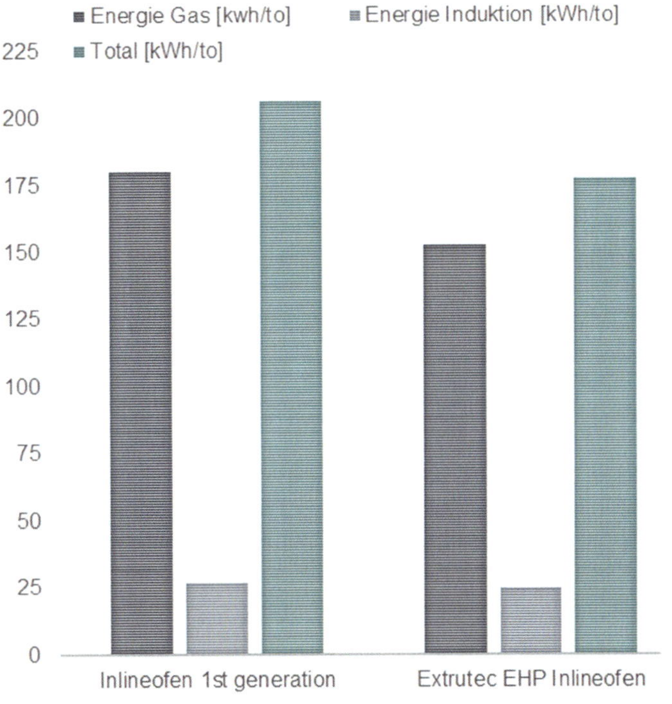

Bild 7: Gegenüberstellung des Energieverbrauches durch die Anlagenoptimierungen

Beim mehrzonigen IGBT-Umrichter wurde der Wechselrichter mit dem Gleichstrom-Zwischenkreis zu einer kompakten Einheit zusammengeführt. Durch diese Anordnung gibt es geringere Schaltüberspannungen und kleinere Übertragungsverluste innerhalb der Baugruppen.

Mit der Neugestaltung des Wechselrichters ist es zudem möglich, die zum Netz wirkende Anschlussleistung des Induktionsofens kleiner auszulegen. Durch das sogenannte Power Focus System können wir die elektrische Leistung hin- und herschieben und die maximale Leistung in den Temperaturzonen einsetzen, wo sie vor allem gebraucht wird – in der Kopfzone, wo der Aluminiumbolzen am stärksten aufgeheizt wird. Den anderen Zonen wird entsprechend des geforderten Temperaturgradienten weniger Leistung zugeführt. Diese Spitzenlastregelung ermöglicht es, die Anschlussleistung des Induktionsofens bei einem reinen Taperbetrieb um rund 25 bis 30 % zu reduzieren.

Bild 6 zeigt eine Übersicht der Prozessparameter und Teilverbräuche. In **Bild 7** werden die Energieverbräuche durch die Anlagenoptimierungen verglichen.

Fazit

Die Dekarbonisierung des Energiesektors stellt Anlagenbauer und -betreiber vor große Herausforderungen. Die Kombination verschiedener sinnvoller Technologien ermöglicht es, Verbesserungen in der Prozessführung bei gleichzeitig geringeren Energieverbrauchswerten zu erzielen. Auch vor dem Hintergrund, dass der Emissionsrechtehandel zukünftig die Position der elektrisch beheizten Öfen verbessern wird, verfügen hybrid beheizte Anlagensysteme mit einer hohen Variabilität und hoher Energieeffizienz über erhebliche Vorteile in der Anwendung.

Literatur

[1] Günter, U.; Beer, S.: Hybrides Ofenkonzept für Aluminium-Strangpresslinien. ewi – elektrowärme international 72 (2014) Nr. 2, S. 33-37

[2] Gesamtverband der Aluminiumindustrie e.V. (GDA), www.aluinfo.de

[3] Bauser, M.; Sauer, G.; Siegert, K.: Strangpressen. Düsseldorf: Aluminium Verlag, 2001, ISBN-3-87017-249-5

Autoren

Dipl.-Ing. Stefan Beer
Extrutec GmbH
Radolfzell
07732 / 939-1376
beer@extrutec-gmbh.de

Dipl.-Ing. (FH) Joachim Sokoll
Extrutec GmbH
Radolfzell
07732 / 939-1394
sokoll@extrutec-gmbh.de

Zukünftige Beheizung von Industrieöfen

Dr.-Ing. Joachim G. Wünning

Zukünftig werden wir noch stärkere Anstrengungen unternehmen müssen, um die Emissionen, insbesondere von CO_2 und NO_x, deutlich abzusenken. Hocheffiziente Wärmetauscher, Verbrennungstechnik, alternative Brennstoffe und elektrische Beheizung bieten Möglichkeiten, diese Ziele zu erreichen.

Viele Menschen sehen im Klimawandel eine der größten Risiken für einen lebenswerten Planeten der Zukunft. Technische, vor allem aber auch enorme gesellschaftliche Anstrengungen werden notwendig sein, um die beim Übereinkommen von Paris 2015 getroffenen Ziele einzuhalten; die Begrenzung der globalen Erwärmung auf deutlich unter 2 °C gegenüber vorindustriellen Werten. Dieser Beitrag konzentriert sich dabei auf die Beheizung von Industrieöfen. Über die allgemeinen Entwicklungen im Industrieofenbau wird in „Trends in der Thermoprozesstechnik" berichtet [1].

Industrielle Prozessfeuerungen tragen zu einem erheblichen Teil zu fossilen Kohlendioxidemission bei. Grundsätzlich sind zwei Wege denkbar, Industrieöfen zu beheizen, ohne dabei fossile Treibhausgase zu emittieren:

- Beheizung mit regenerativem Strom
- Beheizung mit nicht-fossilen Brennstoffen.

Im Folgenden wird versucht, mit vereinfachenden Annahmen mögliche Wege zu einer Reduzierung der fossilen CO_2-Emissionen bei der Beheizung von Industrieöfen aufzuzeigen.

Reduzierung der fossilen CO_2-Emissionen

Beim derzeitigen Strommix in Deutschland [2] verursacht eine elektrische Widerstandsbeheizung etwa doppelt so hohe CO_2-Emissionen wie eine effiziente Erdgasbeheizung. **Bild 1** zeigt die spezifischen CO_2-Emissionen für den Netto-Wärmeeintrag in einen Industrieofen, der bei 1.000 °C betrieben wird. Der Wärmeeintrag für die elektrische Beheizung wird dabei verlustfrei angenommen. Bei der Erdgasbeheizung liegen die spez. CO_2-Emissionen je zugeführter Kilowattstunde zwischen 400 g CO_2 für einen Kaltluftbrenner und 250 g CO_2 für einen Brenner mit hocheffizienter Wärmerückgewinnung. Derzeit lässt sich somit die größte CO_2-Reduzierung durch den Einsatz effizienter Gasbrenner erzielen. Später kann eine Reduzierung auch durch den zunehmenden Einsatz nichtfossiler Brennstoffe erreicht werden.

Wenn in einigen Jahren der Anteil regenerativ erzeugten Stroms deutlich zugenommen hat, wird sich ein Wettbewerb zwischen brennstoffbasierten und elektrischen Beheizungen entwickeln. In einer Marktwirtschaft sollten ehrliche Preise die wahren Kosten der konkurrierenden Systeme widerspiegeln und somit zu einem fairen Wettbewerb führen.

Noch bis vor wenigen Jahren war die Meinung weit verbreitet, die Endlichkeit der fossilen Brennstoffe würde automatisch zu höheren Energiepreisen und damit langfristig zu geringerem Verbrauch führen. Unterschiedliche Ansichten gab es nur hinsichtlich der Zeithorizonte, ob fossile Brennstoffe nur noch wenige Jahrzehnte oder viele Jahrzehnte reichen würden [3]. An die Stelle der Endlichkeit fossiler Energie ist nun die Aufnahmefähigkeit der Atmosphäre für fossilen Kohlenstoff getreten.

Mittlerweile gibt es viele Stimmen, die sich dafür aussprechen, eine CO_2-Bepreisung in Deutschland einzuführen. Über die Ausgestaltung der Bepreisung wird noch heftig gestritten, aber Deutschland steht kurz vor der Einführung.

In **Bild 2** sind die Energiepreise für Strom und Erdgas (Industriepreise ohne MwSt.) dargestellt. Die Werte für die Jahre 1991 bis 2018 sind Jahresmittelwerte [4]. Ab dem Jahr 2020 wurde eine kostenneutrale Einführung einer CO_2-Bepreisung von 50 €/t angenommen, die jährlich um 13 €/t angehoben wird und somit im Jahr 2030 bei 180 €/t und im Jahr 2050 bei 440 €/t liegt. Die gestrichelten Linien zeigen die dadurch resultierenden Energiepreise bei bestehenden Anteilen regenerativer Energie. Für Strom wurde dann die jährliche Zunahme des regenerativen Anteils um 2 % ab 2020, ausgehend von 40 %, eingerechnet und in der roten durchgehenden Linie dargestellt. Bei Erdgas wird bis 2030 ohne regenerativen Anteil und ab 2030 mit einer jährlichen Zunahme von 5 % gerechnet, sodass bis zum Jahr 2050 Strom und Brenngas nichtfossil sind. Die Preisentwicklungen erscheinen im Vergleich zur Vergangenheit moderat, es muss sich aber zeigen, ob die Anreize zum Aufbau regenerativer Energieerzeugung ausreichend sind.

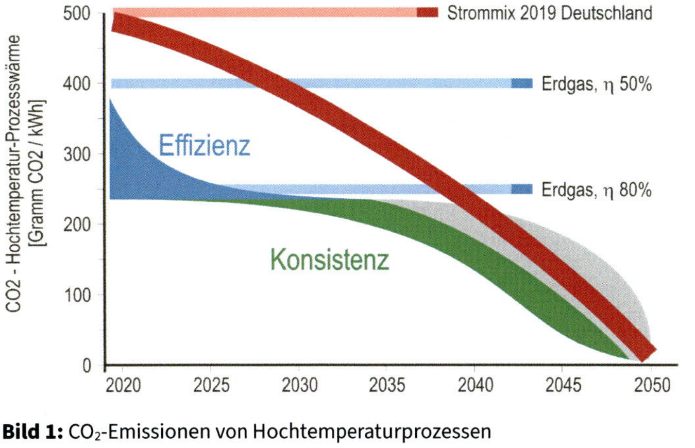

Bild 1: CO_2-Emissionen von Hochtemperaturprozessen

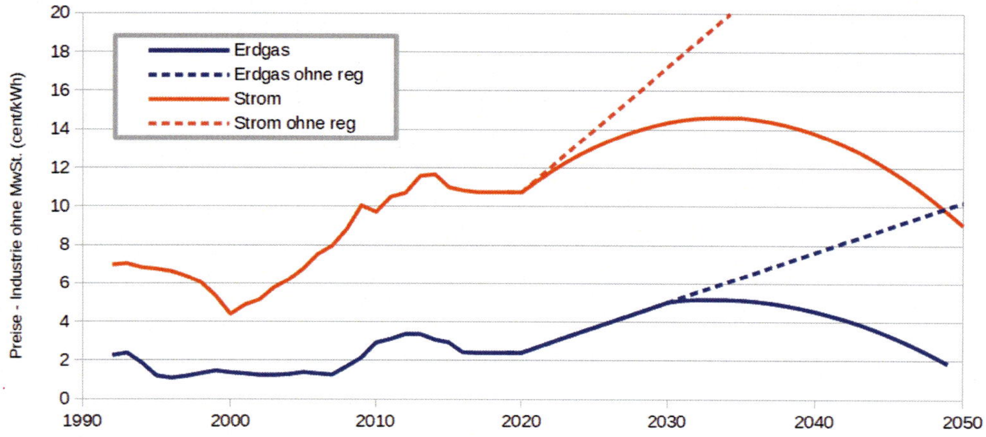

Bild 2: Preisentwicklungen für Strom und Brenngas

Effizienz

Es gibt derzeit noch viel Potenzial für Effizienzsteigerungen. Beim feuerungstechnischen Wirkungsgrad von industriellen Prozessfeuerungen ist ein Ziel > 80 % anzustreben. Technisch ist dieses Ziel heute schon unter Einhaltung zulässiger Schadstoffemissionen möglich, aber nicht immer wirtschaftlich. Brennersysteme mit hocheffizienter regenerativer und rekuperativer Luftvorwärmung werden von mehreren Herstellern angeboten [3].

Konsistenz – Wechsel zu nichtfossiler Energie

Das Ausschöpfen der Effizienzpotenziale allein wird nicht ausreichen, um die Ziele zur Reduzierung der fossilen CO_2-Emissionen zu erreichen.

Strom

Beim regenerativ erzeugten Strom wird sich die Frage stellen, ob es wirtschaftlicher ist, den Strom direkt oder zur Erzeugung synthetische Brennstoffe zu nutzen. Dabei spielt es auch eine Rolle, wo der Strom erzeugt wird. Billiger Strom aus der Sahara wird sich eher zur Herstellung von Wasserstoff und synthetischen Brennstoffen eignen als Strom aus Deutschland, der mit hohen Kosten für Infrastruktur und Speichersysteme belegt ist.

Wasserstoff

Mittels regenerativer Energien erzeugter Wasserstoff kann direkt als Brenngas eingesetzt werden, anderen Brenngasen zugemischt werden oder für die Erzeugung synthetischer Brennstoffe verwendet werden.

Synthetische Kohlenwasserstoffe

Zur Herstellung von synthetischen Kohlenwasserstoffen wird bei den meisten Verfahren Elektrolyse-Wasserstoff und eine möglichst nichtfossile Kohlenstoffquelle benötigt.

Stickstoff-Wasserstoff-Verbindungen

Stickstoff-Wasserstoff-Verbindungen werden beispielsweise als Raketentreibstoff (Hydrazin), Sprengstoff (Nitroglyzerin) oder großtechnisch als Ausgangsstoff für die Düngemittelproduktion (Ammoniak) eingesetzt. Vermehrt wird aber auch über die Nutzung von Ammoniak als Energieträger diskutiert. Ammoniak lässt sich unter geringem Druck ähnlich wie Propan/Butan verflüssigen, ist schwer entflammbar, stark riechend, was eine Odorierung überflüssig macht, und leichter als Luft, was die Ansammlung von Gas in Senken und Kellerräumen verhindert.

Der große Vorteil von Ammoniak besteht darin, dass er in sonnenreichen Gebieten großtechnisch auch ohne eine Kohlenstoffquelle produziert und anschließend per Schiff oder Pipeline transportiert werden kann.

Eine Herausforderung besteht bei der Verbrennung darin, die Brennstoff-NO-Bildung zu kontrollieren. Arbeiten in den 1990er Jahren haben aber gezeigt, das NO_x-arme Verbrennung von Ammoniak möglich ist [5].

Biogene Brennstoffe

Stückholz war seit dem Beginn der Nutzung des Feuers durch den Menschen bis zum Beginn der Industriellen Revolution der meistgenutzte Brennstoff und ist es in einigen Regionen der Welt noch immer. Neben Holz wurden pflanzliche oder tierische Fette und Öle und Wachs zur Beleuchtung eingesetzt. Für den Einsatz in Industriebrennern müssen die biogenen Ausgangsstoffe in fließfähige Brennstoffe umgewandelt werden. Es werden biologische und thermische Verfahren eingesetzt und es besteht noch ein erhebliches Potenzial zur Steigerung der Gewinnung von Biomethan [6].

Biogas aus Vergärungsanlagen

In Vergärungsanlagen, die in Deutschland häufig anzutreffen sind, wird meistens Biogas erzeugt, dass direkt vor Ort in Gasmotoren verstromt wird. Einzelne Anlagen sind mit einer Gasaufbereitung ausgerüstet, um das Biogas als Biomethan ins Erdgasnetz einspeisen zu können. Dieses aufbereite Gas kann problemlos zur Beheizung von Industrieöfen verwendet werden. Am GWI in Essen wird derzeit auch der „Direkteinsatz von Rohbiogas in der Metallurgie zur Senkung der CO_2-Emissionen – MetaCOO“ untersucht.

Zukünftig wird der Einsatz von Reststoffen steigen müssen, um die Biogasproduktion zu erhöhen. Eine deutliche Erweiterung der Anbaufläche für Energiepflanzen ist aus mehreren Gründen nicht zu erwarten.

Brenngas aus Vergasungsanlagen

In Vergasungsanlagen kann die Vielfalt der Einsatzstoffe deutlich erhöht werden. Um Transportwege klein zu halten, besteht bei Vergasungsanlagen die Herausforderung darin, auch in Kleinanlagen einen weitgehend automatischen, sicheren und sauberen Betrieb zu gewährleisten.

CCU oder CCS

CCS – Carbon Capture and Storage Systeme wurden in der Vergangenheit untersucht, vorrangig um eine CO_2-neutrale Kohleverstromung zu ermöglichen. Wegen fehlender Akzeptanz der CO_2-Einlagerung wurde dieser Weg mittlerweile weitgehend fallen gelassen.

CCU – Carbon Capture and Usage Systeme sind auch in der Diskussion, z. B. zur Rückgewinnung des Kohlenstoffs aus synthetischen Kohlenwasserstoffen oder zur Herstellung langlebiger Produkte auf Kohlenstoffbasis in der chemischen Industrie.

Hybridsysteme
Die Möglichkeit, die zeitlich jeweils beste Form an Energie zu wählen, kann bei schwankender Verfügbarkeit der Energieträger vorteilhaft sein. Die Möglichkeiten hybrider Beheizungssysteme wurden am Institut für Industrieofenbau in Aachen im Rahmen eines Innovationsforums beleuchtet [7].

Reduzierung der Schadstoffemissionen

Bei allen Überlegungen zur Reduzierung der fossilen CO_2-Emissionen darf auch die Emission anderer Schadstoffe nicht außer acht gelassen werden. Bei der Beheizung von Industrieöfen betrifft das vor allem die Stickoxide.

Thermisches NO_x

Bei der Reduzierung der thermischen NO_x-Bildung wurden in den letzten Jahrzehnten erhebliche Fortschritte gemacht. Die TA-Luft aus dem Jahr 1986 sah für Wärmebehandlungsöfen einen Grenzwert von 500 mg/Nm³ (5 % O_2) und bei Verwendung vorgewärmter Verbrennungsluft wurden deutlich höhere Werte zugelassen [8].

Heute können bei der Erdgasverbrennung auch bei hohen Verbrennungslufttemperaturen deutlich niedrigere Werte erreicht werden. Werte kleiner 100 mg/Nm³ können durch moderne Verbrennungsverfahren auch ohne Abgasentstickung erreicht werden.

Brennstoff NO_x

Da die überwiegende Anzahl der Industrieöfen mit Erdgas beheizt wird, hat Brennstoff-NO heute keine relevante Bedeutung. Dies könnte sich aber in Zukunft ändern, wenn alternative Brennstoffe zum Einsatz kommen. Mehrstufige Flammlose Oxidation bietet hierfür vielversprechende Ansätze [9].

Zusammenfassung

Die Energiewende kann man nicht im Detail planen, aber man muss die richtigen Rahmenbedingungen und Spielregeln setzen, damit sich Dinge richtig entwickeln, ohne dass die persönlichen Freiheiten des Einzelnen unnötig stark eingeschränkt werden. Im Bereich der Thermoprozesstechnik müssen viele kreative Lösungen gefunden werden, um dazu beizutragen, unsere schöne Erde auch in Zukunft lebenswert zu erhalten.

Dazu brauchen wir neben den passenden Rahmenbedingungen viele gut ausgebildete und motivierte Ingenieure, zuverlässige Echtzeit-Strömungssimulation, preiswerte Sensoren und offene Standards für die Signalübermittelung.

Dieser Fachbeitrag basiert auf einem Vortrag, der auf dem 2. Aachener Ofenbau- und Thermoprocess Kolloquium 2019 gehalten wurde.

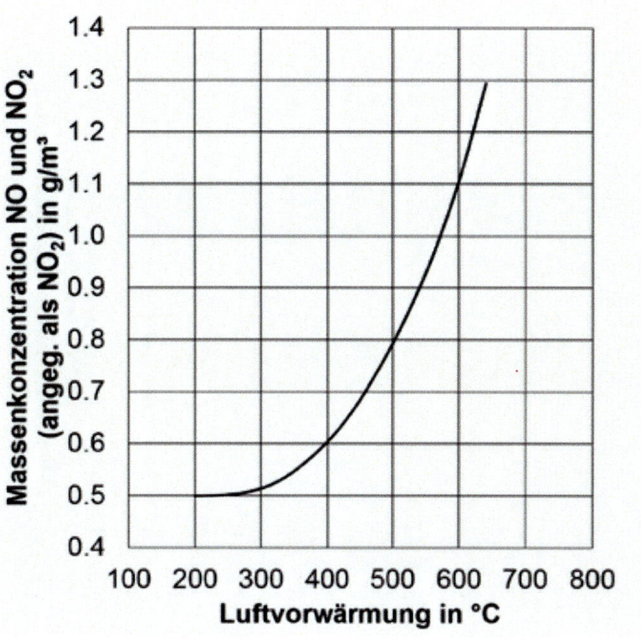

Bild 3: Zulässige NO_x-Emissionen von Wärmebehandlungsöfen, TA-Luft 1986

Literatur

[1] Pfeifer H.: Trends in der Thermoprozesstechnik. gwi – gaswärme international 5 (2017), S. 77-86

[2] Entwicklung der spezifischen Kohlendioxid-Emissionen des deutschen Strommix in den Jahren 1990 – 2016, Umweltbundesamt, 2017

[3] Wünning, J.G.: Handbuch der Brennertechnik für Industrieöfen. 3. Auflage. Essen: Vulkan Verlag, 2019

[4] Zahlen und Fakten – Energiedaten, Bundeministerium für Wirtschaft und Energie, Tabelle 26, 2019

[5] Domschke T.; Becker C.; Wünning J.G.: Stickoxidarme Verbrennung N-haltiger Ströme – Eine Kombination aus katalytischer Spaltung und Verbrennung. 18. Flammentag 1997, Delft, VDI Berichte 1313, S. 45-50

[6] Basisdaten Bioenergie Deutschland 2018, Fachagentur Nachwachsende Rohstoffe, Gülzow

[7] www.hybrid-heating.de

[8] TA Luft – Technische Anleitung zur Reinhaltung der Luft. Erste Allgemeine Verwaltungsvorschrift zum Bundes Immissionsschutzgesetz, vom 27. Februar 1986

[9] Wünning J.A.; Wünning J.G.: Mehrstufige Flammlose Oxidation. Flammentag, Bochum, 17. und 18. September 2019

Autor

Dr.-Ing. **Joachim G. Wünning**
WS Wärmeprozesstechnik GmbH
Renningen
07159 / 1632-0
j.g.wuenning@flox.com

Hybrid beheizte Öfen als Beitrag zur Energiewende

Prof. Dr-Ing. Herbert Pfeifer, Dr-Ing. Christian Schwotzer, Dr-Ing. Thomas Echterhof

Die Energiewende und die „Zero Emission"-Ziele für CO_2 stellen die Thermoprozesstechnik vor große Herausforderungen. Für die Anlagen, die einen Leistungsbereich von wenigen Kilowatt bis zu mehreren hundert Megawatt abdecken, sind brennstoffbeheizte (direkte CO_2-Emission) sowie elektrische Verfahren (indirekte CO_2-Emission) vorhanden. Vor dem Hintergrund der sich wandelnden Stromwirtschaft sind hybride Systeme, die flexibel auf den aktuellen Energiemix reagieren können, wünschenswert. Ein Überblick über Anlagen mit hybrider Beheizung (gas und elektrisch) zeigt, dass sie ausschließlich zur Prozessoptimierung und Produktionssteigerung konzipiert sind. Die vollständige Elektrifizierung leistungsstarker Industrieöfen für Prozesstemperaturen größer 1.000 °C stößt nach den bisherigen Auslegungen platzmäßig an Grenzen, da die maximale spezifische Belastung elektrischer Heizleiter mit der Temperatur abnimmt. Für den Temperaturbereich kleiner 1.000 °C sind Öfen mit elektrischer Widerstandsheizung realisierbar. Die Wirtschaftlichkeit dieser Anlagen wird kritisch gesehen. Für hybride Anlagen mit variabler Verteilung der Leistung auf die verschiedenen Energieträger sind Fragen wie z. B. die Steuerung der Lastverteilung, der Regelung und die Haltbarkeit der Komponenten zu untersuchen.

Die Betreiber und Hersteller von Industrieöfen und wärmetechnischen Anlagen sowie deren Zulieferer werden durch die Energiewende und dem damit verbundenen zunehmenden Einsatz Erneuerbarer Energien anstelle der bisher genutzten fossilen Energieträger wie Öl oder Gas vor vielfältige Herausforderungen und den damit verbundenen Risiken gestellt.

Die Keywords der Thermoprozesstechnik im Zusammenhang mit der Energiewende sind die Verbesserung der Energieeffizienz sowie die Flexibilität der Anlagentechnik hinsichtlich der Nutzung fossiler Energieträger und elektrischer Energie. Die Fragestellung ist für die Thermoprozesstechnik u. a. auch deshalb komplex, da die in diesen Bereichen eingesetzten Öfen einen sehr weiten Bereich hinsichtlich der Anlagengröße (**Bild 1**) der Prozesse und der zu behandelnden Materialien sowie der Produktivität abzudecken haben. Das Portfolio reicht von kleinen Laboröfen oder Öfen für die Dentaltechnik bis hin zu leistungsstarken Wiedererwärmungsöfen (Hubbalken- und Stoßöfen) mit Produktivitäten von bis zu mehreren 100 t/h in den Warmwalzwerken für Flachprodukte der Stahlindustrie.

Die Verfahrens- und Anlagentechnik der Thermoprozesstechnik spannt somit einen weiten Bogen über die unterschiedlichsten Materialien und Werkstoffe, die in ihrer Gesamtheit den technisch wirtschaftlich nutzbaren Bereich von niedrigen bis insbesondere hohen Temperaturen abdecken. Allen diesen Branchen ist gemeinsam, dass die thermische Behandlung der Materialien die exakte Einstellung von Prozessparametern (Temperatur, Zeit, Prozessatmosphäre u. a.) erfordert, damit die Produkte optimale Eigenschaften aufweisen. Für den verallgemeinerten Begriff der Thermoprozesstechnik ist somit eine allgemeine Definition: „Prozess- und Anlagentechnik zur thermochemischen und thermophysikalischen Behandlung von Materialien und Werkstoffen derart, dass die optimalen Produkteigenschaften durch die gezielte Einstellung und Regelung der Guttemperatur und der Prozessatmosphäre wirtschaftlich und ökologisch eingestellt werden." [1]

CO_2-Minderungsziele

Insbesondere die wirtschaftlichen und ökologischen Randbedingungen treten durch die Verfolgung der Klimaziele im Rahmen der Energiewende in den Fokus des Handelns. Nach **Bild 2** sind die Zielvorgaben auf der Basis von 1990 für die Reduzierung der emittierten Treibhausgase für Deutschland (DE) 40 % bis 2020, 55 % bis 2030 und je nach Szenario 80 bis 95 % bis 2050. [2]

Diese gehen vielfach über die vorhandenen Kompetenzen, insbesondere von KmU hinaus und lassen sich nicht isoliert, sondern nur durch branchenübergreifende Kooperationen und Wissenstransfer sicher bewältigten.

Die aktuellen Themengebiete der "Thermoprozess-Branche" sind in **Bild 3** skizziert und nach den Themen Technologie, Umwelt und Gesellschaft untergliedert. Weitere Top-Themen der Branche sind u. a.:

- Energieeinsparung und CO_2-Senkung durch die Verbesserung der Energieeffizienz
- Gefahr des Wegfalls von Marktsegmenten (Wandel), z. B. durch Elektromobilität
- Neue hochfeste Stahl- und Aluminium-Werkstoffe und C-Fasern für die Anwendung im Leichtbau (Automobilindustrie)
- Flexible, additive Fertigung
- Elektrifizierung der Industrie (C-freie Energieversorgung)
- Verbrennung, Brenngasbeschaffenheit und Emissionen, Biobrennstoffe.

In diesem Beitrag soll insbesondere das Thema flexibel hybrid beheizter Öfen, d. h. Öfen, die vollständig oder teilweise brennstoff- und elektrisch beheizt werden und flexibel auf das schwankende Energieangebot der Erneuerbaren Energien reagieren können, im Fokus stehen.

Hybride Technologien

Das Substantiv Hybrid (Neutrum: „das Hybrid") und das Adjek-

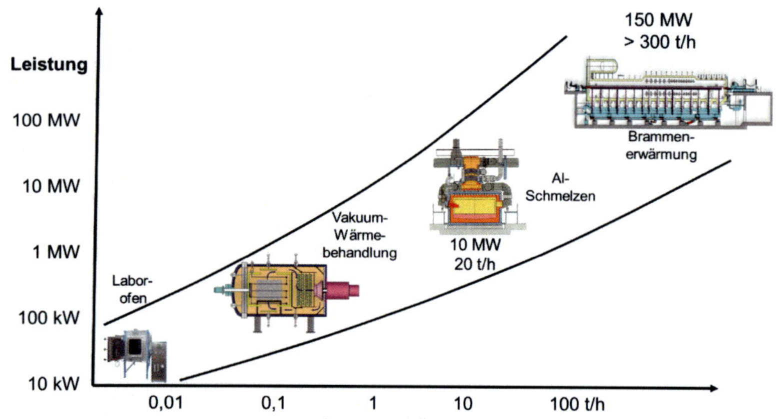

Bild 1: Leistungs- und Produktivitätsspektrum von Industrieöfen

tiv hybrid beziehen sich auf etwas Gebündeltes, Gekreuztes oder Vermischtes. Diese griechisch stämmigen Begriffe (abgeleitet von ὕβρις, -> hýbris, Übermut oder Anmaßung) haben über das Lateinische (hybrida, Bastard, Mischling oder Frevelkind) ihren Weg u. a. in die englische und deutsche Sprache gefunden. [4]

Allgemein versteht man in der Technik unter Hybrid ein System, bei welchem zwei Technologien miteinander kombiniert werden. [4]

Die vorangestellte Bezeichnung „Hybrid" betont ein aus unterschiedlichen Arten oder Prozessen zusammengesetztes Ganzes. Die Besonderheit liegt darin, dass die zusammengebrachten Elemente für sich schon Lösungen darstellen, durch das Zusammenbringen aber neue erwünschte Eigenschaften entstehen können.

Auch wenn das Zusammenbringen verschiedener Subsysteme geradezu ein Prinzip von Systemen ist, meiden Systeme eher solche Hybrid-Lösungen, denn das Hybridartige bedeutet, dass Doppel- oder Mehrfachlösungen für die gleiche Funktion eingesetzt werden, die einen jeweils unterschiedlichen inneren Aufbau besitzen und in der Regel zu höheren Kosten und damit zu einer geringeren Wirtschaftlichkeit führen. Systeme sichern ihr Fortbestehen jedoch eher aus der Mehrfachverwendung gleicher Teile für die gleiche Funktion (Redundanz) oder das Zusammenfügen unterschiedlicher Subsysteme für unterschiedliche Zwecke. [4]

Beispiele aus der Vergangenheit und Gegenwart hybrider Systeme

Als Hybridelektronik oder hybride Schaltungen wurden elektrische Schaltungen bezeichnet, die sowohl Analogtechnik (z. B. Beuken-Modell in der Industrieofentechnik) als auch Digitaltechnik in einem Baustein verwendeten. Entsprechend handelte es sich bei Hybridrechnern um Computer, die analoge und digitale Komponenten besaßen. [5]

Ende der 1960er / Anfang der 1970er Jahre wurde bei Dornier ein Hybridrechner mit der Bezeichnung DO 960 gebaut. Damit endete dann auch die Ära der Analogrechner bei Dornier. [6] Bei dem Digitalteil handelte es sich um ein CAMAC-System (CAMAC: Computer Automated for Measurement and Control). CAMAC wurde Ende der 1960er Jahre für das Erfassen und Verarbeiten von Analogwerten in der Kernforschung entwickelt. Das dargestellte Gerät stand ehemals in Zürich und diente zur Simulation von Raketenbahnen.

Mit der Verbesserung der digitalen Computertechnik wurde diese Rechnerart wieder aus der Wissenschaft und Technik verdrängt. Es handelte sich also um eine Übergangstechnologie mit vergleichsweise kurzer Dauer.

Aus dem Automobilbereich sind hybride Antriebe und Motoren bekannt. Hybride Antriebssysteme bestehen aus einer Kombination von mindestens zwei verschiedenen und getrennten Energiespeicher- und Antriebssystemen.

Als Beispiel für die Kombination von zwei Antriebssystemen in der Automobiltechnik sind in **Tabelle 1** Kenndaten des Toyota Prius für die verschiedenen Modelle aufgelistet. Man erkennt, dass die gleichzeitige Verwendung der Antriebstechniken Verbrennungsmotor und elektrischer Antrieb sich in den Anforderungen (Reichweitensteigerung von anfangs elektrisch

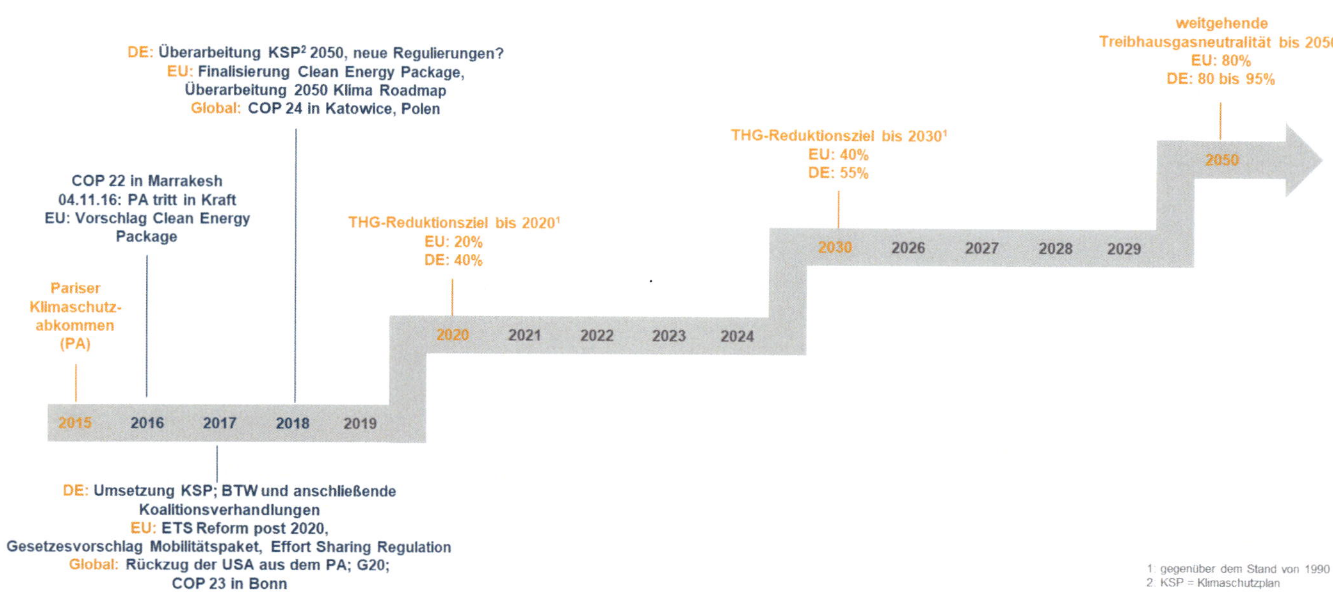

Bild 2: Roadmap der Klimapolitik für Europa (EU) und Deutschland (DE) [2]

1 bis 4 km auf aktuell 50 km) im Laufe der Produktentwicklung verändert haben. Außerdem zeigt die tabellarische Darstellung, dass sich auch die Batterietechnik in den vergangenen zwei Dekaden durch die Wahl neuer Systeme gewandelt hat.

Hybride Systeme in der Thermoprozesstechnik

In der Thermoprozesstechnik stehen je nach technischer/wirtschaftlicher Anforderung an das System sowohl brennstoffbasierte als auch elektrisch betriebene Beheizungssysteme zur Verfügung. In **Bild 4** erfolgt eine Klassifikation nach der Beheizungsart (Brennstoffe und Sonstige). [8] Die brennstoffbeheizten Industrieöfen sind insbesondere im Falle leistungsstarker Anlagen mit Brennern ausgerüstet. Falls eine Erdgasinfrastruktur vorhanden ist, wird dieser Brennstoff bevorzugt. In integrierten Hüttenwerken, wo Koksofengas, Gichtgas und Konvertergas zur Verfügung stehen, werden vorrangig diese Kuppelgase eingesetzt. Falls keine gasförmigen Brennstoffe über ein Gasversorgungsnetz zur Verfügung stehen, werden entweder Flüssiggase oder flüssige Brennstoffe eingesetzt. Ein wesentliches Element brennstoffbeheizter Öfen stellt der Brenner dar. Dieser muss entsprechend den Eigenschaften des Brenngases und den Anforderungen des Prozesses ausgelegt sein. Die Schwerpunkte der Entwicklung sind NO_x-arme Brenner sowie Brenner mit integrierter Luftvorwärmung (Rekuperator- und Regeneratorbrenner).

Die elektrischen Beheizungsverfahren werden in direkte und indirekte Verfahren unterschieden. [9] Bei den direkten Verfahren wird die elektrische Energie direkt im zu erwärmenden Bauteil in Wärme umgewandelt. Eine Klassifikation der Elektrowärmeverfahren zeigt **Bild 5**. Für die elektrisch betriebenen Öfen oder Erwärmer ist die Ofenatmosphäre unter Berücksichtigung der verwendeten Materialien wählbar (z. B. die Einstellung nicht oxidierender oder thermochemischer Atmosphären ohne zusätzliche Maßnahmen wie Strahlheizrohre oder Muffeln).

In den direkt erwärmenden Verfahren (induktiv, dielektrisch, konduktiv) können beliebige Prozesstemperaturen und hohe spezifische Einsatzleistungen erreicht werden. Daher eignen sich diese Verfahren besonders für hohe Prozesstemperaturen (Schmelzen von Stahl oder anderer hochschmelzender Werkstoffe) und für leistungsstarke Erwärmungsanlagen, wie z. B. Schmelzöfen. Letztlich bietet sich die elektrische Widerstandserwärmung auch für die Beheizung von Vakuumöfen an.

Für die indirekt erwärmenden Verfahren (Widerstandserwärmung, Lichtbogenerwärmung) sind die maximalen Prozesstemperaturen an die Temperaturen der Heizquellen gebunden. Für Widerstandsöfen sind die maximal zulässigen Heizleitertemperaturen 1.200 °C für CrNi-Heizleiter und

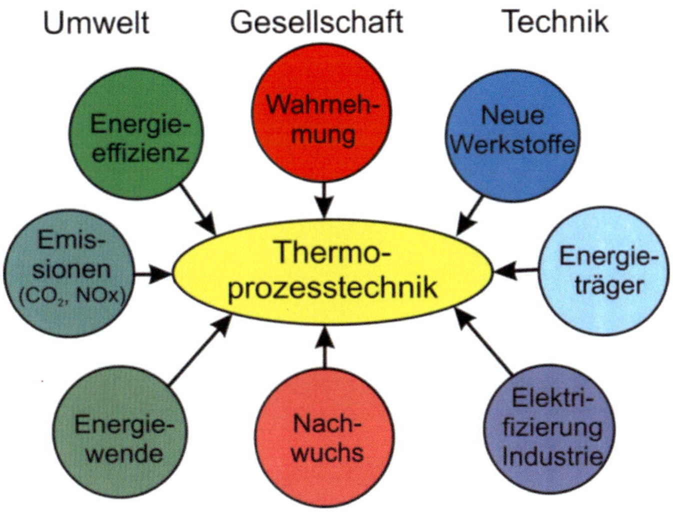

Bild 3: Spannungsfeld der Thermoprozesstechnik [3]

Tabelle 1: Kenndaten einer hybriden Automobilentwicklung [7]

Modell	Reichweite el. in km	Nennkapazität Akku in kWh	Gewicht leer kg	Produktion
Toyota Prius 1	2 bis 4	1,8 (NiMH)	1.260	2000 bis 2003
Toyota Prius 2	1 bis 3	1,3 (NiMH)	1.375	2003 bis 2009
Toyota Prius 3	1 bis 3	1,3 (NiMH)	1.445	2009 bis 2016
Toyota Prius 4	50	8,8 (Li)	1.450	ab 2016

NiMH: Nickel-Metallhydrid-Akkumulator; Li: Lithium-Ionen-Batterie

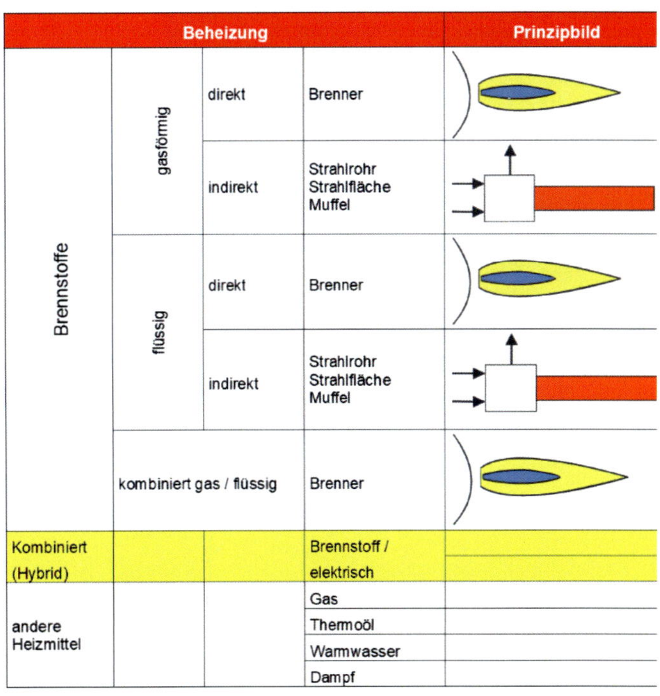

Bild 4: Klassifikation von Industrieöfen nach der Beheizungsart (Brennstoffe und Sonstige) [8]

Beheizung				Prinzipbild	Beispiel
elektrisch	direkte Verfahren	induktiv	Eisenkern geschlossen		Induktions-rinnenofen
			Eisenkern teilweise geschlossen		Induktive Ringerwärmung
			ohne Flussleiter		Induktions-tiegelofen
		konduktiv			Drahterwärmer
		dielektrisch	Mikrowelle		Gießkern-trocknung
			HF		Papier-trocknung
	indirekte Verfahren	Widerstands-erwärmung	Metallische Heizleiter (Wendel, Bänder, Patrone)		Einsatzhärten
		Lichtbogen			Lichtbogenofen
		Plasma			Plasmaschneiden
		Elektronen-strahl			Schmelzen
		Laser			Laserschneiden
		Elektronen-erosion			Senkerodieren
		Infrarot			Lacktrocknung

Bild 5: Klassifikation von elektrischen Beheizungsarten (Auswahl von Elektrowärmeverfahren) [9]

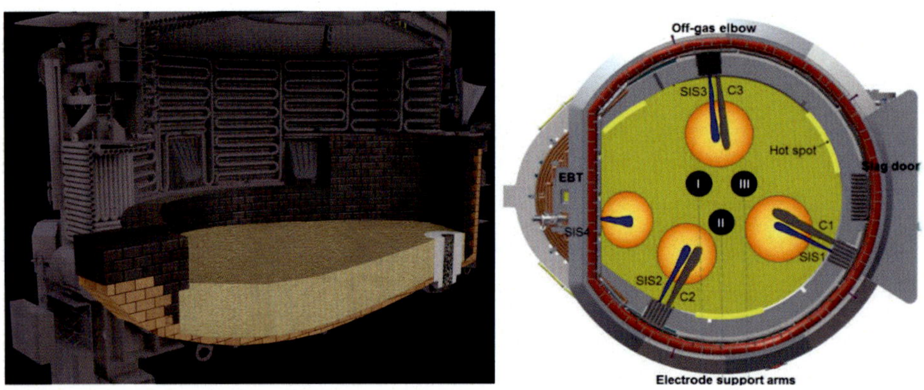

Bild 6: Weiterentwicklung des Elektrolichtbogenofens [13, 14]

> 2.000 °C für Graphitheizleiter. Im Fall der Lichtbogenerwärmung stellen sich Temperaturen im Lichtbogen von 5.000 bis 10.000 °C ein, sodass die Möglichkeit zum Schmelzen von Werkstoffen mit hohen Schmelztemperaturen gegeben ist.

Während in den 1960er bis 1980er Jahren ein relativ starker Wettbewerb zwischen den Gas- und Elektrowärmeverfahren bestand, der teilweise auch durch die Energieversorger forciert wurde, sind aus heutiger Sicht die funktionalen und wirtschaftlichen Vorteile der unterschiedlichen Verfahren die ausschlaggebenden Kriterien.

Ein typisches Beispiel für die Modifikation eines Prozesses von der elektrischen Beheizung hin zu einer hybriden Technologie stellt der Elektro-Lichtbogenofen dar. Die Technologie der Lichtbogenerwärmung für das Schmelzen von Stahl wurde erstmals im Jahr 1880 von William Siemens vorgestellt. [10]

Zum ersten Einsatz des Lichtbogenofens in der Stahlindustrie kam es 1905 mit dem von Paul Héroult und Martin Kiliani entwickelten Drehstrom-Lichtbogenofen. Auf Grund der für einen effizienten Schmelzbetrieb erforderlichen hohen elektrischen Lichtbogenleistung blieb der Lichtbogenofen zunächst Nischenanwendungen vorbehalten. Ein typischer Schmelzofen der 1920er Jahre hatte eine elektrische Wirkleistung von 1,5 MW und erreichte eine Jahresproduktion von 8.000 t Stahl. Mit einer erreichten Wirkleistung von 165 MW ist heute eine Jahresproduktion von 2.000.000 t realisierbar [11]. So hat der Lichtbogenofen kontinuierlich an Bedeutung gewonnen. In den vergangenen 50 Jahren ist sein Anteil an der weltweiten Stahlerzeugung von 10 auf 28 % [12] angestiegen. Neben der reinen Steigerung der elektrischen Anschlussleistung sind in dieser Zeit eine Vielzahl von Neuerungen in die Prozess- und Anlagentechnik eingeflossen. Exemplarisch können die Pfannenmetallurgie (Trennung des Schmelzprozesses vom Raffinationsprozess), das wassergekühlte Ofengefäß, die Schaumschlackenfahrweise in Verbindung mit dem Einblasen von Kohlenstoff und Sauerstoff, der exzentrische Bodenabstich, der Brennereinsatz, das Einblasen von Sauerstoff über Lavaldüsen sowie die Automatisierung genannt werden. Im Bereich des Recyclings von Stahlschrott hat er den brennstoffbefeuerten Siemens-Martin-Ofen vollständig abgelöst, was mit einer massiven Reduzierung der zuzuordnenden CO_2-Emissionen einherging.

Bild 6 zeigt in der linken Darstellung schematisch einen Querschnitt durch einen Lichtbogenofen mit dem feuerfest zugestellten Herd und integriertem EBT (Eccentric Bottom Tapping) sowie der wassergekühlten Gefäßwand mit integrierten Injektoren für Erdgas, Sauerstoff und Kohle. Aus der rechten schematischen Darstellung sind die drei Elektroden, die in die Wand integrierten Injektoren und der EBT in der Draufsicht zu erkennen.

Die Ergebnisse für einen 100-t-Lichtbogenofen (Mittelwert aus 27 Chargen) sind in **Bild 7** dargestellt. Der Ofen zeichnet sich z. B. durch einen hohen spezifischen Sauerstoffeinsatz aus. Der spezifische Stromverbrauch liegt dadurch unter 400 kWh/t, die gesamte Energiezufuhr jedoch bei 810 kWh/t. Die gesamte spezifische Energiezufuhr ist vergleichbar mit den Daten anderer Öfen, bei denen der gesamte Energieinput zwischen 700 und 800 kWh/t liegt.

Die Energiebilanz zeigt, dass in diesem Fall lediglich ca. 50 % des gesamten Energieumsatzes im Lichtbogenofen durch elektrische Energie abgedeckt wird. Insbesondere durch den stetigen Anstieg der Sauerstoffzufuhr in den Lichtbogenofen zum Frischen, für Brenner, zum Schäumen der Schlacke und die CO-Nachverbrennung ist der spezifische elektrische Energiebedarf von Lichtbogenöfen gesunken.

Es konnte nachgewiesen werden, dass trotz des Strombedarfs für die Sauerstoffherstellung der Gesamtenergiebedarf und die CO_2-Emissionen unter Berücksichtigung des Kraftwerkswirkungsgrades abgesenkt werden.

Für die Energiewende wird dem Elektrolichtbogenofen für die Stahlherstellung der Zukunft eine herausragende Rolle vorausgesagt. So führt das Umweltbundesamt (UBA) aus: „Um regenerativ erzeugte Energieträger sowie regenerativen Strom einsetzen zu können, ist es in vielen Branchen nötig, die Herstellungsprozesse grundsätzlich umzustellen und geeignete Anlagentechniken einzusetzen. Beispielsweise gehen wir in der Studie davon aus, dass es in der Stahlindustrie keine Primärstahlerzeugung über die Hochofen-Oxygenstahl-Route mehr gibt. Dafür wird die Elektrostahlerzeugung mittels Schrott und Schwammeisen (DRI) massiv ausgebaut. Als Energieträger für die Direktreduktion dient dann ausschließlich regenerativ erzeugtes Methangas und für die Elektrolichtbogenöfen sowie die Walzwerksöfen kommt ausschließlich regenerativer Strom zum Einsatz. Obwohl in vielen Bereichen bis 2050 Produktionssteigerungen erwartet werden, zeigt die Studie, dass der gesamte Endenergieverbrauch im Vergleich zum Bezugsjahr 2010 zukünftig mit rund 373 TWh/a um ca. 50 % geringer sein wird. Damit verringert sich der spezifische Energieeinsatz je Tonne Produkt in zahlreichen Branchen im Mittel um den Faktor 2 bis 4. Dies wird in vielen Fällen erreicht, indem Fertigungsprozesse im Hinblick auf Material- und Energieeffizienz optimiert werden, die Abwärme konsequent genutzt und hocheffiziente Anlagentechnik eingesetzt wird. Dabei geht das Szenario von zahlreichen Technikinnovationen im Laufe der nächsten vier Jahrzehnte aus.

Hauptenergieträger im Jahr 2050 sind mit einem Anteil am gesamten industriellen Endenergieverbrauch von rund 50 % (199 TWh/a) regenerativ erzeugtes Methan und ca. 45 % (159 TWh/a) regenerativ erzeugter Strom. Entsprechend müssten in erheblich größerem Umfang als heute strombasierte Techniken eingesetzt werden. Dies würde auch weiteres Potenzial für die Teilnahme am Regelenergiemarkt bedeuten und die Flexibilität im Strommarkt erhöhen.

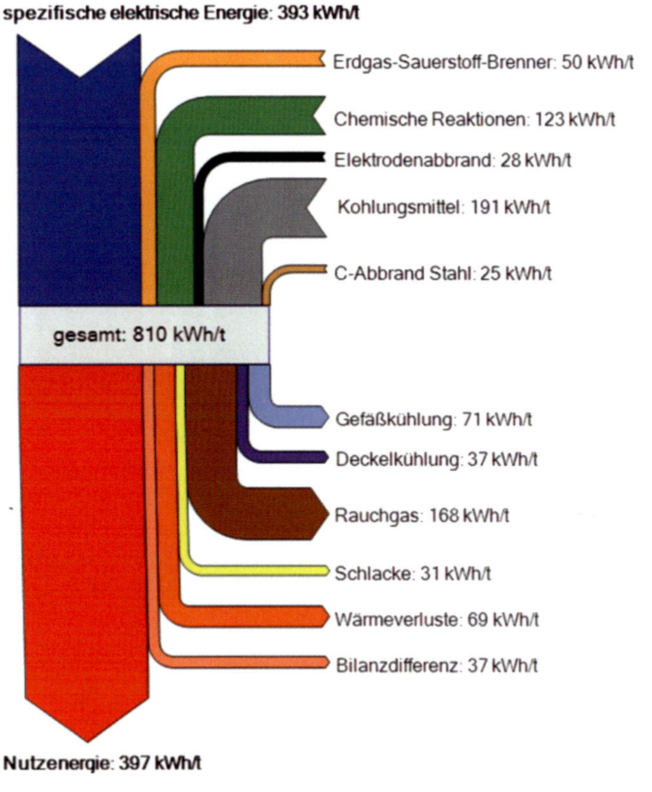

Bild 7: Energiebilanz eines 100 t-Ofens [11]

Bild 8: CONARC Prozess (Quelle: SMS Group) [16]

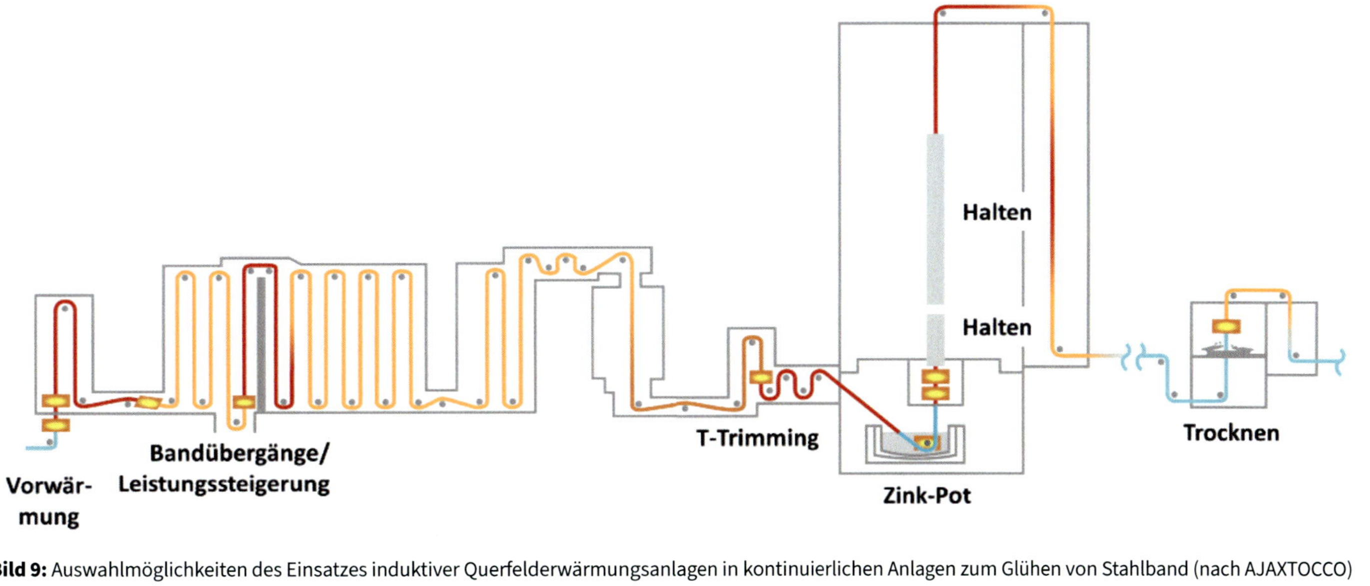

Bild 9: Auswahlmöglichkeiten des Einsatzes induktiver Querfelderwärmungsanlagen in kontinuierlichen Anlagen zum Glühen von Stahlband (nach AJAXTOCCO)

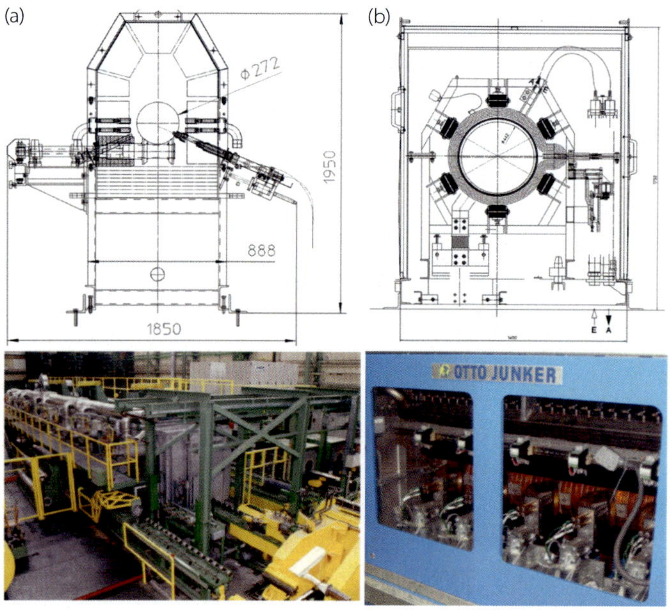

Bild 10: a) Querschnitt des gasbeheizten Anlagenteils einer Bolzenerwärmungsanlage (GBE) und b) einer induktiven Bolzenerwärmungsanlage (IBE)

Im Bereich der Chemischen Industrie sowie der Stahlindustrie wäre anstelle des regenerativ erzeugten Methans regenerativ erzeugter Wasserstoff einsetzbar – sowohl als Energieträger als auch als Reduktionsmittel. Ein breiter Einsatz von regenerativ erzeugtem Wasserstoff im gesamten Industriesektor wäre hingegen nur nach umfangreichen infrastrukturellen Veränderungen (z. B. Errichtung eines deutschlandweiten Wasserstoffnetzes) sowie prozesstechnischen Neu- und Weiterentwicklungen in den einzelnen Branchen möglich." [15]

Ein Verfahren, welches den Lichtbogenofen mit einem Sauerstoffaufblasverfahren koppelt, ist der sogenannte Conarc (converter arcing) Prozess (**Bild 8**). Dieser Prozess kombiniert die Vorteile des Sauerstoffaufblasprozesses (BOF - Basic Oxygen Furnace) mit denen des Elektrolichtbogenofens. Er zeichnet sich hinsichtlich seiner Flexibilität der Verfahren und Einsatzstoffe (Roheisen, Schrott) aus.

Die hybride Erwärmung, d. h. in diesem Fall die gleichzeitige Anwendung gasbeheizter Elemente, den Strahlheizrohren und der induktiven Querfelderwärmung, hat bereits in den kontinuierlichen Glüh- und Beschichtungslinien der Stahlindustrie Einzug gehalten. Die induktiven Querfelderwärmungen wurden

Tabelle 2: Brennstoffeinsatz, Strombedarf und energetischer Wirkungsgrad unterschiedlicher Erwärmungskonzepte für Aluminiumbolzen als Einzelanlage [17]

Anwärmofen		GBE (Gasbeheizte Bolzenerwärmungsanlage)	KBE_G (Konvektiv beheizte Bolzenerwärmungsanlage)	IBE (Induktiv beheizte Bolzenerwärmungsanlage
Durchsatz		2,5 t/h		
Totgutanteil		0		
Endtemepratur ohne Taper		480 °C		
Wärmeinhalt Aluminium bei 480 °C		130 kWh/t		
Wärmeübertragungsmechanismen		primär Wärmestrahlung, sekundär erzwungene Konvektion	primär erzwungene Konvektion, sekundär Wärmestrahlung	Induktion
Brennstoffeinsatz	Kaltluft	248 kWh_{th}/t_{Al}	205 kWh_{th}/t_{Al}	0
	rekuperativ	215 kWh_{th}/t_{Al}	175 kWh_{th}/t_{Al}	0
Strombedarf		7 kWh_{th}/t_{Al}	16 kWh_{th}/t_{Al}	215 kWh_{th}/t_{Al}
Energetischer Wirkungsgrad		51,0 bis 58,5 %	58,8 bis 68,1 %	60,5 %

Tabelle 3: Brennstoffeinsatz, Strombedarf und energetischer Wirkungsgrad unterschiedlicher Erwärmungskonzepte für Aluminiumbolzen als kombinierte Anlage [17]

Anwärmofen		GBE + IBE	KBE_G + IBE
Durchsatz		2,5 t/h	
Totgutanteil		0	
Grundtemperatur		400 °C	
Endtemperatur ohn Taper		480 °C	
Wärmeinhalt Aluminium bei 400 °C		105 kWh/t	
Wärmeinhalt bei 480 °C		130 kWh/t	
Brennstoffeinsatz	Kaltluft	200 kWh_{th}/t_{Al}	165 kWh_{th}/t_{Al}
	rekuperativ	174 kWh_{th}/t_{Al}	142 kWh_{th}/t_{Al}
Strombedarf		48 kWh_{th}/t_{Al}	59 kWh_{th}/t_{Al}
Energetischer Wirkungsgrad		52,4 bis 58,6 %	58,0 bis 64,8 %

zuerst in existierende Bandanlagen integriert mit den Zielen der Leistungssteigerung (Booster), der Erhöhung der Flexibilität hinsichtlich des Dicken- und Qualitätsspektrums der Anlagen, der verbesserten Temperatureinstellung in Ofenbereichen und auch der Qualitätsverbesserung im Bereich der Oberflächenbeschichtung. Als weitere Vorteile sind der verbesserte Bandlauf des walzharten Bandes im Eingangsbereich der Anlage und der Übergang beim Bandwechsel unterschiedlicher Banddicken zu nennen. **Bild 9** gibt schematisch eine Zusammenstellung der Stellen, in denen induktive Querfelderwärmer in einer Kontiglühanlage eingesetzt werden können. Diese Techniken werden zur Produktivitäts- und Leistungssteigerung der Anlagen angewendet. Die Installation der beiden Erwärmungsprinzipien für den flexiblen Einsatz von Brenngasen und elektrischer Energie ist noch nicht realisiert worden.

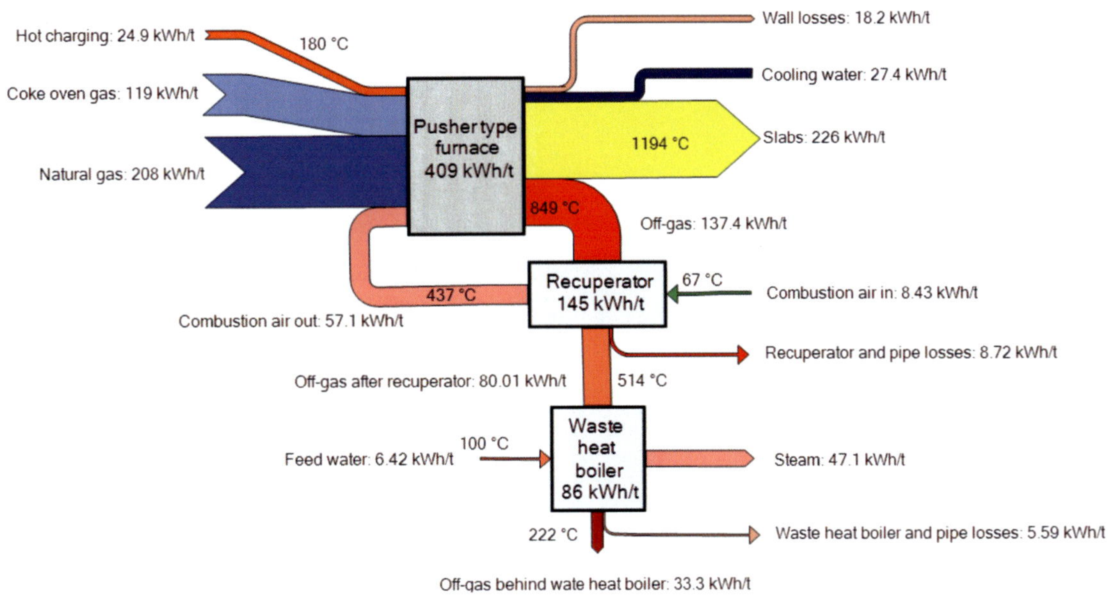

Bild 11: Energieflussdiagramm eines Stoßofens [18]

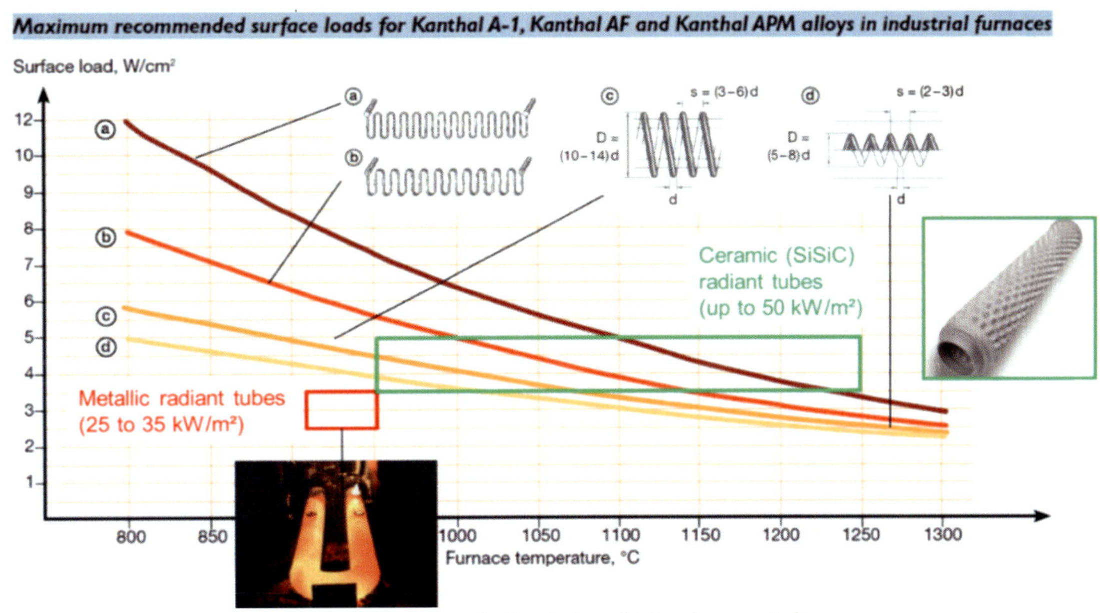

Bild 12: Zulässige oberflächenspezifische Leistungen für ferritische Heizleiterelemente [19]

Für die Wiedererwärmung von Aluminiumbolzen in Presswerken existieren sowohl brennstoffbeheizte als auch elektrisch beheizte Anlagen (**Bild 10**). Die Kenndaten (Brennstoffeinsatz, Strombedarf und energetischer Wirkungsgrad) für Einzelanlagen sind in **Tabelle 2** und für hybride Öfen in **Tabelle 3** dargestellt. [17]

Für Anlagen mit sehr großen Losgrößen sind die reinen brennstoffbeheizten Anlagen zu bevorzugen und für flexible Anlagen mit kleinen Losgrößen die hybriden Anlagen. Auch bei diesen Anwendungsfällen stand nicht die optimale Nutzung des angebotenen Energiemixes vor dem Hintergrund dessen zeitlicher Fluktuationen Pate, sondern die Fertigungsflexibilität.

Energiewende: Elektrifizierung von Erwärmungsöfen

In der bereits zitierten Studie des Umweltbundesamtes UBA aus dem Jahre 2013 zum Thema „Treibhausgasneutrales Deutschland im Jahr 2050" [15] wird ausgeführt: „Beispielsweise gehen wir in der Studie davon aus, dass es in der Stahlindustrie keine Primärstahlerzeugung über die Hochofen-Oxygenstahl-Route mehr gibt. Dafür wird die Elektrostahlerzeugung mittels Schrott und Schwammeisen (DRI) massiv ausgebaut. Als Energieträger für die Direktreduktion dient dann ausschließlich regenerativ erzeugtes Methangas und für die Elektrolichtbogenöfen sowie die Walzwerksöfen kommt ausschließlich regenerativer Strom zum Einsatz."

Die Walzwerksöfen der Stahlindustrie zur Wiedererwärmung von stranggegossenen Brammen und Knüppeln sind in Deutschland ausnahmslos mit Kuppelgasen aus der Rohstahlerzeugung und Erdgas beheizt. Anlagen mit elektrischer

Tabelle 4: Kennzahlen eines gasbeheizten Stoßofens zu Erwärmung von Stahlknüppeln und die vergleichenden Daten eines elektrisch beheizten Ofens [3]

Bezeichnung	Gasbeheizter Ofen	Elektrisch beheizter Ofen
Produktivität in t/h	180	180
Ofenabmessungen LxB	19,5 x 14,8 m	19,5 x 14,8 m
Installierte Leistung	79 MW	60 MW
Energiebedarf für Kalteinsatz	300 kWh/t	240 kWh/t
Ziehtemperatur	1.130 °C	1.130 °C
Leistung für Nennleistung	55 MW	42 MW
Wirkungsgrad	65 %	85 %

Tabelle 5: Ofentypen für unterschiedliche Anwendungen mit typischen installierten Leistungen (A), Wandflächen (B), spezifischen Heizleiterleistungen (C) und der maximal installierbaren elektrischen Leistung (D)

Ofentyp	Max. Temperatur	Typische Kenndaten
Hubbalkenofen, Stoßofen - Warmwalzen	1.250 °C	A: 100 bis 150 MW B: 400 m^2 C: 30 kW/m^2 D: 12 MW
Kammerofen - Schmiedebetriebe	1.350 °C	A: 8 MW B: 60 m^2 C: 20 kW/m^2 D: 1,2 MW
Kammerofen - Wärmebehandlung	750 °C	A: 1,5 MW B: 60 m^2 C: 50 kW/m^2 D: 3 MW

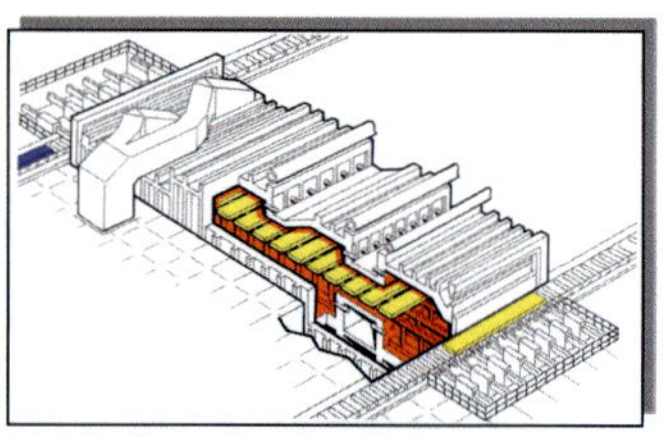
Hubbalkenofen, Stoßofen

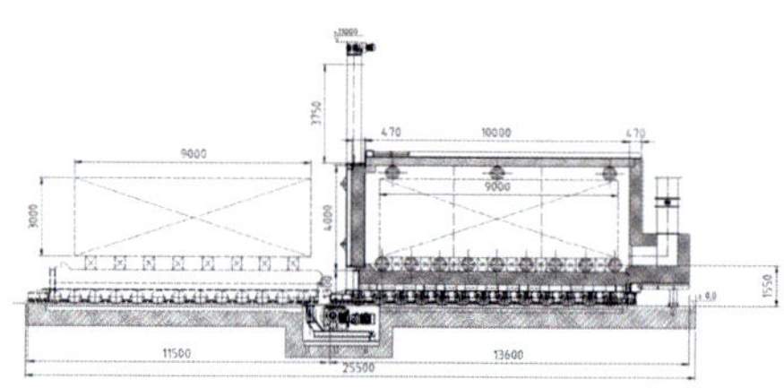
Kammerofen, Schmiedebetriebe

Kammerofen, Wärmebehandlung

Beheizung, z. B. durch die Installation von elektrischen Widerstands-Heizelementen auf den Ofeninnenwänden, sind noch nicht realisiert worden.

Bild 11 zeigt exemplarisch das Sankey-Diagramm des Energieflusses eines Stoßofens für ein Warmbandwalzwerk. Der spezifische Energiebedarf beträgt ca. 1,25 GJ/t. Der energetische Nutzungsgrad von 65 % stellt den Stand der Technik dar. Die Wand- und Kühlwasserverluste, z. B. für das Schienensystem, betragen ca. 13 %. Für einen vollständig elektrisch beheizten Ofen kann deshalb von einem Nutzungsgrad von ca. 85 % ausgegangen werden.

Nachfolgend soll die Fragestellung, ob solche Öfen als widerstandsbeheizte Typen ausgeführt werden können und welcher Anteil regenerativ erzeugten Stroms dafür erforderlich ist, angegangen werden.

Durch die Anwendungstemperatur von bis zu 1.300 °C und den guten Eigenschaften unter oxidierenden Atmosphären bieten sich ferritische Fe-Cr-Al Widerstandsheizelemente an. **Bild 12** zeigt die zulässigen flächenspezifischen Leistungen für verschiedene Ausführungsarten dieser Widerstandsheizelemente. Vergleichend sind auch die Werte für metallische und keramische Strahlheizrohre eingetragen. Diese liegen in der gleichen Größenordnung wie die Werte für die Heizleiterelemente. Generell ist zu berücksichtigen, dass die maximal zulässige flächenspezifische Leistung der Heizleitermaterialien mit zunehmender Anwendungstemperatur abnimmt, so z. B. im Fall d in Bild 12 von 5 W/cm^2 für 800 °C auf 3 W/cm^2 für 1.200 °C.

Für den Beispielofen aus **Tabelle 4** ergibt sich aus der zulässigen spezifischen Leistung von 4,75 W/cm^2 und der elektrischen Anschlussleistung von 60 MW ein Flächenbedarf von A_{erf} = 1.250 m^2. Für den Oberofen steht mit der Decke und den Seitenwänden lediglich eine Fläche von ca. 350 m^2 zur Verfügung. Die Bodenfläche kommt für die Installation von Heizleiterelementen nicht infrage, da diese durch herabfallenden Zunder bedeckt ist. Somit existiert ein klassisches Platzproblem zur Unterbringung der erforderlichen Heizleiter. Andere Fragestellungen sind in diesem Zusammenhang die Lebensdauer der Heizelemente bei höheren Sauerstoffgehalten in der Ofenatmosphäre, die Beeinträchtigung durch Gießhilfsmittel vom Stranggießprozess, die Zunderbildung bei höheren Sauerstoffgehalten und das damit verbundene Entzunderungsverhalten der Brammen oder Knüppel.

Die Thematik des Platzproblems für vollständig widerstandsbeheizte Thermoprozessanlagen weist Schröder nach. [20] Er betrachtet verschiedene Ofentypen, wie Hubbalkenöfen, Gleichschrittöfen, Drehherdöfen und Kammeröfen für die Wiedererwärmung von Stahlhalbzeug für die Warmumformung (T > 1.000 °C) und Kammeröfen, Rollenherdöfen sowie eine Vergüteanlage (T < 1.000 °C) und kommt zu der Schlussfolgerung, dass im Temperaturbereich T > 1.000 °C die vorhandenen, nutzbaren Ofenflächen nicht ausreichen und für T < 1.000 °C dieses Platzproblem nicht besteht. In **Tabelle 5** sind beispielhaft die Daten aus [20] für ausgewählte Öfen zusammengestellt.

Als Kriterien für eine elektrische hybride Beheizung werden in [20] u. a. aufgeführt:

- Chemische Beständigkeit der Heizleiter
- Vermeidung mechanischer Lasten auf die Heizleiter
- Anteil der elektrischen Heizleistung sollte 30 bis 100 % der erforderlichen Gesamtleistung betragen
- Öfen mit Schutzgasatmosphäre sind besonders geeignet
- Ofenraumtemperatur T < 1.000 °C.

Fazit

Hybride Beheizungssysteme in der Thermoprozesstechnik werden aktuell zur Prozessoptimierung und Produktionssteigerung von Anlagen in der Stahl- und NE-Metallindustrie eingesetzt. Für die Realisierung der vorgesehenen CO_2-Minderungsziele der nächsten Jahrzehnte ist eine mögliche Option die Elektrifizierung der Thermoprozesstechnik. Insbesondere sollen hybride Öfen, die flexibel vollständig oder teilweise zwischen den Energieträgern Brenngas und elektrische Energie umschaltbar sind, die Spitzen der Erneuerbaren Energien sinnvoll für Hochtemperaturanwendungen aufnehmen und damit zur Vergleichmäßigung des Angebots und der Nachfrage Erneuerbarer Energien beitragen. Hybride Ofenkonzepte sind bereits in der Anwendung, jedoch mit der Zielsetzung die Produktivität zu steigern und die Flexibilität der Anlagen hinsichtlich der Produktanforderungen zu verbessern.

Hybride Öfen zur flexiblen Reaktion auf das Energieangebot sind technisch in vielen Bereichen realisierbar, scheitern jedoch noch an der fehlenden Wirtschaftlichkeit. Außerdem sind noch Fragen hinsichtlich der Steuerung dieser Anlagen, der Einbindung in die Stromwirtschaft und auch bezüglich rechtlicher Fragen zu klären.

Literatur

[1] Pfeifer, H.; Nacke, B.; Beneke, F. (Hrsg.): Praxishandbuch Thermoprozesstechnik, Bd. 1, 3. Auflage., Vulkan-Verlag, Essen 2018, S. 2

[2] Krebs, F.: Klimapolitik als Chance für den Maschinen- und Anlagenbau, VDMA, Frankfurt, 12.04.2018

[3] Pfeifer, H.: Trends in der Thermoprozesstechnik, gaswärme international (2017) 5, S. 77/87

[4] https://de.wikipedia.org/wiki/Hybrid

[5] https://de.wikipedia.org/wiki/Hybridrechner

[6] http://www.analogmuseum.org/deutsch/collection/dornier/do960/

[7] https://de.wikipedia.org/wiki/Toyota_Prius

[8] Pfeifer, H.; Nacke, B.; Beneke, F. (Hrsg.): Praxishandbuch Thermoprozesstechnik, Bd. 1, 3. Auflage., Vulkan-Verlag, Essen 2018, S. 17

[9] Pfeifer, H.; Nacke, B.; Beneke, F. (Hrsg.): Praxishandbuch Thermoprozesstechnik, Bd. 1, 3. Auflage., Vulkan-Verlag, Essen 2018, S. 18

[10] Siemens, W.: Über die Anwendung des dynamoelektrischen Stromes zur Schmelzung schwerflüssiger Stoffe in beträchtlichen Mengen, Elektrotechnische Zeitschrift 1 (1980), S. 325/8

[11] Krüger, K.; Pfeifer, H.: Electric Arc Furnaces, in: Beneke, F.; Nacke, B.; Pfeifer, H. (Hrsg.): Handbook of Thermoprocessing Technologies, Bd. 2, Vulkan Verlag, Essen 2015, S. 39/73

[12] World Steel Association: World Steel in Figures, 17 pages, worldsteel.org

[13] http://www.sidertrading.com/

[14] Alshurafa, K., Bader, J., Nörthemann, R., Reifferscheid, M., Klioutchnikov, I., Olivier, H., Odenthal, H.-J.: The optimized SIS injector for EAF applications, AISTech 2014, Indianapolis 2014

[15] Bundesumweltamt (Hrsg.): Treibhausgasneutrales Deutschland im Jahr 2050, Umweltbundesamt, Dessau 2013

[16] https://www.sms-group.com/de/anlagen/alle-anlagen/elektrostahlerzeugung/ conarc-converter-arcing/

[17] Valder, G.: Ermittlung des Einsparpotenzials und Bestimmung von CO_2-Produktionbenchmarks bei der Herstellung stranggepresster Halbzeuge aus Sekundäraluminium, Dissertation, Fakultät für Georessourcen und Materialtechnik, RWTH Aachen, Verlagshaus Mainz, 2011

[18] Werner, A.; Schaumlechner, K.; Ponweiser, K.; Sparlink, W.; Haider, K.: Potenziale zur Steigerung der Energieeffizienz in einem integrierten Hüttenwerk, Stahl und Eisen 128 (2008) 8, S. 47/51

[19] Kanthal: Resistance heating alloys and systems for industrial furnaces, Sandvik Materials Technology, 2011

[20] Schröder, D.: Möglichkeiten des Energieeintrags in Industrieöfen, Voll- und teilhybride Anlagenkonzepte, Innovationsforum Hybrid Heating, 1. Workshop, Aachen 5.12.2018

Autoren

Prof. Dr-Ing. **Herbert Pfeifer**
RWTH Aachen University
Aachen
0241 / 80259-35
pfeifer@iob.rwth-aachen.de

Dr.-Ing. **Christian Schwotzer**
RWTH Aachen University
Aachen
0241 / 80260-68
schwotzer@iob.rwth-aachen.de

Dr.-Ing. **Thomas Echterhof**
RWTH Aachen University
Aachen
0241 / 80259-58
echterhof@iob.rwth-aachen.de

Hybridanlagen – Die ideale Kombination der Vorzüge von Gaskesseln und Wärmepumpen

Andree Mezger

Wärmepumpe und Gaskessel können zusammen eine ideale Kombination bilden, um die Vorteile von beiden zu vereinen. Diese Kombination hat bei der Modernisierung von Gebäuden große Vorteile. Meist sind ältere Gebäude nicht so gut gedämmt wie neue und benötigen daher selbst nach Modernisierungsmaßnahmen bei tiefen Außentemperaturen relativ viel Heizenergie. Bei negativen Außentemperaturen laufen aber Luft-Wasser-Wärmepumpen nicht effizient und verbrauchen viel Strom. Sie allein bieten also keine optimale Lösung. Hier können ein zusätzlicher Gaskessel und eine intelligente Steuerung von Siemens helfen, Energie und Kosten zu sparen. Solch eine Hybridsteuerung arbeitet bei noch milden Außentemperaturen mit der Wärmepumpe und bei tiefen Außentemperaturen mit dem Gaskessel. Den Umschaltpunkt zwischen beiden errechnet sie über den Strom- und Gaspreis, die Effizienzkennzahl (COP) und die aktuelle Außentemperatur.

Klimaneutralität drängt

Der Klimawandel mit seinen immer mehr spürbar werdenden Folgen drängt die Menschen dazu, ihren CO_2-Ausstoß zu reduzieren und Alternativen zu rein fossilen Wärmequellen zu suchen. Bisher hat der Gebäudesektor seine Ziele zur CO_2-Reduzierung grob verfehlt, was die nun dringend nötigen Maßnahmen verschärfen wird. Die Energiepreise sind bereits enorm gestiegen und insbesondere die steigende CO_2-Bepreisung wird die Kosten für Öl und Gas weiter in die Höhe treiben. Entsprechende Gesetze werden eine höhere Effizienz und damit eine bessere Nutzung der Energie vorschreiben und als Folge wird man in effizientere Heizungslösungen investieren müssen.

Bild 1: Hybridanlage mit Siemens-Steuerung

Neue Gebäude

Neue Gebäude entsprechen hohen Standards und sind sehr gut wärmegedämmt. In vielen sorgt eine moderne Lüftungsanlagen dafür, dass im Winter Heizungsenergie und sogar Wärmeverluste von elektrischen Geräten größtenteils im Gebäude verbleiben und nicht durch geöffnete Fenster entweichen. Die Wärmeverluste werden auf ein Minimum begrenzt und mit relativ wenig Energie kann die Innentemperatur auf einem komfortablen Level gehalten werden.

Dadurch entsteht ein geringer Wärmebedarf, der mit Wärmepumpen gedeckt werden kann. Zum Einsatz kommen meist entweder Sole-Wasser-Wärmepumpen oder Luft-Wasser-Wärmepumpen. Sole-Wasser-Wärmepumpen arbeiten auch im Winter mit hoher Effizienz, erfordern aber wegen der Tiefenbohrung höhere Investitionen und kommen nur zu einem Anteil von ca. 13 % zum Einsatz. Meist werden heute Luft-Wasser-Wärmepumpen verbaut. Sie sind wesentlich günstiger, arbeiten aber bei tiefen Außentemperaturen nicht besonders effizient. Gerade beim Neubau kommen sie dennoch oft zum Einsatz, da der absolute Wärmebedarf gering ist und damit die Kosten tragbar sind.

Intelligente Steuerungen von Siemens kombinieren in Hybridanlagen die Vorteile von Gaskesseln und Wärmepumpen

Kombiniert man eine Wärmepumpe mit einem anderen Wärmeerzeuger, erhält man eine sogenannte Hybridanlage (**Bild 1**). In den meisten Fällen werden heute Gaskessel für diese technische Partnerschaft herangezogen. Gaskessel können schnell reagieren und hohe Temperaturen erzeugen. Dafür ist für sie aber der Betrieb in der Übergangszeit schwierig. Ein kleiner Energiebedarf kann zu häufigem Ein- und Ausschalten (Takten) führen, was zu höherem Verschleiß und durch häufiges Vor- und Nachlüften zu hohen Wärmeverlusten durch den Kamin führt. Durch die Kombination der beiden Wärmeerzeuger Gaskessel und Wärmepumpe können ungünstigste

Tabelle 1: COP-Beispielrechnungen

Heizleistung	Elektrische Leistungsaufnahme	COP
15 kW	3,8 kW	15 kW / 3,8 kW = 3,9
140 kW	41 kW	140 kW / 41 kW = 3,4

Betriebsarten vermieden werden und es kann entsprechend der jeweiligen Wärmeanforderung und den Umweltbedingungen entschieden werden, auf welche Weise der Bedarf am effizientesten gedeckt werden kann. Hybridanlagen haben daher besonders bei der Modernisierung älterer Gebäude große Vorteile.

Die Steuerung einer Hybridanlage

Die Steuerungen von Siemens verknüpfen die beiden Wärmeerzeuger auf höchst intelligente Weise. Sie sorgen dafür, dass bei der Kombination einer Wärmepumpe zusammen mit einem Gaskessel die Vorteile von beiden genutzt werden; sie helfen damit Energie und Kosten zu sparen und den CO_2-Ausstoß zu senken.

Die Steuerung benutzt bei milden Außentemperaturen die Wärmepumpe und bei tiefen Außentemperaturen den Gaskessel, um zu heizen. Den Umschaltpunkt errechnet die Steuerung automatisch aufgrund der aktuellen Sollwerte, der Außentemperatur, der Effizienzkennzahl (COP) und der eingestellten Parameter für den Strom- und Gaspreis.

Zusammen mit Wärmepumpen werden oft auch Pufferspeicher eingebaut, damit der Wärmeerzeuger möglichst lange ohne das oben beschriebene Takten betrieben werden kann. Auf eine längere Laufzeit, in der der Speicher auf eine bestimmte Temperatur geladen wird, folgt eine längere Pausenzeit, in der die Verbraucherseite aus dem Pufferspeicher versorgt wird. Dies erhöht die Effizienz der Anlage und verlängert ihre Lebenszeit. Der Pufferspeicher bietet dann zusätzlich die Möglichkeit, die Wärmepumpe dann in Betrieb zu nehmen, wenn günstiger PV-Strom zur Verfügung steht oder eine Solaranlage einzubinden, um bei Sonnenschein ganz auf Strom oder Gas zu verzichten.

Mit wachsender Anzahl der Pumpen, Ventile und Sensoren in einer solchen Anlage werden auch die Ansprüche an deren Steuerung höher. Wie der Dirigent in einem Orchester alle harmonisch zusammenführt und jedem die nötigen Anweisungen zur richtigen Zeit gibt, sorgt die Steuerung dafür, dass die vielen Sensoren und Aktuatoren optimal gemanagt werden.

Warmwasserbereitung

Auf Verbraucherseite gibt es neben den Heizkreisen vor allem auch die Bereitung von Warmwasser. Diese benötigt hohe Vorlauftemperaturen, insbesondere dann, wenn zur Legionellenbekämpfung Temperaturen von 70 °C und mehr erreicht werden sollen. Auch hier haben viele Wärmepumpen das Problem, dass solche Temperaturen gar nicht oder nur mit sehr tiefen COP erreicht werden und sie dabei einen hohen Stromverbrauch generieren (**Tabelle 1**).

Daher ist es in diesem Fall effizienter, entweder Warmwasser nur mit dem Gaskessel zu bereiten oder Warmwasser mit der Wärmepumpe auf ein mittleres Temperaturlevel zu bringen und dann mit dem Gaskessel auf den gewünschten Sollwert zu erhitzen.

Bedienung und Konfiguration

Im Gesamtsystems sind zwar zwei Steuerungen vorhanden, eine für den Gaskessel und eine für die Wärmepumpe, der Bediener merkt es von außen jedoch nicht. Beide werden zusammen über ein Bedienteil überwacht und konfiguriert. Dies erleichtert die Handhabung ungemein und zeigt, dass hier ein einheitliches, durchgängiges Konzept verwirklicht wurde. Die beiden Steuerungen tauschen im Hintergrund die nötigen Daten aus, um entscheiden zu können, welcher Wärmeerzeuger in Betrieb genommen werden soll und zeigen die relevanten Informationen im Display an.

Via Modbus zum Gebäudemanagement

Über Modbus kann die Steuerung der Hybridanlage an ein Gebäudemanagementsystem angebunden werden. Dies ermöglicht eine Integration in ein übergeordnetes Leitsystem für eine zentrale Überwachung, Bedienung und Steuerung.

Steuern, Service und Support aus der Ferne

Soll über das Internet analysiert, gesteuert und konfiguriert werden, bietet die Siemens Cloud Climatix IC die richtige und sichere Plattform für Service, Support und auch den Betreiber. Über die Cloud kann die Verbindung über Siemens Software-Lösungen bis zur End-Customer-App hergestellt werden. Alternativ werden über eine Verbindung zu einer anderen Cloud die Daten in ein Kundensystem übertragen und dort weiterverarbeitet.

Smart Grid

Über eine Netzwerkanbindung können Energieversorger elektrische Verbraucher aus der Ferne steuern und bei Bedarf reduzieren, ganz abschalten oder zur Zwangsabnahme verpflichten. Hierfür stehen in der Siemens-Steuerung verschiedene Modi zur Verfügung:

- Ausschaltung durch Energieversorger (€€€€): Die Wärmepumpe und alle elektrischen Heizer in der Anlage werden ausgeschaltet. Bei Wärmeanforderung wird der Gaskessel direkt zugeschaltet.
- Normalbetrieb (€€€): Normaltarif, die Wärmepumpe ist freigeben und arbeitet so effizient (ökologisch) wie möglich. Reicht die Wärmepumpenleistung nicht aus, wird auch der Gaskessel zugeschaltet.
- Niedertarif (€€): Bei reduziertem oder Nachttarif wird die Wärmepumpe in Betrieb genommen. D. h., die Wärmepumpe ist in Betrieb, auch wenn sie außerhalb ihres optimalen Wirkungsgrades arbeitet, solange der Tarif dies erlaubt.
- Zwangseinschaltung (€): Zwangseinschaltung der Wärmepumpe und des elektrischen Heizers; abhängig von der Applikation und dem zur Verfügung stehenden Speicher wird versucht, so viel Wärme wie möglich zu speichern. Auch höhere Speichersollwerte können vorgegeben werden.

Kosteneinsparungen

Systemkomponenten

Durch die Integration der Regelung verschiedenster Anlagenteile in die Siemens-Steuerung können Komponenten und deren Verdrahtung eingespart werden. Zusätzlich zur Wärmepumpe und dem Gaskessel können auf Erzeugerseite Solaranlagen oder bestehende Kessel eingebunden werden. Die Wärmespeicherung übernimmt der oben erwähnte Pufferspeicher, dessen Ladung und Entladung von der Steuerung kontrolliert wird. Auf Verbraucherseite kann die erzeugte Wärme in verschiedene Heizkreise, die Brauchwassererwärmung oder sogar in einen Swimmingpool verteilt werden. Die Integration führt dazu, dass die Steuerung aus weniger Teilen besteht und somit weniger Kosten entstehen.

Wärmeerzeugung

Je nach Konfiguration sorgt die Energiemanager-Software für eine ökologisch und/oder ökonomisch optimierte Auswahl des Wärmeerzeugers.

Den Umschaltpunkt zwischen beiden errechnet sie über den Strom- und Gaspreis und die aktuelle Außentemperatur.

Die Priorität der Entscheidung gliedert sich wie folgt:

- Sind Solarpaneele vorhanden und liefern Wärme, wird diese zunächst ins System gebracht, falls möglich gespeichert und nach Bedarf verteilt.
- Falls Photovoltaik vorhanden ist und Strom liefert, kann der Betrieb der Wärmepumpe priorisiert und ggf. verlängert werden, um die günstige Energie in Form von Wärme zu speichern.
- Bei Bedarf werden die Wärmepumpe und/oder der Gaskessel nach ökologisch und/oder ökonomisch optimierter Auswahl betrieben.

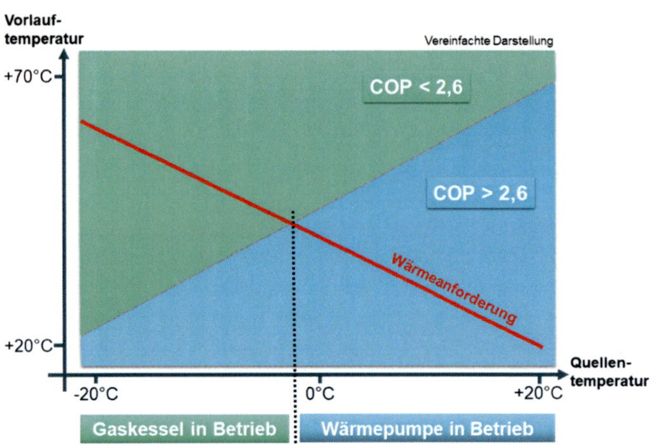

Bild 2: Ökologischer Betrieb

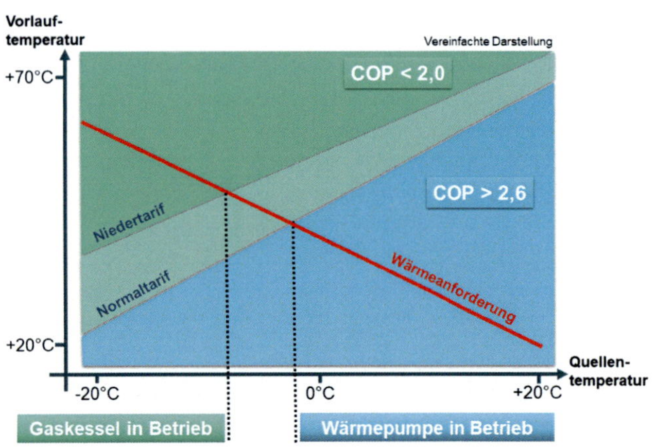

Bild 3: Ökonomischer Betrieb

Ökologischer Betrieb oder ökonomischer Betrieb

Die Siemens-Steuerung stellt sicher, dass die Regelung gemäß spezifizierter Strategie arbeitet:

- Ökologischer Betrieb für Hybrid mit COP-Grenzen (**Bild 2**): Im Regler kann ein minimaler COP eingestellt werden. (Beispiel: Minimum COP = 2,6) Fällt der COP aufgrund der Wärmeanforderung und Quellentemperatur (Luft, Wasser) unter diesen Wert, wird anstelle der Wärmepumpe der Gaskessel eingeschaltet. In Abhängigkeit von der Außentemperatur oder der Wärmeanforderung kann auch ein Parallelbetrieb sinnvoll sein.
- Ökonomischer Betrieb für Hybrid mit Smart Grid (**Bild 3**): Durch Berücksichtigung der Wärmeenergie-Preise pro kWh kann der Betrieb der Wärmepumpe bei Niedertarif bis zu einem anderen minimalen COP ökonomisch sein als beim Hochtarif. (Beispiel: Minimum COP bei Niedertarif =2,0; Minimum COP bei Hochtarif = 2,6; Elektrotarif, normal: 32 ct/kWh; Elektrotarif, niedrig: 24 ct/kWh; Gaspreis: 12 ct/kWh).

Zukunftssichere Wärmeversorgung

Hohe Volatilität alternativer Energien und dynamische Tarife

Alternativen Energien aus Wind und Sonne können zu gewaltigen Spitzen oder auch Einbrüchen im Netz führen. In Spitzenzeiten zahlen die Versorger dafür, dass Strom abgenommen wird oder dass Erzeuger, wie z. B. Windkraftanlagen, gestoppt werden, in Zeiten der Knappheit wird dagegen Strom teuer zugekauft. In Zukunft wird diese hohe Volatilität voraussichtlich zu immer dynamischeren Verbrauchertarifen führen, bis hin zu einem stündlich schwankenden Strompreis. Mit einer Steuerung, die diese Schwankungen berücksichtigt, können günstige Tarife genutzt und teure vermieden werden.

Backup bei Ausfall einer Energiequelle

Nicht nur das Ausschalten der Wärmepumpe durch den Energieversorger über Smart Grid, sondern auch Probleme auf der Gas-Seite können dazu führen, dass ein Wärmeerzeuger nicht zur Verfügung steht. Dann gibt in einer Hybridanlage die Verfügbarkeit einer zweiten Wärmequelle die Sicherheit, nie ganz im Kalten zu sitzen.

Fazit

Die möglichst sparsame Versorgung von Gebäuden mit gerade so viel Energie, dass der nötige Komfort gewährleistet wird (und das Ganze auch noch aus der günstigsten Quelle) ist keine leichte Aufgabe. Mit Siemens-Steuerungen ist es aber möglich, sie zu lösen.

Autor

Andree Mezger
Siemens AG
Rastatt
andree.mezger@siemens.com

Ideale Mischung

Mit seinem neuen Hybridofen „ATLAS Green" setzt Ipsen beim Thema Hybrid Heating einen neuen Benchmark. Im Interview mit PW erläutern Paul van Doesburg, CEO, und Dr. Bora Özkan, CTO von Ipsen International das umfassend ganzheitlich und nachhaltig gedachte Konzept, für das die Ofenbauer aus Kleve jüngst sogar mit dem German Innovation Award 2024 ausgezeichnet wurden.

PW: Herr van Doesburg, Herr Dr. Özkan, Sie haben im vergangen September zum 75-jährigen Firmenjubiläum Ihren neuen Hybridofen ATLAS Green erstmals der Öffentlichkeit vorgestellt. Ein halbes Jahr später, im April 2024, wurde ATLAS Green bereits mit dem German Innovation Award 2024 ausgezeichnet. Was ist das Besondere an Ihrem neuen hybriden Ofenkonzept?

Paul van Doesburg: Über viele Jahre hinweg wurde immer wieder die Frage gestellt: Was können wir als Ofenbauer tun, um die Prozesse der Härtereibranche energieeffizienter und damit energiesparender zu machen? Die Antwort lautet Hybrid Heating. Mit ATLAS Green haben wir dieses hybride Heizungskonzept, nämlich einen Ofen sowohl mit Gas als auch mit elektrischer Energie zu betreiben, erstmals umfassend ganzheitlich und maximal nachhaltig umgesetzt.

PW: Was genau verstehen Sie unter maximal nachhaltig?

Dr. Bora Özkan: Ganz wichtig ist in diesem Zusammenhang eine zentrale technische Anmerkung: ATLAS Green

Dr. Bora Özkan studierte Maschinenbau und promovierte im Fachbereich Werkstofftechnik.

Paul van Doesburg hat einen Master in Mechanical Engineering im Fachbereich Oberflächenbehandlung und einen weiteren in Business Administration.

heizt nicht nur entweder mit Strom oder mit Gas. Er heizt bei Bedarf auch gleichzeitig sowohl mit Strom als auch mit Gas. Unser Hybridofen zeichnet sich dadurch aus, dass er so viel Strom wie möglich verwendet und dann mit Gas zuheizt, wo es benötigt wird. So vermeidet er Stromverbrauch in Zeiten, zu denen wenig Strom verfügbar und der Strom somit teurer ist. Zu diesen Zeiten läuft er mit Erdgas oder mit Wasserstoff.

PW: Warum electric heating first?

Dr. Özkan: Wenn wir in Zukunft CO_2-neutral produzieren wollen, muss vorrangig mit Strom geheizt werden, sofern er in diesem Moment durch Wind- oder Solarenergie erzeugt werden kann. Aber manchmal bleibt auch die Residuallast. Die kann über Direktverfeuerung von Wasserstoff gefüllt werden oder indem via Brennstoffzelle oder Gasturbine rückverstromt wird. Aber der rückverstromte Strom kostet ja das Zwei- bis Dreifache von Wasserstoff. Ganz im Gegensatz zu Zeiten, zu denen er einem geradezu hinterhergeworfen wird. Und genau da muss man flexibel sein.

Van Doesburg: Nicht ganz uninteressant in diesem Kontext: Wir haben jetzt den ersten Kunden, der seinen ersten eigenen Windpark auf sein Gelände baut und mit dem gewonnen Strom auch Wasserstoff herstellen will. So wird er energieautark. Kunden, die so ihre eigene Energie beisteuern können, sind durch ATLAS Green noch flexibler. Als wir uns das erste Mal mit diesem Thema auseinandergesetzt haben, kam ziemlich schnell die Frage auf: Was ist der Einfluss von Ipsen auf den CO_2-Ausstoß in dieser Welt?

PW: Wie fiel Ihre Antwort aus?

Van Doesburg: Wenn wir den CO_2-Ausstoß betrachten, ist das Bauen der Öfen, das Verschrotten der Öfen, der Betrieb unseres Werks alles Kleinkram verglichen mit den Produkten, die wir auf den Markt bringen. Der Heizbetrieb unserer Öfen macht den Hauptteil aus. Unter diesem Gesichtspunkt ist der Einfluss von Ofenbauern auf den CO_2-Fußabdruck enorm, weil unsere Öfen ja 35 bis 40 Jahre laufen. Also war uns sehr schnell klar: Wenn wir etwas Positives im Klimawandel bewerkstelligen wollen, dann müssen wir die Beheizung unserer Öfen komplett anders strukturieren.

PW: ...und vor allem auch die Frage fokussieren: Wie können wir als Ofenbauer dafür sorgen, dass die Produkte, die unsere Kunden nutzen, zu deren grüner Transformation beitragen?

Dr. Özkan: Genau das ist der springende Punkt. Wir setzen uns intensiv damit auseinander, was unsere Kunden energieökonomisch brauchen. Wir versuchen aus Kundensicht zu denken: Wie viel Energie braucht dieser Kunde und woher erhält er sie? Traditionell fragt der Ofenbauer eher nach, welche Energieform gefordert ist. Gas oder Strom und liefert den geforderten Ofen. Und wir geben jetzt mit ATLAS Green nicht nur die Antwort: „Wir können beides", sondern wir liefern auf Wunsch auch gleich das Instrumentarium mit, wie unser Kunde damit sinnvollerweise bestmöglich umgehen kann, sprich, dass eine im Ofen integrierte Software die Zufuhr auch selbstständig über Stellgradberechnung regelt.

PW: Das heißt, Ihr Hybridofen kann nicht nur Gas und Strom gleichzeitig verwenden, er kann die Zufuhr auch vollkommen selbstständig steuern?

Dr. Özkan: Korrekt, wir haben beide Energiequellen, die gasförmige und die elektrische gleichzeitig im Zugriff. Wir können sekundenschnell Gas oder Strom dazu- oder wegschalten! Und das Ganze, ohne den Gesamtstellgrad der Beheizung zu verändern. Und auch wenn die Zusammensetzung der Energiezufuhr aus Gas und Strom sehr schwankt, können wir trotzdem eine gute Temperaturgleichmäßigkeit gewährleisten.

PW: Wie funktioniert das konkret?

Dr. Özkan: Das geht auf zwei Ebenen. Die erste Ebene mit der sekundenschnellen Umschaltung habe ich ja gerade erklärt. Jetzt kommen wir zur zweiten: In den meisten Fällen produzieren wir Kammeröfen, die diskontinuierlich beladen werden. Hier hat der Betreiber Einfluss darauf, wann spezielle Chargen genau beheizt oder auf einer bestimmten Temperatur gehalten werden sollen. Viele unserer Prozesse haben lange Haltezeiten und nur kurze Phasen, in denen die volle Energiemenge gebraucht wird. Da können unsere Kunden sich jetzt auf die jeweiligen Gegebenheiten einstellen. Wenn zum Beispiel viel Sonne und Wind erwartet werden, wird der Strom günstig. Zu diesen Zeiten müssen die Aufheizphasen liegen. Die zweite Ebene ist also die Produktionsplanung. Hierfür haben wir eigens eine Software entwickelt, Automag, die die gesamte Produktion planen kann.

PW: Hört sich nach Prognostic Foresight an.

Dr. Özkan: Richtig, darum geht es. Die Software bezieht beispielsweise mit ein, was sofort durchgehen muss oder ob eine Charge mit höherer Priorität kommen wird, oder auch ob eine Charge einen bestimmten Ofen braucht, weil dieser z. B. ein Ölbad mit einer bestimmten Sorte Öl verwendet. Und da hilft die Software, geschickt zu planen. Auch der Energiebedarf jedes einzelnen Teilschritts wird berücksichtigt. Die ganze Produktion kann auf diese Weise maximal energieeffizient ohne Energie-Peaks und mit günstig verfügbarem Strom geplant werden.

PW: Wie kann die Software den künftigen Strompreis in ihre Planung integrieren?

Dr. Özkan: Der Verband Europäischer Übertragungsnetzbetreiber veröffentlicht täglich um 12:00 Uhr die Stromkosten für den nächsten Tag. Dieser Day Ahead-Preis ermöglicht es auch einigermaßen gut den Anteil an Grünstrom daraus abzuleiten. Die API unserer Software kann auf diese Daten zugreifen und sie in die Produktionsplanung einbeziehen. Dieser 24-Stunden-Rhythmus passt auch sehr gut, denn etwa so lang dauert auch zumeist ein kompletter Zyklus bei uns. Vom Vorwärmofen über Hochtemperaturofen, zum Waschen und Anlassen. Und so können wir dann durch sinnvolle Planung Peaks von Verfügbarkeiten von grünem Strom direkt auffangen und sinnvollerweise in die energieintensivsten Prozesse zeitlich einplanen.

PW: Ermöglicht die Software dadurch nicht auch einen ungewollten tiefen Einblick in die Daten der Kunden?

Dr. Özkan: Das muss natürlich gewährleistet sein, dass das nicht passiert. Unsere Software für die Bereitstellung von Energiedaten läuft unabhängig vom jeweiligen Werksnetz in einer sicheren Umgebung. Sie betrachtet ausschließlich die thermischen Daten der Anlage, aber nicht welches Teil produziert wird oder in welcher Menge. Diese Daten sind Geschäftsgeheimnisse des Kunden. Die Software muss nur die energetischen Daten im Blick haben, diese müssen auch für die Kunden nachvollziehbar bleiben. Daneben gibt es die Planungssoftware, auf die kein Zugriff von außen benötigt wird. Diese Planungssoftware kann nur in eine Richtung, nämlich lesend, auf die Energiedaten aus der Energiedatensoftware zugreifen, gibt aber selbst keine Daten nach außen. Man sollte noch dazusagen: Durch Planung können wir nicht alles erreichen. Wenn die Anlage vollständig ausgelastet ist, ist es schwierig noch etwas zu optimieren. Aber wenn die Anlage zum Beispiel zu 80 % ausgelastet ist, können unsere Kunden beispielsweise durch Loadshifting agieren.

PW: So gesehen ist ATLAS Green auch und vor allem ein digitaler Ofen und selbstredend gibt es zu Simulationszwecken auch einen leistungsfähigen Digital Twin?

Dr. Özkan: Richtig. In diesem Bereich arbeiten wir sehr eng mit der Hochschule Rhein-Waal zusammen. Dort gibt es einerseits studentische Arbeiten zu dem Thema, aber es gibt dort auch eine sogenannte Tandemstelle, die es uns ermöglicht, mit den Wissenschaftlern dort in Kooperation zu arbeiten. Diese kümmern sich primär um den Digital Twin. Im Moment wird er dort immer weiter verfeinert.

PW: Welche Herausforderungen stellen Sie an den Digital Twin?

Dr. Özkan: Über den Digital Twin wollen wir genau sehen, welche Wärmeströme in die Charge ein oder aus der Charge austreten. Das ist wichtig zur Planung bei einer Produktionsstätte, die mehrere Kammeröfen beinhaltet. Um hier vorausplanen zu können, müssen die Ofenbetreiber den Energiebedarf der einzelnen Produktionsschritte kennen. Es reicht nicht zu wissen, wie viele Kilowattstunden je Kilogramm Charge benötigt werden. Ich muss wissen, zu welcher Uhrzeit wie viel Energiebedarf sein wird. Dafür braucht es einen Digital Twin.

PW: Haben Sie auch bei der Entwicklung der Software, mit der Sie den Ofen steuern, mit der Hochschule zusammengearbeitet?

Van Doesburg: Nein, diese wurde vollständig bei uns im Haus entwickelt. Wenn ich ein so großes und so wichtiges Projekt outsource, erschwert das enorm die Kommunikation. Das ist sogar noch bedeutend zu leicht ausgedrückt. Interessantes Detail: Inzwischen arbeiten wir in der Konstruktion mit mehr Programmierern als mit mechanischen Konstrukteuren. Wenn es dann an die Fertigung geht, übernehmen natürlich die Mechaniker, aber im ersten Schritt läuft vieles über die Software. Die Zukunft des Ofenbaus ist kein Hexenwerk. Man muss die Technik kennen. Man braucht gute Leute, die Technik und Verarbeitung zusammenbringen. Aber die Weiterentwicklung, das, was uns zukünftig voranbringen wird, sehen wir ganz eindeutig in der Software.

PW: Wie wirkt sich der wachsende Software-Anteil am Produkt auf das Service-Geschäft aus?

Van Doesburg: Das Aftermarket-Geschäft ist für uns traditionell extrem wichtig. Es ist sogar ein größerer Faktor als das Neuanlagengeschäft. Der wachsende Softwareanteil am Produkt wird diese Gewichtung sicher nochmals verstärken. Das lässt sich auch ganz leicht erklären. Automobilisten sind oft keine Experten für den Ofenbau. Sie haben natürlich auch sehr gute Mitarbeiter, aber die sind dann eher Spezialisten für beispielsweise Werkzeugmaschinen. Oder eine Lohnhärterei, deren tägliches Brot von Öfen abhängt, kennt sich natürlich sehr gut mit der notwendigen Technik aus, ist aber oft einfach ausgelastet und hat gar nicht die Personalstärke, um selbst die Wartung übernehmen zu können. Daraus ergibt sich ganz natürlich, dass das Servicegeschäft ein großer Bestandteil unserer täglichen Arbeit ist.

PW: Auch speziell auf den digitalen Bereich, also digitale Services, gesehen?

Van Doesburg: Das ist eine Frage der Definition, was genau eigentlich digitale Services sind. Grundsätzlich sind diese aber auf jeden Fall ein Teil unserer Serviceleistungen, ich würde behaupten, noch nicht zu 50 %, aber wir bauen diese Services kontinuierlich aus. Zum Beispiel Remote Zugriff auf die Rechner der Kunden zu erhalten, um von dort aus aufgetretene Probleme zu lösen, Änderungen durchzuführen oder was eben gerade benötigt wird. Das ist inzwischen für uns ganz normal.

PW: Digitale Service-Kompetenz wird von den Kunden zunehmend auch beim Thema CO_2-Nachweis eingefordert. Wie sieht hier Ihre Lösung aus?

Dr. Özkan: Kohlenstoff spielt beim ATLAS Green an zwei Fronten eine entscheidende Rolle. Zum einen bei der stofflichen Nutzung für Aufkohlungsprozesse und zum anderen bei der Energieversorgung. Zur Senkung des stofflichen Kohlenstoffverbrauchs im ATLAS Green ist ein Analysator mit Steuerung verbaut, der die Zufuhr von Kohlenstoff dementsprechend anpasst, wie viel im übrigen Prozess noch benötigt wird. So kann er den Bedarf an Kohlenstoff senken. Hinzu kommt, dass das System sämtliche Daten der Prozesse speichert. So können wir beispielsweise genau nachempfinden, wie viel CO_2 für eine bestimmte Charge sowohl bei der stofflichen als auch bei der energetischen Nutzung verbraucht wurde. Dies kann die zukünftige Zertifizierung des CO_2-Verbrauchs enorm erleichtern. Hierbei hilft eine von uns entwickelte App, die wir zur Verfügung stellen. So sind die Chargen einzeln und sehr transparent nachvollziehbar und nach Kunden unterteilbar.

Van Doesburg: Ein weiterer wichtiger Punkt ist hierbei auch das ESG-Reporting. Da unterstützt unsere I Care Software vorbildlich. Sie hilft genau nachzuvollziehen, wie viel CO_2 pro Charge benötigt wird und auch verbraucht wurde. Gut zu wissen, in diesen unsicheren Zeiten, wenn wir die derzeitigen Strompreise, aber auch den Umgang mit CO_2-Emissionen betrachten. Durch die Flexibilität und Datenanalyse, die der ATLAS Green bietet, entsteht hier ein Höchstmaß an Sicherheit.

Dr. Özkan: Last but not least werden durch den Recon-IV-Brenner die NOx-Emissionen reduziert. Wir bewegen uns in einem Bereich von unter 100 mg/Nm³. Die WHO hat die Werte 2021 für alle Emissionen gesenkt. Bei der EU dauert dieser Prozess etwas länger, hier arbeitet man immer noch daran, die WHO-Werte von 2005 in Vorschriften umzusetzen. Die NOx-Grenzwerte werden hier aber auch weiter sinken, denn der EU sind die neuen WHO-Werte bewusst. Wir können also nicht mehr das CO_2-Problem isoliert betrachten, sondern müssen zeitgleich auch das NOx-Problem bekämpfen.

PW: Wir verstehen, dass es wohl die Summe all dieser Neuerungen war, die die Jury bewogen hat, Sie mit dem German Innovation Award 2024 auszuzeichnen. Wirkt sich die Auszeichnung denn auch auf die Verkaufszahlen aus?

Van Doesburg: Unsere Auftragsbücher sind voll. Wir stellen aber bei Neuaufträgen erstaunt fest, dass seit wir den ATLAS Green im September 2023 vorgestellt haben, alle Öfen, die wir verkauft haben, Hybridöfen waren. Die Kunden, die mit Gas heizen, kaufen jetzt Hybridöfen und die Kunden, die mit elektrischem Strom heizen, kaufen ebenfalls Hybridöfen. Das zeigt, dass wir eine Marktlücke getroffen haben. Dabei ist nochmal wichtig zu erwähnen, dass der Hybridanteil modular ganz nach Bedarf des Kunden zu oder abgeschaltet werden kann. Das ist offensichtlich das, was der Markt jetzt fordert.

Brenngas und elektrische Energie im Einklang

Dr.-Ing. Andreas Queck, Dr.-Ing. Bernhart Stranzinger, Sebastian Lindtner, Dr.-Ing. Markus Mann, Steven Bullert, Dr.-Ing. Joachim Wünning, Michael Keller, Andreas Westerfeld

Im Rahmen des vom Bundesministerium für Bildung und Forschung (BMBF) geförderten Kopernikus-Projekts „SynErgie" haben thyssenkrupp Steel Europe, WS Wärmeprozesstechnik, Kanthal und das VDEh-Betriebsforschungsinstitut eine hybride Beheizungslösung für Bandbehandlungsöfen entwickelt. Ein Demonstrator wurde entworfen, entwickelt, optimiert und an einer Feuerbeschichtungsanlage der Stahlindustrie erprobt. Das hybride Strahlrohr nutzt sowohl einen Gasbrenner als auch elektrische Energie zur Beheizung. Nach dem erfolgreichen Test des Demonstrators im Technikum des BFIs wurde dieser weiterentwickelt und an einer Feuerbeschichtungsanlage bei thyssenkrupp getestet. Wertvolle Erfahrungen zur Installation an der Industrieanlage konnten gewonnen werden. Die Einbindung ins betriebliche Leitsystem, die erforderliche individuelle Ansteuerung einer Einzelkomponente und die zusätzliche Erfassung von Messinformationen stellten weitere Herausforderungen an die Produktionsinfrastruktur.

Die deutsche Industrie steht im Bereich des Energiebezugs vor gewaltigen Herausforderungen. Neben den Bezugskosten und der Verringerung der Freisetzung von CO_2 ist in jüngerer Vergangenheit auch die sichere Verfügbarkeit von Energieträgern stärker in den Fokus geraten. Erhebliche Anstrengungen zur Anpassung von Industrieprozessen an fluktuierend verfügbare erneuerbare elektrische Energie wurden z. B. im Rahmen des SynErgie-Projektes des BMBF unternommen. Ein Teilprojekt betrachtete die technische Machbarkeit eines hybrid (Brenngas und elektrische Energie) beheizten Strahlrohres am Beispieleinsatz in einer Feuerverzinkungsanlage zur Veredelung von Stahlband.

Anforderungen

Die Anforderungen an eine hybride Beheizungslösung in einer Feuerbeschichtungsanlage sind mehrdimensional. Zweckmäßigerweise ist jede Energiequelle geeignet, die im Prozess erforderliche Wärmeleistung allein bereit zu stellen. Weiterhin muss der Umschaltvorgang zwischen den Energieträgern so schnell erfolgen, dass keine negativen Nachwirkungen für den Prozess und somit die Qualität des Produktes auftreten. Selbstverständlich sollten durch die Installation der unterschiedlichen Beheizungsmöglichkeiten keine nachteiligen gegenseitigen Beeinflussungen wie z. B. Druckverluste oder Einschränkungen der Kühlung auftreten. Im Projekt wurden diese vielfältigen Anforderungen bei der Konzeption eines hybrid beheizten Strahlrohres soweit möglich mitberücksichtigt.

Zur Sicherstellung einer gewünschten Produktoberfläche wird in bestimmten Zonen einer Feuerbeschichtungsanlage eine sauerstofffreie Atmosphäre, eine sogenannte Schutzgasatmosphäre, eingestellt. In diesen Zonen wird die zur Erwärmung des Produktes benötigte Wärmeleistung typischerweise durch brenngasbeheizte Strahlrohre bereitgestellt. Die Wärmeerzeugung wird hierbei durch die Verbrennung des Brenngases im Inneren des Strahlrohres umgesetzt. Die Wärme wird indirekt durch Strahlung an das Produkt abgegeben. Die Wärmequelle, das Verbrennungsabgas, gibt die Wärme über das Strahlrohr (**Bild 1**) ohne Kontakt mit der Schutzgasatmosphäre in den Ofen ab.

Im Strahlrohr wird zusätzlich zum Gasbrenner noch ein elektrischer Heizleiter eingebracht. Die Legierung des Heizleiters ist in einer Atmosphäre mit Sauerstoffüberschuss (Verbrennung von Brenngas) dauerhaft beständig und spiralförmig auf das Flammrohr aufgewickelt. Die Anschlüsse für die

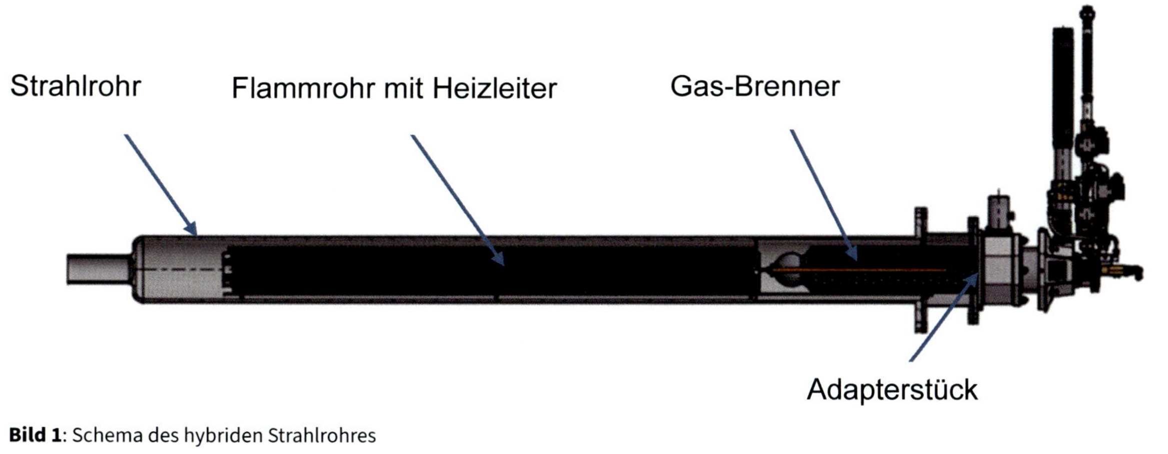

Bild 1: Schema des hybriden Strahlrohres

elektrische Beheizung wurden über das in **Bild 1** gezeigte Adapterstück nach außen geführt. Dieses Konzept verlangt innerhalb des Ofens keine Änderung der vorhandenen Geometrien oder Anschlüsse. Die Abdichtung der Ofenzone mit der Schutzgasatmosphäre wird nicht beeinträchtigt. Dieses Vorgehen verringert den Installationsaufwand für den Betreiber und erhöht somit die Akzeptanz für den Einsatz.

Technisches Umsetzungskonzept

Als Basis wurde ein im betrachteten Ofen genutztes Mantelstrahlrohr gewählt. In diesem wurde ein energieeffizienter und schadstoffarmer Rekuperatorbrenner eingesetzt. Auf dem Flammrohr aus Siliziumkarbid wurde der Heizdraht aufgewickelt.

Der Heizdraht von Kanthal wurde hierbei so dimensioniert, dass die Parameter der elektrischen Beheizung äquivalent zur Brenngasbeheizung (Heizleistung rund 50 kW, Strahlrohraußentemperatur rund 950 °C) sind. Als Positionierungshilfe und zur Sicherstellung einer elektrischen Isolation wurde eine nichtleitende Keramik zwischen Heizdraht und Flammenrohr installiert.

Die elektrische Beheizung mit den Flammrohren wurde mit weiteren Komponenten wie einer Montagehilfe und dem Abgasführungsrohr in das metallische Strahlrohr eingebaut. Mit dem Einbau des Gasbrenners und dem Einbringen des gesamten Aufbaus in das Mantelstrahlrohr wurde die Montage abgeschlossen.

Betriebsnahe Erprobung an der BFI-Technikumsanlage

In der Technikumsanlage des BFI wurde das hybride Strahlrohr mit beiden Wärmequellen untersucht. **Bild 2** zeigt das in der Brennkammer eingebaute hybride Strahlrohr und die Steuerungstechnik für die elektrische Gasbeheizung.

Fünf Thermoelemente an der Außenwand des Stahlrohres helfen die Temperaturgleichmäßigkeit beider Wärmequellen zu bewerten.

Beide Wärmequellen wurden abwechselnd eingeschaltet. Sowohl während des Gasbetriebs als auch während des elektrischen Betriebs wurde ein stationärer Zustand erreicht, d. h. die abgegebene Wärmeleistung wurde konstant geregelt und die gemessenen Strahlrohrtemperaturwerte blieben im gleichen Bereich. In **Bild 3** ist der gemessene Temperaturverlauf bei den jeweiligen Beheizungsarten dargestellt.

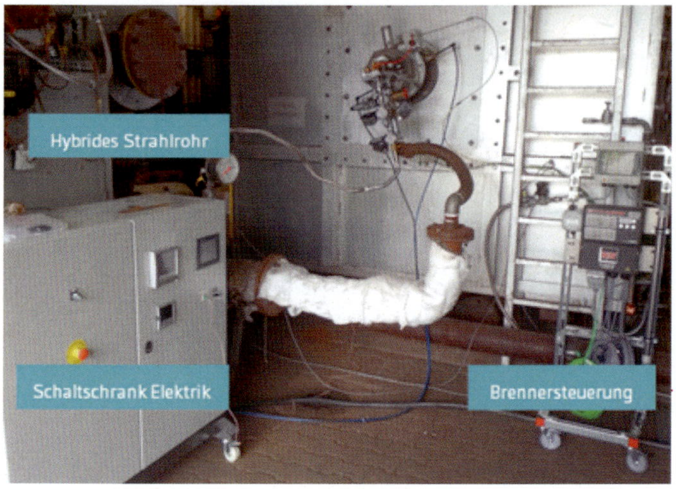

Bild 2: Hybrides Strahlrohr in der Technikumsanlage

Die erzielte Temperaturgleichmäßigkeit auf der Strahlrohroberfläche ist bei beiden Beheizungsarten sehr gut. Die betriebsnahe Erprobung wurde erfolgreich abgeschlossen. Die technische Machbarkeit wurde erfolgreich nachgewiesen.

Betriebliche Installation am Bandbehandlungsofen

Zur Erprobung im Produktionsbetrieb mussten viele zusätzliche Anforderungen berücksichtigt werden. Für den Einbau im Ofen der Feuerbeschichtungsanlage war die Wahl der Einbauposition wichtig. Neben Fragen der Zugänglichkeit für den Einbau, der Überwachung und dem Betrieb des hybriden Strahlrohres waren sowohl die Lage als auch die Anzahl der Strahlrohrbrenner in der betrachteten Zone für die Auswahl relevant. Die Einbaulage wurde so gewählt, dass bei einem - zwar unwahrscheinlichen – Defekt kein Kontakt des Strahlrohres mit dem Stahlband auftreten konnte. Die Nutzung eines Rekuperatorbrenners mit Brenngas-, Brennluft- sowie Abgas-Leitungen auf der gleichen Seite schränkte die Anzahl der möglichen Einbaupositionen weiter ein. Außerdem musste die Zone über genügend Strahl-

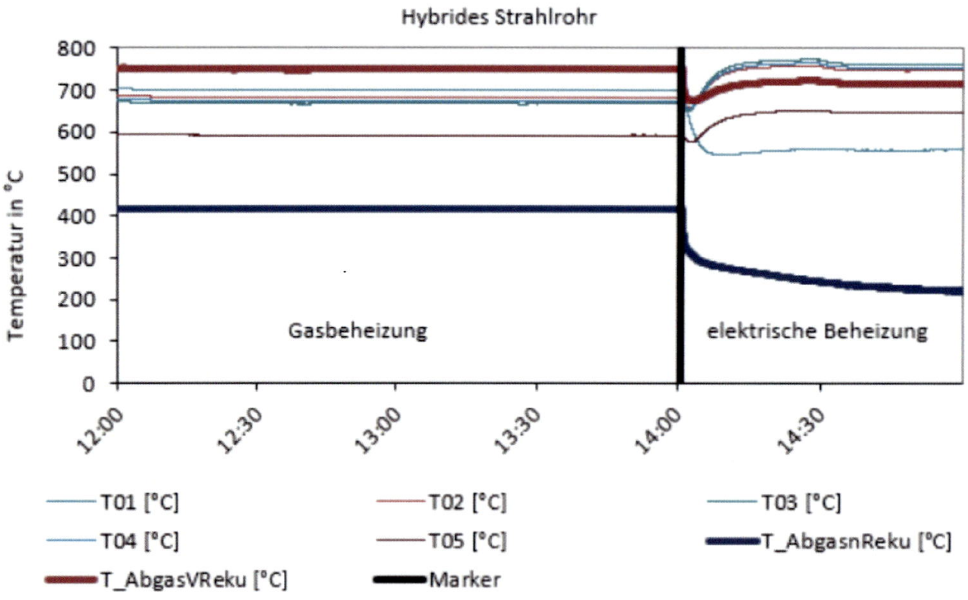

Bild 3: Gemessener Temperaturverlauf bei der betriebsnahen Erprobung

rohre verfügen, um die erforderliche Wärmeleistung auch bei einem möglichen Komplettausfall des entwickelten hybriden Strahlrohres weiterhin bereitstellen zu können.

Strahlrohrgeometrie und Brennerleistung waren zwar bereits bei Konzeptfindung an die betrieblichen Anforderungen angepasst worden, die Umsetzung der Einbindung ins betriebliche Leitsystem erforderte jedoch weitere Arbeiten. Die Zonenregelung wird im Betrieb vom Leitstand vorgenommen, indem die Zieltemperatur in der Ofenzone überwacht wird. Die notwendige Wärme für alle Strahlrohrbrenner der Zone wird über ein gemeinsames Leistungsanforderungssignal vorgegeben. Hierzu wurde ein im Betrieb vorhandener Feuerungsautomat für das hybride Strahlrohr verwendet.

Die Nutzung einer elektrischen Beheizung in einem bisher nicht dafür vorgesehenen Anlagenabschnitt stellte weitere Herausforderungen an den Betrieb. Für den elektrischen Anschluss musste die erforderliche Leistung sichergestellt werden. Die entsprechend dimensionierten Leitungen inklusive Schutzleiter wurden in einem extra installierten Kabelkanal untergebracht. Die elektrischen Anschlüsse wurden isoliert und mit einem Berührungsschutz versehen. Für die Umschaltung zwischen Brenngas- und elektrischem Heizbetrieb wurde das Leitsystem der Anlage angepasst, um den Einzelbrenner in sowie außer Betrieb nehmen zu können. Vom Leitstand wurde eine Signalleitung zum elektrischen Schaltschrank des hybriden Strahlrohres verlegt, um das Leistungsanforderungssignal, analog zur Brenngasbefeuerung, auch für den elektrischen Heizbetrieb nutzbar zu machen.

Nach Abschluss der zeit- und zum Teil auch personalaufwendigen Installationsvorbereitungen musste zum Einbau des hybriden Strahlrohres noch ein Stillstand der Anlage abgewartet werden, da eine Installation in einer Schutzgaszone nicht während der Produktion möglich ist. **Bild 4** zeigt das fertig installierte hybride Strahlrohr an der Produktionsanlage.

Bild 4: Installiertes hybrides Strahlrohr

Der Berührungsschutz ist zusätzlich noch mit den gelb-schwarzen Warnschildern „Warnung vor gefährlicher elektrischer Spannung“ versehen. Die Inbetriebnahmetests verliefen erfolgreich.

Erste Ergebnisse Betriebserprobung

Für die betriebliche Erprobung wurde ein Versuchsplan erstellt. Dieser sah einen abwechselnden Betrieb der unterschiedlichen Energieträger des hybriden Strahlrohres vor. Eine Woche wurde im normalen Produktionsablauf zuerst nur die Brenngasbefeuerung genutzt. Bei der Erprobung mit Brenngas traten keine Auffälligkeiten auf, alle unterschiedlichen Anforderungen aus dem Produktionsverlauf wurden seitens der Brenngasbeheizung umgesetzt. Die Auswertung der Zonentemperatur zeigte keine Auffälligkeiten.

Nach einer Woche Brenngasbetrieb wurde auf die elektrische Beheizung umgeschaltet. Im elektrischen Betrieb trat nach rund zwei Stunden ein Defekt am Heizleiter auf, der zum Abbruch der Erprobung führte. Bei einem Wartungsstillstand der Anlage wurde das hybride Strahlrohr demontiert, um einen Überblick über den aufgetretenen Defekt zu erhalten. Die Position des Defekts ist hierbei jeweils sehr nah an den keramischen Isolatoren. Die Schadensursache lag nach bisherigen Erkenntnissen möglicherweise auch an Scherspannungen, die beim komplexen Einbau des Demonstrators auftraten.

Eine Analyse der aufgezeichneten Parameter der elektrischen Steuerung zeigte, dass im elektrischen Heizbetrieb die Anforderungen der Leistungsregelung der Zone korrekt umgesetzt wurden. Die Messdaten wurden im Zehn-Sekunden-Takt aufgezeichnet.

Der Verlauf der Spannungsmessung korrespondiert mit den betrieblichen Lastanforderungen, die im betrachteten Zeitfenster ausgehend von rund 100 % auf Werte von rund 75 % abgesenkt und dann wieder angehoben wurden.

Zusammenfassung und Ausblick

Die technische Machbarkeit des hybriden Beheizungsprinzips bei Strahlrohren konnte erfolgreich im Technikum unter Beweis gestellt werden. Für die spätere betriebliche Erprobung ist bereits in der Design- und Konzeptphase eine intensive Abstimmung und Dokumentation der Anforderungen sowie Gegebenheiten mit der Prozessleitebene des Betriebs nötig. Die Einbindung eines Demonstrators mit einem TRL von 5 (Versuchsaufbau in Einsatzumgebung) in eine betriebliche Produktionsumgebung stellt große Herausforderungen an die Instandhaltung und Prozessführung.

Das umgesetzte Design erreicht die geforderte Leistung und Temperatur unter Einsatzbedingungen im elektrischen Heizungsbetrieb. Die eingebaute elektrische Heizung beeinträchtigt nicht die Leistungsparameter der Brenngasbeheizung. Die detaillierte Analyse des Schadensfalls zeigte Potential zur Verbesserung des Designs auf. Weitere Forschungsarbeiten zur Verbesserung des Gesamtsystems werden durchgeführt.

Danksagung

Das Forschungsvorhaben wurde in Zusammenarbeit mit den Firmen thyssenkruppSteel EuropeAG, Kanthal GmbH, WS-Wärmeprozesstechnik GmbH und der VDEh-Betriebsforschungsinstitut GmbH durchgeführt. Es wurde durch das Bundesministerium für Bildung und Forschung (BMBF) (FKZ: 03SFK3P0-3) gefördert. Die Autoren bedanken sich bei dem Fördermittelgeber und den Projektpartnern für die Unterstützung des Vorhabens.

Literatur

[1] Sauer, A.; Buhl, H.U.; Mitsos, A.; Weigold, M.: ENERGIEFLEXIBILITÄT IN DER DEUTSCHEN INDUSTRIE; Band 2: Markt- und Stromsystem, Managementsysteme und Technologien energieflexibler Fabriken; Stuttgart, Fraunhofer-Verlag, S. 501 - 514

Autoren

Dr.-Ing. Andreas Queck
VDEh-Betriebsforschungsinstitut, Düsseldorf
0211 984 92 290
andreas.queck@bfi.de

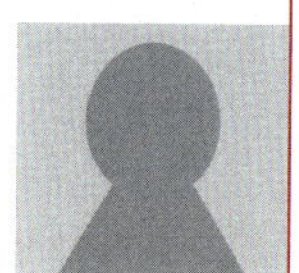

Dr.-Ing. Bernhart Stranzinger
VDEh-Betriebsforschungsinstitut, Düsseldorf
0211 984 92 366
bernhart.stranzinger@bfi.de

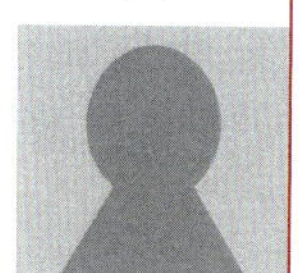

Sebastian Lindtner
Kanthal GmbH, Mörfelden-Walldorf
+49 (0)6105 4001-645
sebastian.lindtner@kanthal.com

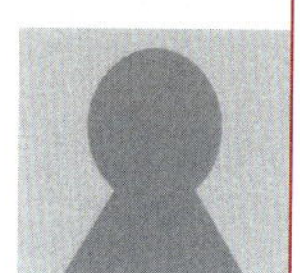

Dr.-Ing. Markus Mann
Kanthal GmbH, Mörfelden-Walldorf
+49 (0)6105 4001-646
markus.mann@kanthal.com

Steven Bullert
WS-Wärmeprozesstechnik GmbH, Renningen
+49 7159 1632 13
s.bullert@flox.com

Dr.-Ing. Joachim Wünning
WS-Wärmeprozesstechnik GmbH, Renningen
+49 7159 1632 0
j.g.wuenning@flox.com

Michael Keller
thyssenkrupp Steel Europe AG, Duisburg
+49 (0)203/52-44043
michael.keller@thyssenkrupp.com

Andreas Westerfeld
thyssenkrupp Steel Europe AG, Duisburg
+49 203 52 43540
andreas.westerfeld@thyssenkrupp.com

Hybrider Rekuperator für den Einsatz erneuerbarer Energien im Industrieofenbau

Dr.-Ing. Christian Schwotzer, Fabian Scheck, Prof. Dr.-Ing. Herbert Pfeifer, Dr.-Ing. Wolfgang Bender

Die Energiewende erfordert zunehmend Konzepte, die den Einsatz von Strom aus erneuerbaren Energien in energieintensiven Anlagen ermöglichen. Das Ziel eines Forschungs- und Entwicklungsvorhabens der Firma Hülsenbusch Apparatebau GmbH & Co. KG und des Instituts für Industrieofenbau und Wärmetechnik der RWTH Aachen University ist die Entwicklung eines neuen, hybriden Rekuperators mit integrierter, elektrischer Verbrennungsluftvorwärmung. Dieser ermöglicht es, brennstoffbeheizte Industrieöfen anteilig mit Strom aus erneuerbaren Energien zu betreiben. Dadurch wird die Flexibilität und damit die Wirtschaftlichkeit dieser Anlagen deutlich erhöht und der CO2-Austoß reduziert. Somit ist der hybride Rekuperator ein wirksames Instrument im Themenfeld Power-to-Heat. Für die Auslegung des hybriden Rekuperators werden experimentelle und theoretische Lösungsansätze verwendet. Es werden das Konzept des hybriden Rekuperators, erste experimentelle Untersuchungen sowie die Einbindungsmöglichkeiten in die Beheizung von Industrieöfen zur Nutzung von Strom aus erneuerbaren Energien vorgestellt.

Ein Großteil der Industrieöfen im Bereich der Metallindustrie sowie der Keramik- oder Chemieindustrie wird mit fossilen Brennstoffen wie Gas, Öl oder Kohle betrieben [1]. Für einen energieeffizienten Betrieb werden die Öfen mit einer Abgaswärmerückgewinnung zur Vorwärmung der Verbrennungsluft ausgestattet. Dazu werden vielfach zentrale Rekuperatoren verwendet [2–3]. Vor dem Hintergrund der Energiewende besteht ein essenzieller Bedarf an der Verwendung von Strom aus erneuerbaren Energiequellen wie Wind- oder Solarenergie zur Sicherung der Netzstabilität [4]. Resultierend aus der zunehmenden Einspeisung von Wind- und Solarenergie in das Stromnetz ist die erzeugte Leistung jedoch erheblichen Schwankungen unterworfen, was zu einer zunehmenden Volatilität des Strompreises führt [5–6].

Der Umbau hin zu einer erneuerbaren Energieversorgung erfolgt in Deutschland maßgeblich durch den Ausbau von Wind- und Photovoltaik-Anlagen (**Bild 1**). Die Volatilität der Primärenergieträger Wind und Sonne spiegelt sich in der Energiewirtschaft physikalisch durch Frequenzschwankungen im Stromnetz und wirtschaftlich durch schwankende Strompreissignale auf den kurzfristigen Großhandelsstrommärkten wider [7]. **Bild 2** zeigt die Stromproduktion und Börsenstrompreise in Deutschland für den Monat September 2017 [8]. Neben dem Ausbau der erneuerbaren Energien werden konventionelle Kraftwerkskapazitäten zurückgebaut, dessen Flexibilität in der Vergangenheit zur Stabilisierung der Netze verwendet wurde [9–10].

Das Stromnetz benötigt demnach alternative, flexible Erzeugungs- und Verbrauchsanlagen, die den Strom dann erzeugen oder verbrauchen, wenn die Stromnetze Energie benötigen oder im Überfluss bereitstellen können. Industriebetriebe können in diesem Zusammenhang einen wichtigen Beitrag zum Gelingen der Energiewende leisten. Gezieltes Lastmanagement und der Einsatz von sektor-gekoppelten Energieeinheiten trägt dem Paradigmenwechsel von einer nachfrageabhängigen Energiewirtschaft zu einer erzeugungsabhängigen Energiewirtschaft Rechnung [7, 10].

Das Ziel des Forschungs- und Entwicklungsvorhabens der Firma Hülsenbusch Apparatebau GmbH & Co. KG und des Instituts für Industrieofenbau und Wärmetechnik der RWTH Aachen University (IOB) ist die Entwicklung eines neuen hybriden Rekuperators zur Verbesserung der Energieeffizienz und der Wirtschaftlichkeit von gasbeheizten Industrieöfen. Realisiert wird der hybride Rekuperator durch den Einsatz zentraler Rohrbündelrekuperatoren mit integrierten elektrischen Heizelementen, welche eine hybride Verbrennungsluftvorwärmung sowohl durch die Wärme des Abgases als auch mit elektrischer Energie ermöglichen. Dies gewährleistet eine flexible Abnahme von Strom, insbesondere von Überschussstrom aus erneuerbaren Energiequellen. Dieses sogenannte Demand-Side-Management kann beispielsweise durch die Einbindung in virtuellen Kraftwerken realisiert werden.

Virtuelle Kraftwerke

Virtuelle Kraftwerke sind die Intermediäre zwischen der flexiblen Energieeinheit und dem Flexibilitätsmarkt. Ein virtuelles Kraftwerk ist ein digitaler Verbund von dezentralen Stromerzeugungs- oder -verbrauchseinheiten. Es entsteht durch die digitale, leittechnische Vernetzung aller beteiligten Stromproduzenten und Stromverbraucher. Die Neuinstallation von Fernsteuereinheiten oder die Nutzung von bestehender IT-Infrastruktur (Datenlogger bei PV-Wechselrichtern, Energiemanagementsysteme bei Stromverbrauchern) ermöglichen den Datenaustausch zwischen den vernetzten Einheiten und dem zentralen Leitsystem. Das Leitsystem des virtuellen Kraftwerks schaltet flexible Einheiten herauf oder herunter, je nach Bedarf in den Stromnetzen oder an den Strommärkten. Die Folge: Erneuerbare Energien können schneller ausgebaut und kon-

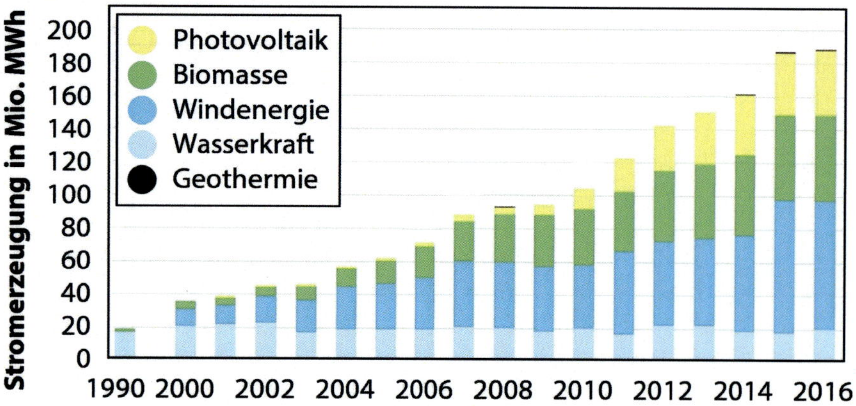

Bild 1: Entwicklung der Stromerzeugung aus erneuerbaren Energien in Deutschland, nach [11]

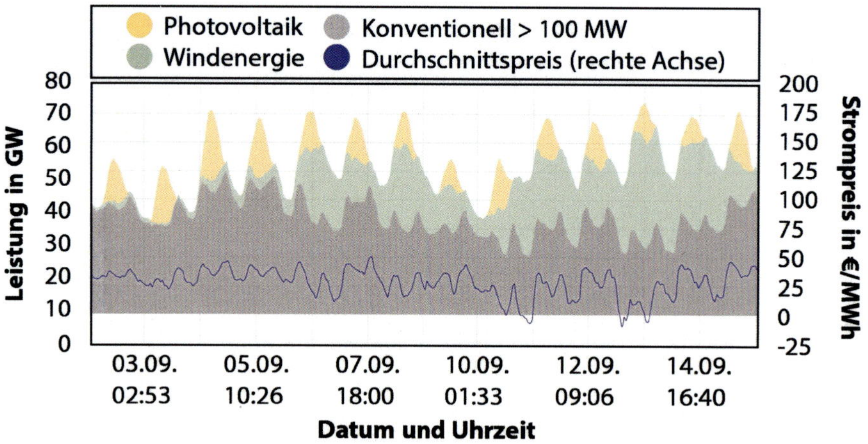

Bild 2: Stromproduktion und Börsenstrompreise in Deutschland, September 2017, Quelle: Fraunhofer ISE [8]

ventionelle Kraftwerke schneller abgeschaltet werden [7, 10].

Virtuelle Kraftwerke vernetzen technologieunspezifisch, d. h. zur Stabilisierung der Stromnetze können jegliche technischen Einheiten genutzt werden, die messbar, verfügbar, flexibel steuerbar sowie schnell regelbar sind. Power-to-Heat Module weisen diese technischen Eigenschaften auf. Ein elektrisches Heizelement, das in einen fossil betriebenen, thermischen Produktionsprozess integriert wird, schafft die Möglichkeit, netzdienliche Maßnahmen umzusetzen, ohne die Produktionsqualität zu beeinträchtigen. Bei Überschusssituationen im Stromnetz wird das Power-to-Heat Modul aktiviert und nutzt günstige Überschussenergie aus dem Netz. Das Netz wird stabilisiert. Die fossile Wärmebereitstellung wird durch elektrische Wärmebereitstellung substituiert. Die Betreiber der Stromnetze vergüten flexible Energieeinheiten mit einer Kapazitätsprämie (für die reine Vorhaltung von Leistung) und einer Abrufprämie (für die Abnahme von Energie). Neben dem volkswirtschaftlichen Nutzen entsteht auf diese Weise ein Business Case für Industrieunternehmen [7, 10].

Konzept und Versuchsaufbau

Der zentrale Rekuperator zur hybriden Verbrennungsluftvorwärmung für erdgasbeheizte Industrieöfen besteht aus einem modifizierten Rohrbündelrekuperator mit nachgeschalteten Heizelementen. Das Prinzip des hybriden Rekuperators ist in **Bild 3** dargestellt.

Über den Rohrbündelrekuperator kann die Abgaswärme zur Luftvorwärmung genutzt werden. Die nachgeschalteten elektrischen Heizelemente erlauben eine zusätzliche Erhöhung der Verbrennungslufttemperatur durch den Einsatz von Strom aus erneuerbaren Energien. Die Anlage erlaubt die lastspezifische Abnahme elektrischer Energie und damit

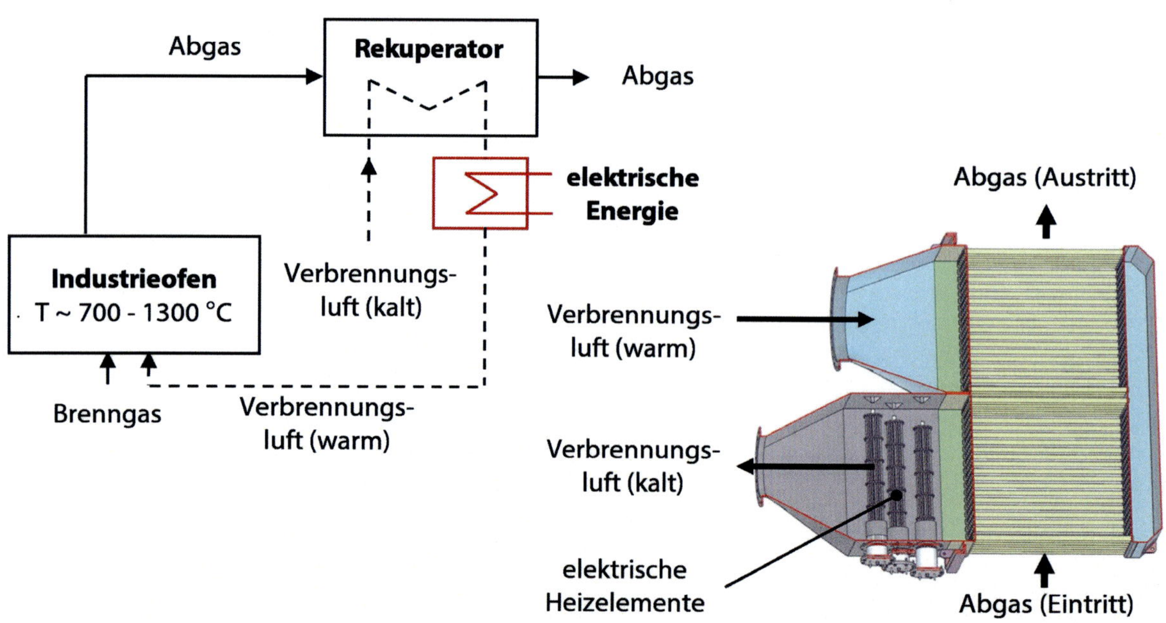

Bild 3: Prinzipskizze (links) und schematische Darstellung des Prototyps (rechts)

je nach Leistung die Teilnahme am Regelenergiemarkt, da der hybride Rekuperator auch im stromlosen Betrieb voll funktionsfähig ist.

Für die Bestimmung von Auslegungsparametern für den späteren Prototyp werden zwei Versuchsmodule, ein Modul der elektrischen Heizelemente und ein Modul des Rohrbündelrekuperators, für experimentelle Untersuchungen verwendet. Die Aufteilung der experimentellen Untersuchungen auf zwei Versuchsmodule hat den Vorteil, dass eine Entkopplung der elektrischen Erwärmung der Verbrennungsluft von der Erwärmung im Rohrbündelrekuperator erfolgt, wodurch Einflussgrößen unabhängig voneinander untersucht werden können. Dazu wurde ein Versuchsstand am IOB gefertigt und aufgebaut, der umfangreiche Temperatur- und Strömungsmessungen an den Versuchsmodulen erlaubt. Der Versuchsstand ist modular aufgebaut, sodass die Versuchsmodule oder Messtechnik einfach ausgetauscht verwenden können. Ein Foto des Versuchsstands zeigt **Bild 4**. Die Einlaufstrecke von 2.400 mm Länge dient der Vergleichmäßigung der Strömung in dem Kanal.

Ein Versuchsmodul der elektrischen Luftvorwärmung für erste experimentelle Untersuchungen wurde gefertigt. Dieses dient der Bestimmung der Wärmeübertragung durch die elektrischen Heizelemente sowie zur genauen Quantifizierung der benötigten elektrischen Heizleistung für den späteren Prototyp. Das Versuchsmodul besteht aus einem wärmegedämmten Kanal (freier Querschnitt: 200 x 200 mm²). Das Versuchsmodul wird für einen Luftvolumenstrom von bis zu 110 m³/h (i.N.) ausgelegt. Dies entspricht einer Brennerleistung von ca. 100 kW bei $\lambda = 1{,}15$. Es besteht aus sechs Heizwendelkerzen mit einer Länge von 200 mm und einer elektrischen Leistung von jeweils 1,5 kW, welche in der Strömung positioniert sind. Ein Foto des elektrischen Heizmoduls zeigt **Bild 5**. Die Förderung des Volumenstroms erfolgt über einen Seitenkanalverdichter, der an das Versuchsmodul angeschlossen wird. Zur Quantifizierung der Wärmezufuhr über die elektrischen Heizelemente für bereits vorgewärmte Luft wird zusätzlich ein Heißgaserzeuger zwischen dem Seitenkanalverdichter und dem Eingang des Versuchsmoduls implementiert, welche eine Vorwärmung des Luftvolumenstroms auf bis zu 900 °C erlaubt.

Ein Versuchsmodul des Rohrbündelrekuperators zur Untersuchung der Wärmeübertragung im Rohrbündelrekuperator und zur genauen Quantifizierung der Vorwärmtemperatur der Luft nach Durchströmen des Wärmetauschers wurde gefertigt. Dieses besteht aus einem Kanal (freier Querschnitt: 200 x 200 mm²) in den Rohrbündel aus jeweils 100 Einzelrohren (Anordnung: 10 x 10) mit einem Außendurchmesser von 12 mm und einer Wandstärke von 1,5 mm. Ein Foto des Rohrbündelmoduls zeigt **Bild 6**. Die Bauweise des Rekuperators entspricht einzelnen Rohrbündeln nach dem Kreuzstromprinzip. Für den späteren Prototyp werden zwei Rohrbündel dieser Bauweise hintereinandergeschaltet. Die Ergebnisse sind, in Abhängigkeit der Schaltung, auf Rekuperatoren nach dem Gleichstrom- und Gegenstromprinzip anwendbar.

Das Versuchsmodul wird, wie auch das elektrische Versuchsmodul, für einen Luftvolumenstrom von maximal 110 m³/h (i.N.) und einen Abgasvolumenstrom von maximal 120 m³/h (i.N.) ausgelegt. Die Zuführung des Luftvolumenstroms erfolgt bei Raumtemperatur mit Seitenkanalverdichtern. Zur Simulation des Abgasvolumenstroms wird die Luft mit einem Heißgaserzeuger auf eine Temperatur von bis zu 900 °C erwärmt.

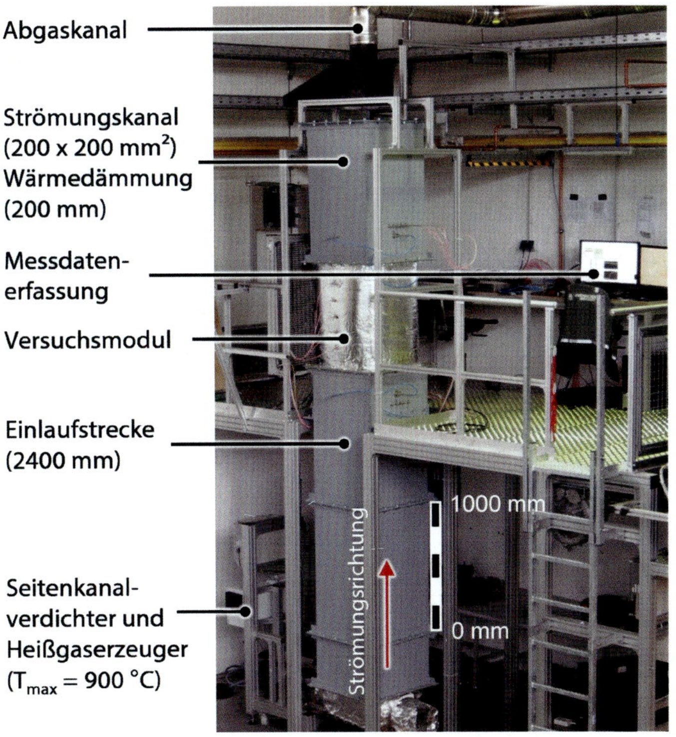

Bild 4: Foto des Versuchsstands am Institut für Industrieofenbau und Wärmetechnik

Bild 5: Foto des elektrischen Heizmoduls

Im Fokus der experimentellen Untersuchungen stehen das Voll- und Teillastverhalten des hybriden Rekuperators. In Abhängigkeit der Volumenströme und Eintrittstemperaturen von Luft und Abgas werden die Temperaturen von Luft und Abgas am Austritt des jeweiligen Versuchsmoduls sowie die vorliegenden Druckverluste ermittelt und mit analytischen und numerischen Berechnungen verglichen. **Tabelle 1** fasst

Bild 6: Foto des Rohrbündelmoduls

die zu untersuchenden Randbedingungen und Zielgrößen der experimentellen und theoretischen Untersuchungen zusammen.

Messtechnik

Zur Ermittlung der verschiedenen Messgrößen ist der Versuchsstand mit Strömungs- und Temperaturmesstechnik ausgestattet. Die Abgas- und Luftvolumenströme werden jeweils auf der Einlaufseite des Seitenkanalverdichters mit kalorimetrischen Strömungssensoren erfasst.

Vor und hinter dem Versuchsmodul wird der statische Druck über eine Ringleitung mit vier Wandbohrungen gemessen. Der Gesamtdruck wird mit einer Zylindersonde mit einer Bohrung in Strömungsrichtung gemessen. Dazu wird eine Netzmessung nach VDI/VDE 2640 [12] nach dem Schwerlinienverfahren durchgeführt. Die Positionen für die statische Druckmessung und die Gesamtdruckmessung über den Kanalquerschnitt sind in **Bild 7** dargestellt.

Aus dem Zusammenhang zwischen dem statischen Druck, dem dynamischem Druck und dem Gesamtdruck wird der dynamische Druck nach Gleichung 1 berechnet.

$$p_{gesamt} = p_{dynamisch} + p_{statisch} \quad (1)$$

Die Geschwindigkeit wird aus dem dynamischen Druck und der Dichte des Fluids für die entsprechende Temperatur nach Gleichung 2 bestimmt werden:

$$v = \sqrt{\frac{2 \cdot p_{dynamisch}}{\rho(T)}} \quad (2)$$

Dabei wird die Temperatur mit Thermoelementen des Typs N ebenfalls mittels einer Netzmessung nach VDI/VDE 2640 gemessen. Ein Foto der Messtechnik zeigt **Bild 8**.

Experimentelle Untersuchungen

Die Auslegung des hybriden Rekuperators erfolgt anhand charakteristischer Kenngrößen. Zur Beschreibung der strömungstechnischen und energetischen Vorgänge werden numerische und analytische Berechnungsansätze verwendet. Diese werden im weiteren Projektverlauf experimentell validiert und angepasst, sodass diese für die Auslegung eines Prototyps im industriellen Maßstab verwendet werden können.

Im Rahmen der Inbetriebnahme wurden erste experimentelle Untersuchungen für einen Referenzbetriebszustand am elektrischen Heizmodul durchgeführt. Die entsprechenden Randbedingungen für diesen Referenzbetriebszustand sind in **Tabelle 2** dargestellt. Dieser beschreibt den Betriebszustand für den Volllastbetrieb. Daneben werden Betriebszustände unter Teillast mit einem Verbrennungsluftvolumenstrom von 85,5 m^3/h (i.N.) und 55 m^3/h (i.N.) sowie Lufteintrittstemperaturen von 450 °C und 350 °C untersucht.

Basierend auf den Eingangsrandbedingungen des Verbrennungsluftvolumenstroms $\dot{V}_{Luft}$ und der Lufteintrittstemperatur $T_{Luft,in}$ werden die Luftaustrittstemperatur $T_{Luft,out}$, der luftseitige Druckverlust Δp_{Luft} sowie der übertragende Wärmestrom $\dot{Q}$ bestimmt. Erste Ergebnisse für Untersuchungen am elektrischen Modul mit einem Volumenstrom von $\dot{V}_{Luft}$ = 110 m^3/h (i.N.) und $T_{Luft,in}$ = 450 °C sind in **Bild 9** und **Tabelle 3** dargestellt.

Die über die Gesamtquerschnittsfläche gemittelte Temperatur vor dem Versuchsmodul beträgt 497 °C mit einer maxi-

Tabelle 1: Randbedingungen und Zielgrößen der experimentellen und theoretischen Untersuchungen

Parameter	Elektrisches Modul	Rohrbündel Modul
Verbrennungsluftvolumenstrom	$\dot{V}_{Luft}$	$\dot{V}_{Luft}$
Abgasvolumenstrom	–	$\dot{V}_{Abgas}$
Lufttemperatur Eintritt	$T_{Luft,in}$	$T_{Luft,in}$
Lufttemperatur Austritt	$T_{Luft,out}$	$T_{Luft,out}$
Abgastemperatur Eintritt	–	$T_{Abgas,in}$
Abgastemperatur Austritt	–	$T_{Abgas,out}$
Differenzdruck Luft	Δp_{Luft}	Δp_{Luft}
Differenzdruck Abgas	–	Δp_{Abgas}

malen Abweichung von 6 K und nach dem Versuchsmodul 565 °C mit einer maximalen Abweichung von 50 K. Bedingt durch die Strahlung der Heizelemente ist die Temperaturmessung einem Strahlungsmessfehler unterworfen. Für eine elektrische Leistung von 9,0 kW, einem Verbrennungsluftvolumenstrom von 110 m³/h (i.N.) beträgt dieser für die Temperaturmessung am Eintritt in das Modul ca. 47 K, sodass nach Einschalten der Heizelemente eine Temperatur von 497 °C anstelle der eingestellten Solltemperatur von 450 °C gemessen wird. Die mittlere gemessene Temperatur am Austritt beträgt 565 °C. Eine Abschätzung des Strahlungsfehlers ergibt eine Abweichung der gemessenen Temperatur um -30 K. Die Temperaturerhöhung ohne Berücksichtigung des Strahlungsfehlers beträgt 68 K, was einem übertragenen Wärmestrom von 3,11 kW bzw. 34,6 % der eingebrachten Leistung entspricht. Unter Kompensierung der Strahlungsmessfehler beträgt der übertragene Wärmestrom 6,63 kW, was 73,6 % der eingebrachten Leistung entspricht. Im weiteren Projektverlauf wird der Strahlungsmessfehler der Temperaturmessung am Austritt mit einem Absaugpyrometer bestimmt.

Bild 10 zeigt einen Vergleich der Experimente mit numerischen und analytischen Berechnungen hinsichtlich der Luftvorwärmtemperaturen für unterschiedliche Lastzustände. Die Grundlage der analytischen Berechnungen bilden die Gleichungen nach [13] und [14]. Die Software ANSYS® Fluent wurde für die numerischen Berechnungen verwendet. Die Turbulenzmodellierung an dem elektrischen Erwärmungsmodul erfolgt mit dem SST-Modell von Menter [15]. Zur Berücksichtigung der Wärmestrahlung wird bei dem elektrischen Heizmodul das Surface-to-Surface-Modell verwendet. Die entsprechenden Modelle für das Rohrbündelmodul sind in [10] beschrieben. Die Stoffdaten werden nach [16] und [17] für die jeweiligen Fluidtemperaturen bestimmt.

Qualitativ stimmen die numerischen und analytischen Ergebnisse mit den experimentellen Ergebnissen überein. Es zeigt sich ein steigender Verlauf der Temperatur hinter dem Versuchsmodul mit steigender Temperatur vor dem Versuchsmodul $T_{Luft,ein}$, wobei die Temperaturerhöhung mit steigender Eintrittstemperatur $T_{Luft,ein}$ abnimmt, was auf die geringere Temperaturdifferenz zwischen den Heizelementen und der Fluidtemperatur zurückzuführen ist. Die maximale Abweichung beträgt 27 K.

Mit steigendem Volumenstrom sinkt die Temperatur hinter dem Versuchsmodul, da bei konstanter elektrischer Leistung ein größerer Massenstrom erwärmt wird. Die Abweichung der experimentellen von den numerischen Ergebnissen beträgt bis zu 52 K, was insbesondere auf den Strahlungsmessfehler bei der Temperaturmessung zurückzuführen ist.

Bild 11 zeigt einen Vergleich der gemessenen Druckverluste mit numerischen und analytischen Berechnungen für unterschiedliche Volumenströme. Es liegen Abweichungen zwischen den gemessenen, den numerisch bestimmten und den analytisch berechneten Werten vor. Die im Experiment gemessenen Druckverluste liegen bei 7,2–13,7 Pa, die numerisch bestimmten bei 2,2–6,7 Pa und die analytisch berechneten bei 3,5–12,4 Pa. Der qualitative Verlauf stimmt jedoch überein, es kommt zu einem Anstieg des Druckverlusts mit steigendem Volumenstrom. Die

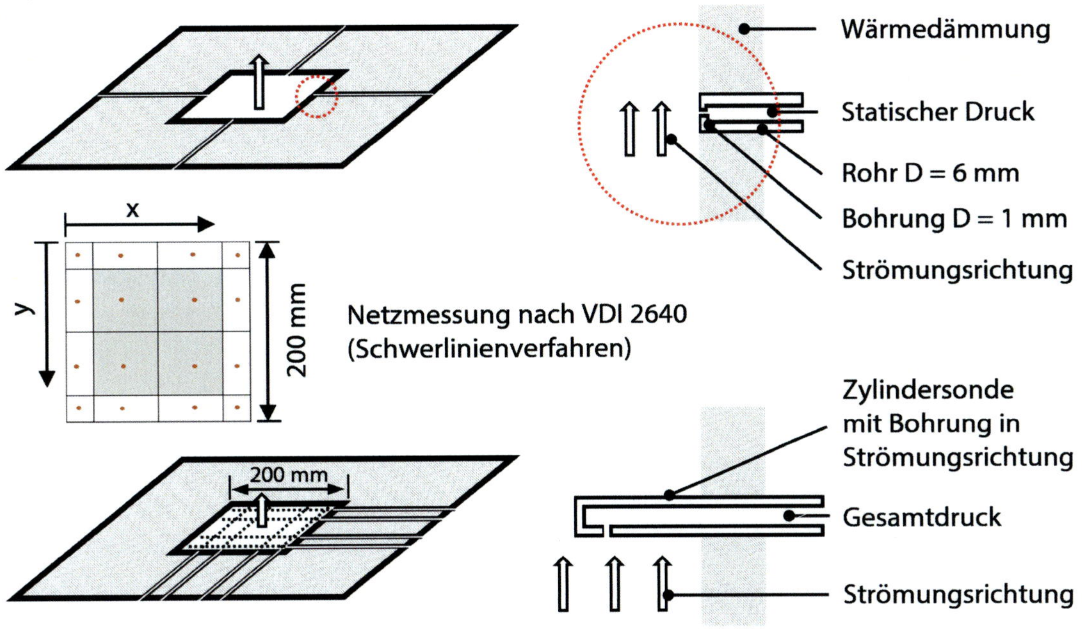

Bild 7: Statische Druckmessung (oben), Gesamtdruckmessung (unten)

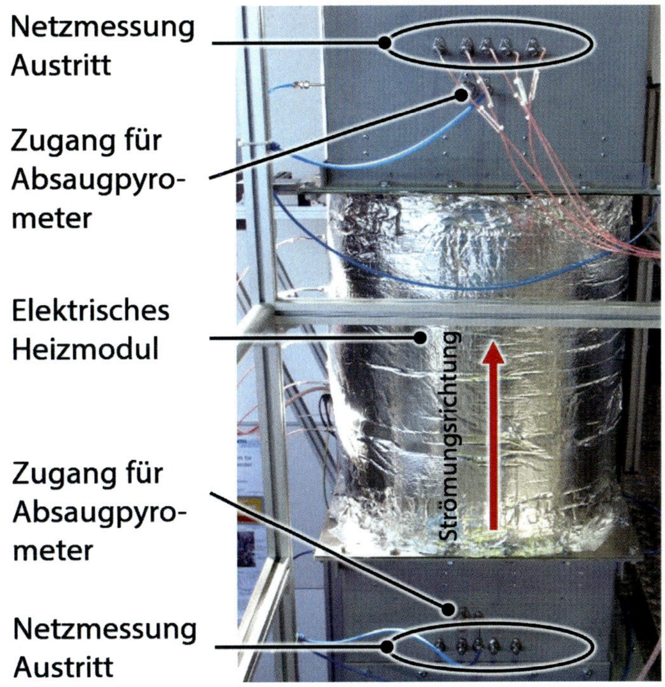

Bild 8: Messtechnik am Versuchsstand

Tabelle 2: Betriebszustand für den Volllastbetrieb am elektrischen Heizmodul

Randbedingungen	Variable	Wert
Verbrennungsluftvolumenstrom	$\dot{V}_{Luft}$	110 m³/h (i.N.)
Anzahl Heizkerzen		6
Elektrische Leistung der Heizkerzen (gesamt)	$P_{elektrisch}$	9 kW
Lufttemperatur Eintritt	$T_{Luft,in}$	550 °C

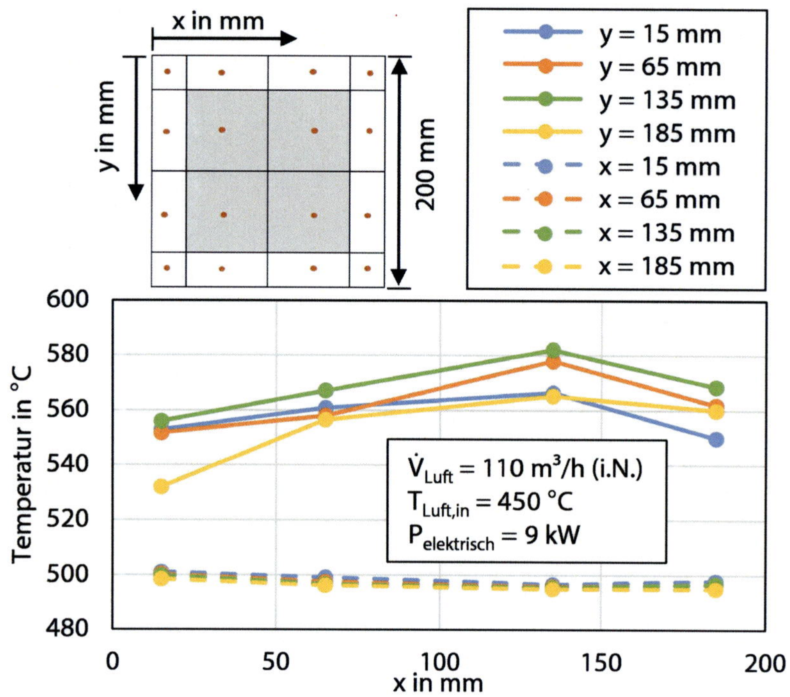

Bild 9: Temperaturprofil im Kanal vor und hinter dem elektrischen Versuchsmodul für einen Teillastzustand

Tabelle 3: Ergebnisse der experimentellen Untersuchungen am elektrischen Heizmodul für einen Teillastzustand

Parameter	Variable	Wert
Verbrennungsluftvolumenstrom	$\dot{V}_{Luft}$	110 m³/h (i.N.)
Lufttemperatur Eintritt (Sollwert)	$T_{Luft,in,soll}$	450 °C
Elektrische Leistung	$P_{elektrisch}$	9,0 kW
Mittlere Lufttemperatur Eintritt	$T_{Luft,in,ist}$	497 °C
Mittlere Lufttemperatur Austritt	$T_{Luft,out}$	565 °C
Mittlere Temperaturerhöhung	ΔT_{Luft}	68 °C
Mittlerer Differenzdruck (p_{unten} - p_{oben})	Δp_{Luft}	16,3 Pa
Wärmestrom (kompensiert)	$\dot{Q}_{Luft}$	6,63 kW

Abweichungen können auf die für die numerischen und analytischen Ansätze vereinfachte Geometrie der Heizwendelkerzen zurückgeführt werden. Weitere mögliche Fehlerquellen sind die Rauheit der Oberflächen und die Messfehler der Druckmesstechnik. Im weiteren Projektverlauf sollen nun die Messunsicherheiten am Versuchsaufbau minimiert und die numerischen und analytischen Modelle validiert werden, damit diese für die Auslegung eines Prototyps im industriellen Maßstab verwendet werden können. Die Risiken bei der Auslegung sollen durch die Kombination von experimentellen und theoretischen Ansätzen minimiert werden.

Fazit

Die Forschungs- und Entwicklungsarbeiten im Rahmen des vorgestellten Projekts beschreiben die Entwicklung eines hybriden Rekuperators mit integrierter elektrischer Verbrennungsluftvorwärmung. Dieser ist vor dem Hintergrund der Energiewende ein wirksames Instrument zum Themenfeld Power-to-Heat.

Der Einsatz des hybriden Rekuperators ermöglicht es konventionell mit fossilen Brennstoffen betriebene Industrieöfen anteilig mit Strom aus erneuerbaren Energiequellen zu betreiben. Auf diese Weise können diese Anlagen, als ein digitaler Verbund von dezentralen Stromerzeugungs- oder verbrauchseinheiten, in virtuelle Kraftwerke eingebunden werden, welche eine digitale, leittechnische Vernetzung aller beteiligter Stromproduzenten und Stromverbraucher ermöglichen.

Für die Auslegung eines Prototyps des hybriden Rekuperators werden experimentelle und theoretische Lösungsansätze verwendet. Ein erster Vergleich experimenteller, numerischer und analytischer Berechnungen am elektrischen Modul des Rekuperators zur Ermittlung von Auslegungsparametern für den späteren Prototyp zeigt eine gute Überstimmung mit einer maximalen Abweichung in der Temperaturmessung von 52 K, was insbesondere auf Strahlungsmessfehler zurückzuführen ist. Dieser soll im weiteren Verlauf des Projekts durch die Verwendung von Absaugpyrometern minimiert werden. Anschließend können die numerischen und analytischen Modelle validiert, angepasst und für eine sichere Auslegung des Prototyps im industriellen Maßstab verwendet werden.

Danksagung

Das Forschungsvorhaben wurde im Rahmen des zentralen Innovationsprogramms Mittelstand vom Bundesministerium für Wirtschaft und Energie aufgrund eines Beschlusses des Deutschen Bundestages gefördert.

Literatur

[1] Goodman, P.; Robertson, C.; Skarstein, A.: Sustainable Industrial Policy – Building on the Eco-design Directive – Energy-Using Products Group Analysis / 2 Lot 4: Industrial and Laboratory Furnaces and Ovens – Tasks 1 – 7. Final Report, European Commission, DG Enterprise (2012)

[2] Pfeifer, H.; Nacke, B.; Beneke, F.: Praxishandbuch Thermoprozesstechnik. Band 1: Grundlagen, Prozesse, Verfahren. 2. Auflage. Essen:

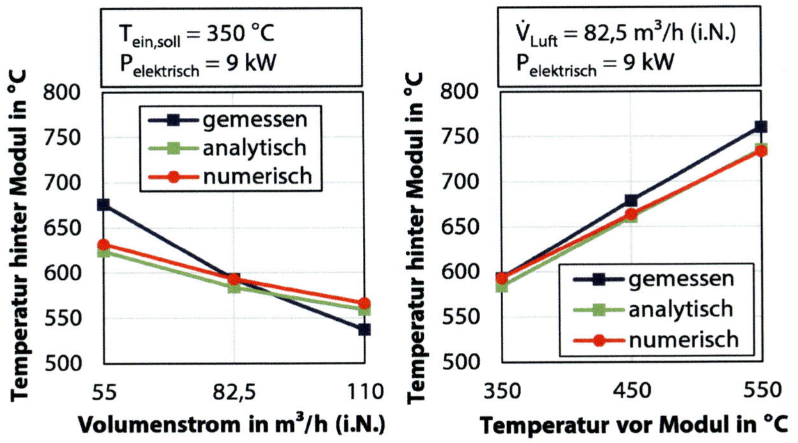

Bild 10: Vergleich der gemessenen Luftvorwärmtemperaturen mit numerischen und analytischen Berechnungen

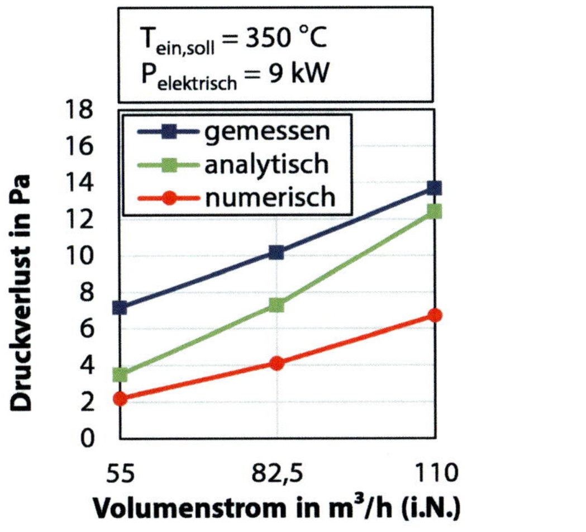

Bild 11: Vergleich zwischen den gemessenen Druckverlusten am elektrischen Heizelement und numerischen sowie analytischen Berechnungen

Vulkan-Verlag, 2010

[3] Pfeifer, H.; Nacke, B.; Beneke, F.: Praxishandbuch Thermoprozesstechnik. Band 2: Anlagen, Komponenten, Sicherheit. 2. Auflage. Essen: Vulkan-Verlag, 2011

[4] Pieper, C.; Sykora, N.; Beckmann, M.; Böhning, D.; Hack, N.; Bachmann, T.: Die wirtschaftliche Nutzung von Power-to-Heat-Anlagen im Regelenergiemarkt. Chemie Ingenieur Technik 87 (2015) Nr. 4, S. 390-402

[5] Agora Energiewende: Power-to-Heat zur Integration von ansonsten abgeregeltem Strom aus Erneuerbaren Energien. Studie in Zusammenarbeit mit Fraunhofer IWES, Stiftung Umweltenergierecht, Fraunhofer IFAM, Berlin, Juni 2014

[6] Hamburgisches Weltwirtschaftsinstitut (HWWI): Power-to-Heat in Hybridheizungen – Die ökonomischen Potentiale der Vernetzung von Strom- und Wärmemarkt. Studie für das Institut für Wärme und Oeltechnik e.V. (IWO), Hamburg, 2014

[7] Next Kraftwerke GmbH: Interne Studien, Köln, 2016

[8] Fraunhofer ISE: Stromproduktion und Börsenstrompreise in Deutschland im September 2017, https://www.energy-charts.de/price_de.htm, abgerufen am 22.09.2017

[9] R2B Energy Consulting; Next Kraftwerke GmbH: Interne Studie, Köln, 2016

[10] Schwotzer, C.; Scheck, F.; Pfeifer, H.; Bender, W.; Jedamzik, F.: Einsatz erneuerbarer Energien im Industrieofenbau mit hybriden Rekuperatoren. 1. Aachener Ofenbau- und Thermoprocess Kolloquium, 11.-12.05.17, Aachen, RWTH Aachen University Institut für Industrieofenbau und Wärmetechnik (Ed.), 2017, S. 251-267

[11] BMWi: Erneuerbare Energien in Zahlen – Nationale und internationale Entwicklung im Jahr 2016, Berlin, Stand Februar 2017

[12] VDI/VDE 2640 Blatt 1: Netzmessungen in Strömungsquerschnitten. Allgemeine Richtlinien und mathematische Grundlagen. 1993

[13] Gnielinski, V.: VDI Wärmeatlas: Querumströmte einzelne Rohre und Rohrbündel. Kapitel G7, 11. Auflage, Berlin Heidelberg, 2013

[14] Gaddis, E.S.: VDI Wärmeatlas: Druckverlust in querumströmten Rohrbündeln. Kapitel L1.4, 11. Auflage, Berlin Heidelberg, 2013

[15] Menter, F.R.: Two-Equation Eddy-Viscosity Turbulence Models for Engineering Applications. AIAA Journal 32 (1994), Nr. 8, S. 1598-1605

[16] VDI-Richtlinie 4670-1:2016-04, Thermodynamische Stoff-werte von feuchter Luft und Verbrennungsgasen. 2016

[17] Svehla, R.A.: Transport coefficients for the NASA Lewis chemical equilibrium program. National Aeronautics and Space Administration, Cleveland, Ohio, 1995

Autoren

Dr.-Ing. **Christian Schwotzer**
Institut für Industrieofenbau und Wärmetechnik,
RWTH Aachen University
Aachen
Tel.: 0241 / 80-26068
schwotzer@iob.rwth-aachen.de

Fabian Scheck, M.Sc.
Institut für Industrieofenbau und Wärmetechnik,
RWTH Aachen University
Aachen
Tel.: 0241 / 80-25953
scheck@iob.rwth-aachen.de

Prof. Dr.-Ing. **Herbert Pfeifer**
Institut für Industrieofenbau und Wärmetechnik,
RWTH Aachen University
Aachen
Tel.: 0241 / 80-25935
pfeifer@iob.rwth-aachen.de

Dr.-Ing. **Wolfgang Bender**
Hülsenbusch Apparatebau GmbH & Co. KG
Kempen
Tel.: 02152 / 14-17-0
wolfgang.bender@huelsenbusch.de

Induktionstechnologie: Revolutionäre Elektrifizierung

Michael Dawidowicz, Dr.-Ing. Markus Langejürgen, Alexander Levish, Dipl. Ing. Cosimo Andrea Cecere

Die Elektrifizierung von Industrieöfen, insbesondere durch Induktionstechnologie, stellt einen bedeutenden Fortschritt in der Stahlindustrie dar. Diese Technologie ermöglicht präzise und effiziente Wärmebehandlung zur Produktverbesserung und Erhöhung der Produktionsgeschwindigkeit („on demand"). Die Umstellung von fossilen Brennstoffen auf elektrische Wärmequellen kann CO_2-Emissionen erheblich reduzieren und die Stahlproduktion nahezu klimaneutral gestalten. Herausforderungen bestehen jedoch in der Sicherstellung einer konstant erneuerbaren Energieversorgung. Strategische Ausrichtungen und Investitionen sind notwendig, um die vollen Vorteile der Elektrifizierung auszuschöpfen und die Klimaziele zu erreichen.

Entwicklung der Industrieöfen

Die Elektrifizierung von Industrieöfen hat eine lange und transformative Geschichte. Bereits im späten 19. Jahrhundert wurden die ersten elektrischen Öfen entwickelt, um spezifische Vorteile gegenüber den damals dominierenden, fossil befeuerten Öfen zu nutzen. Diese Entwicklung revolutionierte die Industrie, da schon frühe elektrische Öfen sowohl eine bessere Temperaturkontrolle als auch eine sauberere Betriebsweise boten.

Ein bedeutender Fortschritt in diesem Bereich war die Entwicklung der induktiven Erwärmung. Diese Methode, die auf der Nutzung elektromagnetischer Felder zur direkten Erwärmung von Materialien basiert, wurde im Laufe des 20. Jahrhunderts kontinuierlich verfeinert und fand zunehmend Anwendung in verschiedenen Industriezweigen, darunter die Stahlindustrie. Die induktive Erwärmung ermöglicht eine äußerst präzise und effiziente Wärmebehandlung, was zu einer verbesserten Produktqualität und höheren Produktionsgeschwindigkeiten führt. Die Elektrifizierung der Industrieöfen in der Stahlindustrie stellt somit einen bedeutenden technologischen Fortschritt dar und hat das Potenzial, die Branche grundlegend zu verändern.

Traditionell werden Industrieöfen mit fossilen Brennstoffen betrieben, was zu hohen CO_2-Emissionen führt. Durch die Umstellung auf elektrische Wärmequellen, insbesondere die Induktion, können diese Emissionen erheblich reduziert werden. Elektrische Heizanlagen bieten nicht nur eine präzisere Temperaturkontrolle und höhere Energieeffizienz, sondern auch die Möglichkeit, die Stahlproduktion nahezu klimaneutral zu gestalten. Die Elektrifizierung der Prozesse erlaubt es, den Energiebedarf gegenüber der konventionellen Route zu senken. Angesichts dessen, dass die Stahlindustrie für etwa 7-9% der weltweiten CO_2-Emissionen verantwortlich ist und die Weiterverarbeitung des Stahls einen Anteil von etwa 13% hat, ist die Elektrifizierung dieser Prozesse ein entscheidender Schritt, um die Klimaziele zu erreichen und die Umweltauswirkungen der Stahlproduktion zu minimieren.

Trotz des Potenzials elektrischer Heizanlagen zur Klimaneutralität gibt es Herausforderungen bei der Nutzung erneuerbarer Energien. Das Stromnetz ist nicht immer grün, da der Anteil erneuerbarer Energien im Energiemix schwanken kann. Dies stellt eine Herausforderung dar, um eine konstant klimaneutrale Energieversorgung sicherzustellen. Dennoch bietet die Nutzung erneuerbarer Energien erhebliche Vorteile. Insbesondere in Regionen mit reichlich verfügbaren erneuerbaren Ressourcen kann die Elektrifizierung der Industrieöfen die wirtschaftliche und ökologische Wettbewerbsfähigkeit der Stahlindustrie stärken. Eine strategische Ausrichtung auf erneuerbare Energien und die Anpassung der Infrastruktur sind daher essenziell, um die vollen Vorteile der Elektrifizierung auszuschöpfen und einen bedeutenden Beitrag zum Klimaschutz zu leisten.

Diese Transformation ist eine technische und infrastrukturelle Herausforderung, die umfangreiche Investitionen, technologischen Fortschritt und eine enge Zusammenarbeit zwischen Industrie, Politik und Energiewirtschaft erfordert.

Der Weg der CSP® Nexus

Es war eine Revolution in der Produktion von Stahlbändern: 1989 ging bei Nucor im US-amerikanischen Crawfordsville die erste Kompaktanlage zum Gießen und Walzen von Stahlband in Betrieb. Mit diesem neuen Anlagentyp, heute weltweit bekannt unter der Bezeichnung CSP® (Compact Strip Production), hat die SMS group eine vollkommen neue Herangehensweise an die Produktion von Stahlband etabliert. Die Idee der Kombination von Stranggießen und Walzen in einer kompakten Anlage zur Erzeugung von qualitativ hochwertigem Band spart dem Betreiber erhebliche Investitions- und Betriebskosten. Durch den unmittelbaren Einsatz der Gießwärme für den nachfolgenden Walzprozess werden jedoch nicht nur die Energiekosten gesenkt: Im Laufe der Jahrzehnte, in denen CSP®-Anlagen in Betrieb sind, konnten auf diese Weise weltweit enorme Mengen an CO_2 eingespart werden. Bereits 2012 (**Bild 1**) und damit vor der aktuellen CO_2-Diskussion installierte SMS Elotherm in einer CSP®-Anlage des amerikanischen Herstellers Nucor am Standort Berkeley eine 18MW-Induktionsanlage, um die Temperaturführung zu stabilisieren, flexible Walztemperaturen zu ermöglichen und letztendlich Energie und Kosten zu sparen.

Gemeinsam mit ihren Kunden geht die SMS group nun den nächsten Schritt: CSP® Nexus. Diese Weiterentwicklung der CSP®-Technologie eröffnet weitergehende Möglichkeiten in der Warmbandproduktion.

Wie bereits die Erfindung von CSP® im Jahr 1989 markiert CSP® Nexus einen weiteren wichtigen Meilenstein für die energieeffiziente und flexible Produktion von hochqualitativen Stahlgüten.

Im Einklang mit dem „Net-Zero-Emissions 2050"-Szenario der IEA trägt die CSP® Nexus-Technologie bereits zur Dekarbonisierung der Stahlindustrie bei. Gleichzeitig ist CSP® Nexus mit intelligenter Technik ausgestattet, die im Rahmen des ganzheitlichen Digitalisierungspakets von SMS group für optimale Produktionsprozesse sorgt. Sie ermöglicht die Produktion von hochwertigem Warmband in einer einzigen Fertigungslinie, die Gießen, Erhitzen und Walzen kombiniert. Das Einhalten des produktspezifischen Temperaturprofils der Dünnbrammen in Dicken von 50-90mm innerhalb einer Anlage steigerte die Energieeffizienz des Gieß- und Walzprozesses immens. CSP® Nexus stellt eine Annäherung der Compact Strip Production (CSP®) an die konventionelle Produktionsroute hinsichtlich der Flexibilität dar, während die energetischen Vorteile des Dünnbrammengieß- und Walzprozesses erhalten bleiben. Dabei steigt die Dicke der Dünnbrammen auf bis zu 150mm, was eine zusätzliche Anforderung an die Temperaturregelung und Ofentechnik darstellt.

Das Ziel ist es bis zur Fertigwalzung (**Bild 2**) so viel Gießwärme wie möglich bzw. erforderlich im Material zu behalten. Dabei entsteht nicht nur ein hochwertiges warmgewalztes Produkt, sondern es werden auch erhebliche Energieeinsparungen gegenüber der herkömmlichen Warmbandroute erzielt. Gegenüber der HSM® (Hot Strip Mill) weist das Zeit-Temperaturprofil einer CSP® NEXUS keine Temperatureinbrüche

Bild 1: Induktionserwärmung beim Hersteller Nucor Berkeley mit 18MW installierter Leistung (Quelle: SMS Elotherm GmbH)

auf und erlaubt es viel schneller das gewünschte Produkt herzustellen.

Die zwischen den Teilprozessen geschalteten Erwärmungseinrichtungen sind wichtige Bestandteile der CSP® Nexus Anlagenkonfiguration. Durch Halten der Temperatur bzw. leichtes Erwärmen werden zudem innere Spannungen abgebaut, die während des Gießprozesses entstanden sind, was zu einem gleichmäßigeren und stabileren Material führt. Die Homogenisierung der chemischen Zusammensetzung sorgt für konsistente Eigenschaften des Endprodukts. Weiterhin erleichtern die hohen Temperaturen verschiedene metallurgische Reaktionen wie Diffusion und Ausscheidung, die für die Erzielung der gewünschten Materialeigenschaften unerlässlich sind.

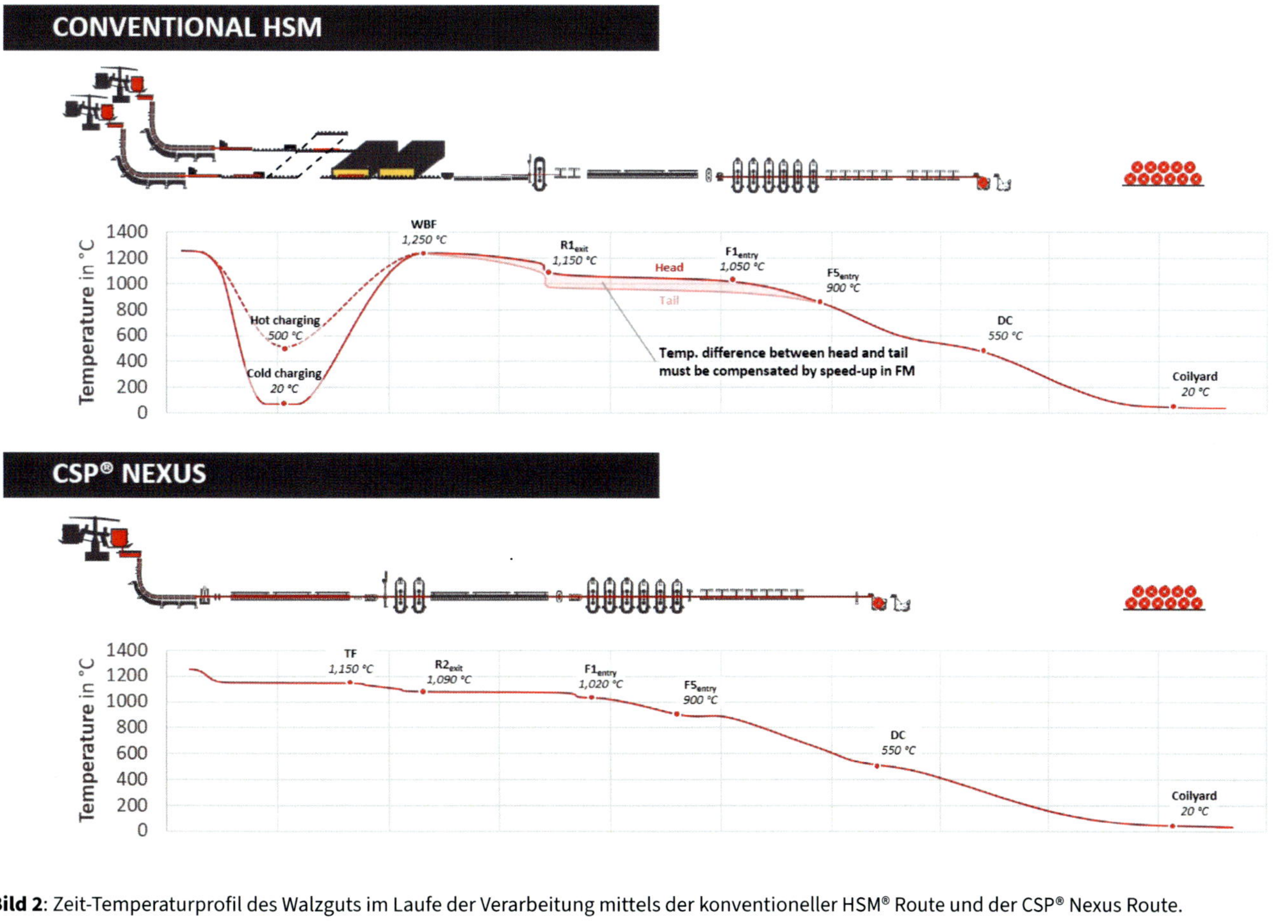

Bild 2: Zeit-Temperaturprofil des Walzguts im Laufe der Verarbeitung mittels der konventioneller HSM® Route und der CSP® Nexus Route. (Quelle: SMS Group GmbH)

Tabelle 1: Produktübersicht aus drei aktuellen Aufträgen

	SDI Sinton	H2 Green Steel	JSW Steel Dolvi Works
Breite des Endprodukts:	965-2.134mm	900-1.950mm	1.470-2.600mm
Dicke des Endprodukts:	25,4-1,2mm	20,0-1,0mm	32,0-2,0mm
Kapazität:	2,7 (3,6) Millionen t/a	2,5 (5,0) Millionen t/a	4,0 (7,0) Millionen t/a

Die Elektrifizierung des Heizprozesses der herkömmlichen Route stellt eine Herausforderung dar, da die Flächenheizleistungen elektrischer Flächenelemente typischerweise im Bereich von 25-30kW/m² liegen. Dies erfordert nicht nur eine große Heizfläche, sondern auch Heizelemente, die Temperaturen von etwa 1160°C (bei angenommener Maximaltemperatur von 1150°C) erreichen müssen. In diesem Kontext nutzt das CSP®-Konzept die Enthalpie des Schmelzprozesses effektiv aus [1,2]. Dabei wird in dem CSP® Nexus Prozess das Gut nach dem endlosen Stranggussprozess vor der vollständigen Erstarrung direkt in einen Ofen befördert.

Sowohl zwischen der Gießmaschine und den Vorgerüsten als auch zwischen den Vorgerüsten und der Fertigstaffel werden Tunnelöfen zur Entkopplung eingesetzt. Der zweite Tunnelofen zwischen Vorgerüsten und Fertigstaffel ist so ausgelegt, dass ein vollständiges Zwischenband nach der Umformung durch die Vorwalzgerüste zum Entkoppeln des Prozesses aufgenommen werden kann. Damit kann die Umformgeschwindigkeit der beiden Walzprozesse unabhängig voneinander eingestellt und so, unter anderem Temperaturverluste im Walzgut durch hohe Vorwalzgeschwindigkeiten signifikant reduziert werden.

Bei elektrischen Tunnelöfen fällt die installierbare Leistung gegenüber den gasbeheizten Anlagen aufgrund der kleineren Leistungsdichte elektrischer Heizelemente geringer aus. Die fehlende Leistung zum Erreichen des gewünschten Zeit-Temperaturprofils wird durch eine induktive Brammenerwärmung der SMS Elotherm GmbH zur Verfügung gestellt. Diese Module sind bereits 2012 entwickelt worden und seitdem unter härtesten Umgebungsbedingungen im Einsatz.

Zudem wird durch die Implementierung der induktiven Heizvorrichtungen die Produktionsflexibilität der Anlage erhöht. Dadurch, dass Induktionserwärmungen über geringere Reaktionszeiten verfügen, kann für jede Bramme ein spezifischer Energieeintrag direkt umgesetzt werden. Es ist somit möglich, je nach Endprodukt und Qualität die Temperatur „on demand" einzustellen und nicht mehr als die für den Walzprozess erforderliche Energie zu verwenden.

Induktion als Schlüssel zur Elektrifizierung

Aktuelle Aufträge aus drei verschiedenen Kontinenten von Steel Dynamics, H2 Green Steel und JSW Steel belegen eindrucksvoll die globale Relevanz der neuen CSP® Nexus-Technologie.

Im Jahr 2021 nahm Steel Dynamics, Inc. (SDI) am US-Standort Sinton die weltweit erste CSP® Nexus-Anlage in Betrieb. Diese hochmoderne Anlage ist für eine Jahresproduktion von 2,7 Millionen Tonnen Warmband ausgelegt und erfüllt die hohen Erwartungen von SDI. Die Technologie bietet Flexibilität in Temperaturführung und Walzkraft, unterstützt durch Automatisierungssysteme für gleichbleibend hohe Qualität und digitale Lösungen wie das Quality Execution System (QES) und das Plant Visualization System (PVS). Der erste Meilenstein wurde erfolgreich gesetzt.

JSW Steel Dolvi Works in Indien wird die CSP® Nexus-Anlage nutzen, um Warmband in Grobblech Dimensionen zu produzieren, was neue Flexibilität und Marktchancen schafft. Die Anlage umfasst eine Induktionseinheit, die zur Anpassung der Heizprozesse verwendet wird, um optimale Produktspezifikationen zu erreichen. Mit einer Jahreskapazität von 4 Millionen Tonnen, erweiterbar auf 7 Millionen Tonnen, und fortschrittlichen digitalen Lösungen wie der SMS DataFactory und dem QES-Qualitätsmanagementsystem, ist die Anlage auf nachhaltige Produktion und Effizienz ausgelegt.

Das H2 Green Steel (H2GS) Projekt in Schweden markiert die erste vollelektrische CSP® Nexus-Anlage in Europa. Die Anlage nutzt ausschließlich Strom für die Heizprozesse und kombiniert Widerstandsöfen mit erprobten Induktionseinheiten, um ein gleichmäßiges Temperaturniveau zu gewährleisten. Die Induktionseinheiten werden gezielt eingesetzt, um spezifische Anforderungen der Endprodukte zu erfüllen. Dies ermöglicht eine präzise Kontrolle der Temperaturen und trägt zur Energieeffizienz bei. Die Anlage ist mit fortschrittlicher Automatisierungstechnologie ausgestattet, einschließlich des X-Pact® Integrated Process Models, das die gesamte Prozesskette optimiert. Der Aufbau der CSP® Nexus-Anlage für H2GS beinhaltet mehrere Prozessanlagen: Stranggussmaschine, Schere zum Trennen des Gießstrangs, erste Induktionsheizvorrichtung und widerstandsbeheizter Tunnelofen, Stauchgerüst, zwei Vorwalzgerüste, zweiter widerstandsbeheizter Tunnelofen und Induktionsheizvorrichtung, sechs Fertigwalzgerüste, Kühlstrecke und Haspeln (**Bild 3**).

Wie schon erwähnt sind Heizvorrichtungen essenziell. Besonders hervorzuheben ist hierbei die Induktion, die durch ihre spezifischen Eigenschaften eine vollständige Elektrifizierung erst ermöglicht.

Die induktive Brammenerwärmung der SMS Elotherm GmbH zeichnet sich durch eine modulare Bauweise aus, die aus ortsfest installierten Baugruppen wie Umrichter, Steuereinheit und Medienbrücke sowie beweglichen Baugruppen wie Kondensatorwagen und Induktor besteht. Der Umrichter basiert auf der neuesten LLC-Technik und ist mit sechs unabhängigen 800kW-Modulen ausgestattet, was eine Gesamtleistung von 4.800kW bei einem konstanten Leistungsfaktor von cos phi = 0,95 ermöglicht. Ein weiterer Vorteil der im Hause SMS Elotherm entwickelten Umrichter ist die flexible Positionierung des Schalthauses, welches bis zu 100m entfernt sein kann. Die Stromübertragung zwischen den Umrichtern und Einheiten an der Linie erfolgt durch spezielle koaxiale Kabel.

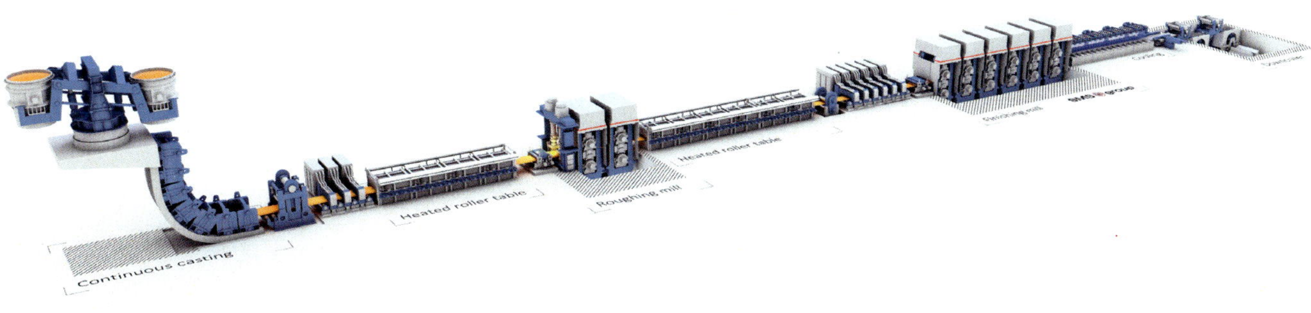

Bild 3: CSP® Nexus am Beispiel des Auftrages H2GS (Quelle: SMS Group GmbH)

Jedes Modul besteht aus einem beweglichen Fahrwagen, auf dem ein Kondensatorschrank und ein Induktor montiert sind. Je nach Stahlgüten und Brammendicken können die Induktionsmodule in die Walzlinie oder aus der Walzlinie verfahren werden. Wenn die induktive Erwärmung nicht benötigt wird, werden stattdessen effiziente passive Wärmedämmhauben in die Walzlinie eingezogen, um Energieverluste zu minimieren. Die Anzahl der Module hängt vom erforderlichen Temperaturhub und der Prozessgeschwindigkeit ab. Ein Modul hat einen elektrischen Wirkungsgrad von 67% und kann eine effektive Wärmeleistung von über 3MW induzieren. Die Einbaulänge beträgt dabei in Bandlaufrichtung nur 600mm. Zusammen mit den Transportrollen ergibt sich für eine 6-fach-Einheit eine Einbaulänge von gerade mal 6300mm bei fast 20.000kW induzierter Wärmeleistung. Die induktive Erwärmung bietet gegenüber traditionellen Industrieöfen Vorteile wie präzise Prozesssteuerung, Reproduzierbarkeit und flexible Verfügbarkeit der Erwärmung. Diese Vorteile sind bereits seit Beginn der Elektrifizierung bekannt, jedoch erfolgt erst in den letzten Jahren auch eine Anwendung im Bereich großformatiger Brammen mit entsprechend hohen Leistungen und unter den harten Umgebungsbedingungen eines Warmwalzwerks. Elotherm Brammeninduktoren sind für diese Bedingungen ausgelegt, um dort dauerhaft und zuverlässig zu arbeiten.

Die Stranggussmaschine der CSP® Nexus-Anlage erreicht Gießgeschwindigkeiten von bis zu 6m/min und gießt Brammendicken zwischen 110-150mm sowie Breiten bis zu 2600mm. In **Bild 5** ist ein exemplarisches Temperaturprofil abgebildet, welches die Temperatursteuerung vom Caster-Austritt bis zum elektrischen widerstandsbeheizbaren Ofen beschreibt. In der ersten Phase kühlt das Walzgut an der Oberfläche durch an der Stranggussmaschine angebrachte Sprühköpfe ab. Dieser Vorgang ist für die Erstarrung des flüs-

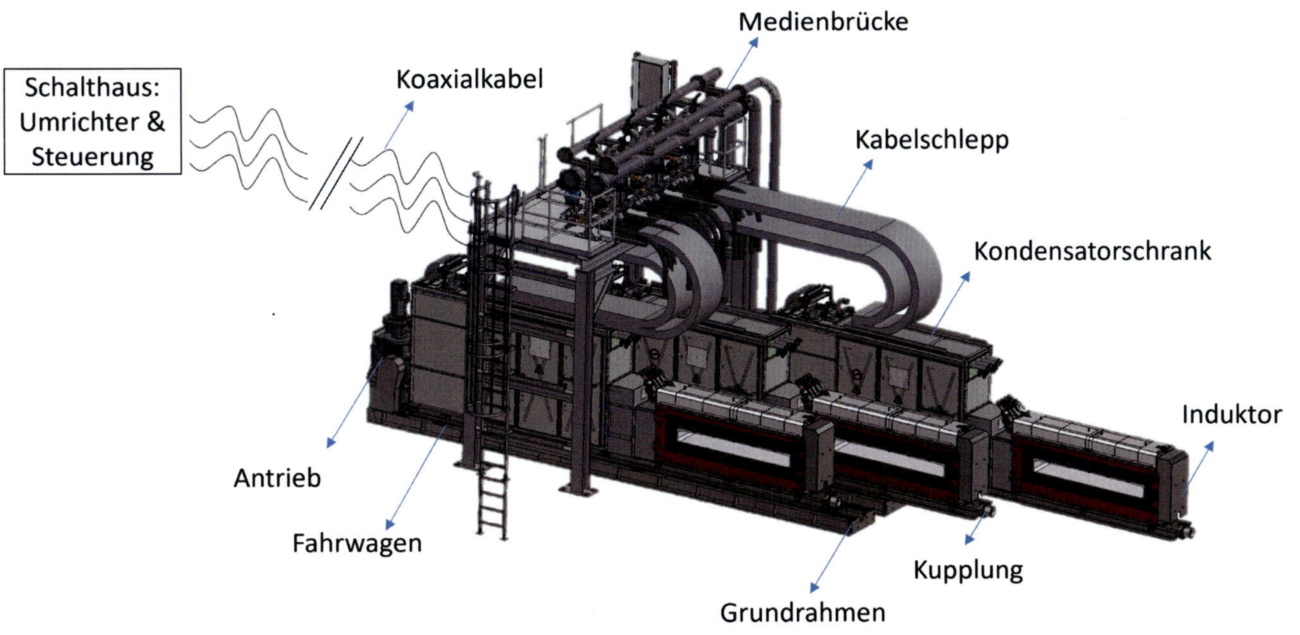

Bild 4: ELO SLAB – 3 Induktionsmodule zum induktiven Erwärmen von Brammen (Quelle: SMS Elotherm GmbH)

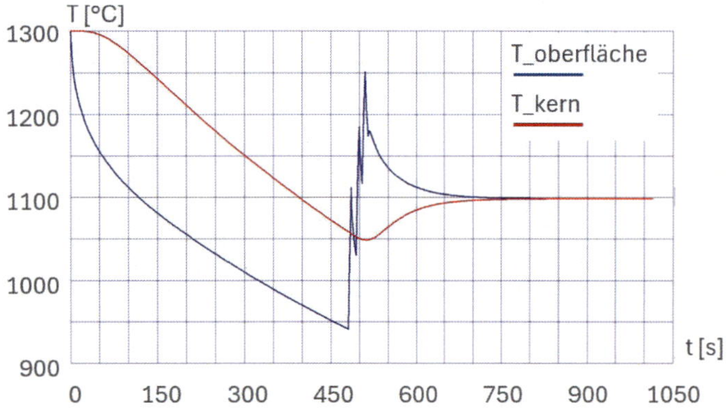

Bild 5: Exemplarisches Temperaturprofil von Caster-Austritt bis Induktion-Austritt (Quelle: SMS Elotherm GmbH)

sigen Stahls notwendig und für die weiteren Prozessschritte essenziell. Für die einzustellenden metallurgischen Eigenschaften muss das Walzgut allerdings bis zur finalen Kühlstrecke über der Austenitisierungstemperatur liegen, sodass nach dem Scherenschnitt eine erste induktive Erwärmung notwendig wird.

Ein Merkmal der induktiven Erwärmung ist die Eindringtiefe, welche durch Materialeigenschaften und durch die Frequenz definiert wird und den effektiven direkten Erwärmungsbereich durch den induzierten Strom beschreibt. Aufgrund des Skin-Effektes fließt der induzierte Strom oberflächennah, sodass die Stromdichteverteilung zum Kern hin abnimmt. In dem gezeigten Temperaturprofil werden drei markante Ausschläge an der Oberfläche sichtbar, welche bis zur Eindringtiefe in abgeschwächter Form auftreten – darüber hinaus kann die Temperatur bis zum Kern lediglich über die Wärmeleitung erhöht werden. Zwischen den drei Induktionsmodulen sind angetriebene Rollen vorgesehen, welche zum einen die Bramme kontinuierlich transportieren und zum anderen einen sicheren Transport durch die Induktoren sicherstellen. Da in diesen Zwischenräumen keine Erwärmung stattfinden kann, entsteht eine Art Sägezahnprofil im Temperaturverlauf. Im Anschluss wird der elektrische widerstandsbeheizte Ofen für die Homogenisierung zwischen Oberflächen- und Kerntemperatur verwendet, sodass optimale Verhältnisse für die ersten beiden Vorwalzgerüste vorliegen.

Nach den Vorwalzgerüsten entstehen Zwischenbänder in einer Dicke von 35-50mm, die in einen weiteren widerstandsbeheizten Tunnelofen transportiert werden, um die Vor- und Fertigwalzgerüste voneinander zu entkoppeln. Vor jeder Walzgerüstgruppe wird ein Zunderwäscher eingesetzt, der mit hohem Wasserdruck die Oberfläche von Zunder befreit. Auf der einen Seite ist dieser Prozess für die Warmbandherstellung unverzichtbar, da durch das Einwalzen von Zunder Fehlstellen erzeugt werden können, auf der anderen Seite wird die Oberflächentemperatur erneut reduziert. Damit die Wärmebilanz vor der Kühlstrecke den Anforderungen entspricht, müssen diese Wärmeverluste vorgehalten werden. Zur Kompensation wird an dieser Stelle ebenfalls eine Induktionsheizung eingesetzt, welche neue Anforderungen erfüllen muss. Die Einzugsgeschwindigkeit des ersten Fertigwalzgerüstes kann beispielhaft 20m/min betragen, wobei die für das Zwischenband eingesetzten Induktoren weiterhin eine Wärmeleistung von ca. 3MW induzieren. Bis auf die geometrischen Abmessungen der Induktoröffnung entsprechen diese Induktionsmodule den oben beschriebenen Einheiten weiter vorn in der Linie. Das Ziel eines Temperaturhubes von 50-100K wird bei dieser Geschwindigkeit mit einer erhöhten Anzahl an Induktionsmodulen, in Summe sechs, realisiert werden. Nach den Fertigwalzgerüsten erfolgt durch eine fein justierbare Kühlstrecke das Abschrecken des Materials und ein abschließendes Haspeln des fertigen Coils.

Induktoraufbau

Bei Warmbandstraßen werden Induktionsheizungen zur Erwärmung von Brammen bzw. Zwischenbändern eingesetzt. Als Erwärmungsprinzip wird ein Längsfeldinduktor verwendet, da dieser bei Banddicken >20mm einen wesentlich besseren elektrischen Wirkungsgrad besitzt als ein Querfeldinduktor. Die beiden Erwärmungsarten unterscheiden sich in der Form ihres Magnetfeldes. Bei einem Längsfeldinduktor verlaufen die Feldlinien in Längsrichtung der Bandoberfläche, während bei einem Querfeldinduktor die Magnetfeldlinien senkrecht zur Bandoberfläche verlaufen. Anlagen mit Querfeldinduktoren werden besonders dann bei Warmbandstraßen eingesetzt, wenn eine gewünschte Kantenerwärmung erfolgen soll, da die Stromdichte in diesen Bereichen besonders hoch ist und die Banddicken überwiegend unter 10mm liegen. Für die CSP® Nexus steht jedoch eine umlaufende, gleichmäßige Erwärmung im Vordergrund, weshalb Längsfeldinduktoren bevorzugt werden.

Eine weitere Herausforderung für den Induktor stellt die Brammengeometrie dar, die durch den Scherenschnitt, durch innere Spannungen und/oder durch eine ungleichmäßige Wärmeverteilung am Brammenkopf oder -schwanz eine Auf- oder Abwärtskrümmung aufweisen kann. Die Übertragung der induktiv erzeugten Wärmeleistung erfolgt kontaktlos. Daher muss das Öffnungsmaß jedes Induktors groß genug gewählt werden, um die Bramme sicher durch den Induktor zu befördern, jedoch klein genug, um den Wirkungsgrad nicht zu beeinträchtigen. Der Luftspalt zwischen der Induktionsspule und dem Walzgut stellt bekanntlich einen Widerstand dar, der sich in Leistungsverlusten bemerkbar macht. Die Technologie der CSP® Nexus ermöglicht nicht nur eine flexible Einstellung der Gießdicke, sondern auch der Gießbreite. Der kundenspezifische Produktmix kann somit vollständig erfüllt werden. Um längere Umrüstzeiten zu vermeiden, werden alle Bandbreiten und -dicken in der Auslegung der Induktorgeometrie berücksichtigt. Dies führt für den Kunden zu sehr hoher Produktivität und Produktqualität.

Im Produktionsprozess des induktiven Erwärmens ist der Induktor weiteren Belastungen ausgesetzt, die mit Hilfe mechanischer, elektrischer und fluidtechnischer Hilfsbaugruppen kompensiert werden können:

Verlustleistung: Aufgrund der wirtschaftlichen Aspekte und der elektrischen Eigenschaften verwendet man meist wassergekühlte Kupferprofile für die Induktionsspule. Die Auslegung dieser Spule ist für den späteren Prozess essenziell wichtig und legt fest, wieviel Leistung in das Werkstück induziert werden kann. Zu diesem Zeitpunkt wird auch die elektrische Verschaltung festgelegt und zwischen Längs- und Querfeld entschieden. Die Querschnitte der Profile müssen in der Form ausgewählt werden, dass die in Wärme übergehenden Verluste von der Wassermenge aufgenommen und weitertransportiert werden können.

Isolation: Die Aufgabe elektrischen Strom zu leiten und gleichzeitig Verluste mit Wasser zu kühlen erfordert eine ausgezeichnete Isolation der Spule, welche durch die SMS Elotherm GmbH sichergestellt wird. Spezielle industrielle Isolationsfolien und Beschichtungen werden verwendet, um den höchsten Standard der Isolation und die damit verbundene Lebensdauer zu realisieren. Im Betrieb erfolgt online eine Isolationsüberwachung, die den Kunden unterstützt, Wartungsintervalle zu planen.

Feldkonzentratoren: Der Einsatz von Magnetfeldkonzentratoren ist bei induktiven Applikationen nicht unüblich. Mit deren Hilfe können streuende magnetische Feldlinien konzentriert auf das Walzgut gelenkt werden. Durch diesen Mechanismus erwärmen sich die Feldkonzentratoren und müssen zeitgleich gekühlt werden. Der elektrische Wirkungsgrad des Induktors kann durch deren Einsatz auf ein Maximum angehoben werde.

Abschirmbleche: Abschirmbleche sind einfache Kupferbleche mit aufgeschweißten wassergekühlten Kupferprofilen, die unerwünschte äußere Streufelder einfangen und andere stromleitende Komponenten, beispielsweise standardisierte ferritische Rollen zwischen den Induktormodulen, vor unerwünschten hohen Erwärmungen schützen. Des Weiteren wird auch die vom Walzgut ausgehende Strahlungswärme durch die Abschirmbleche aufgenommen und gekühlt.

Liner / Schutzzylinder: Der Liner besteht aus einer speziell angefertigten Keramik, welche durch Stahlnadeln verfestigt wird und sich bei thermischer Belastung, ohne zu brechen, ausdehnen kann. Ein weiterer Vorteil ist die glatte Oberfläche, in welche der lösende Zunder von der Bramme nahezu nicht eindringen kann. Bei dem Auftrag JSW Dolvi Works in Indien, bei denen die Produkte besonders breit sind und der Induktor eine Gesamtbreite von ca. 3m besitzt, wird ein besonderes Augenmerk auf die Steifigkeit des Liners gelegt und mit konstruktiven Maßnahmen gesichert.

Zusammenfassend wird der Induktor thermischen, mechanischen und umgebungsbedingten Schmutzbelastungen ausgesetzt und muss demnach regelmäßig gewartet werden. Einfache optische Kontrollen bis hin zum vollständigen Austausch des Liners oder der vollständigen Reparatur bleiben hier nicht aus. Für diese Zwecke können die Induktoren einfach demontiert werden, indem die Wasserschläuche über Schnellkupplungen und der Flansch zwischen Induktor und Kondensatorschrank über Verschraubungen gelöst werden. Fangbolzen und Jumperplatten, die eine einfache Ausrichtung des Induktors ermöglichen, führen zu einer einfachen Montage in weniger als 30 Minuten.

Mit der zunehmenden Elektrifizierung in der Stahlindustrie entsteht bei SMS Elotherm auch die nächste Generation von leistungsstarken Brammeninduktoren vom Typ ELO-SLAB. Nicht nur neue Umrichtertechnik, sondern auch größere Brammenabmessungen verdeutlichen den Trend zur flexiblen elektrischen Erwärmung auch im Bereich der Warmwalzwerke.

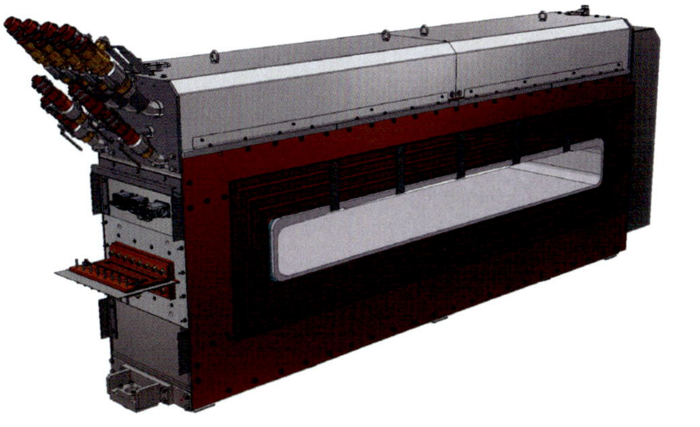

Bild 6: Aufbau eines Induktors zur Erwärmung von Brammen und Zwischenbändern (Quelle: SMS Elotherm GmbH)

Literatur

[1] W. Lenz, B. Kintscher, C. A. Cecere, F. Müller: Elektrifizierung des Vorwärmprozesses vor dem Flachwalzen von Stahlband am Beispiel der CSP® Nexus Anlage für H2 Green Steel, 4. Aachener Ofenbau und Thermoprozess-Kolloquium, 1. Auflage, SCL Verlag GmbH, 2023, 155-160

[2] World Steel Association: Word Steel in Figures, World Steel in Figures 2024 - worldsteel.org

[3] C. Wuppermann, C. Schrade: Strategie zur Dekarbonisierung von Wiedererwärmungs- und Wiederbehandlungsprozessen in der Stahlindustrie, PW, 1(2022)

[4] Rötzer, K.: SMS group liefert Prozesstechnologie für das erste klimaneutrale Stahlwerk weltweit, Pressemitteilung, SMS group GmbH, 17.10.2022, https://www.sms-group.com/de-de/presse-und-medien/pressemitteilungen/pressemitteilungen-detail/sms-group-liefert-prozesstechnologie-fuer-das-erste-klimaneutrale-stahlwerk-weltweit, [abgerufen August 2023]

Autoren

M. Sc. Michael Dawidowicz
SMS Elotherm GmbH
m.dawidowicz@sms-elotherm.com
+49 2191 891-215

Dr.-Ing. Markus Langejürgen
SMS Elotherm GmbH
m.langejuergen@sms-elotherm.com
+49 2191 891-218

M. Sc. Alexander Levish
SMS group GmbH
alexander.levish@sms-group.com
+49 1629 030 343

Dipl. Ing. Cosimo Andrea Cecere
SMS group GmbH
cosimo.cecere@sms-group.com
+49 1511 7148 145

Technisch-ökonomisches Potenzial flexibler Industrieprozesse im Kontext der Energiewende

Felix Kaiser, Dr.-Ing. Christian Schwotzer, Prof. Dr.-Ing. Herbert Pfeifer

Für eine erfolgreiche Dekarbonisierung industrieller Prozesse müssen wärmetechnische Anlagen und Produktionsketten für den Betrieb mit Strom aus erneuerbaren Energien oder anderen zukünftig verfügbaren, CO_2-armen Energieträgern ausgelegt werden. Dies beinhaltet auch die Möglichkeit, auf volatile Bedingungen am Energiemarkt flexibel reagieren zu können. Gleichzeitig müssen aber auch Energie- und Anlagenverfügbarkeit, Produktqualität sowie Wirtschaftlichkeit gewährleistet bleiben. Im Rahmen einer Parameterstudie beschreibt dieser Beitrag das Potenzial flexibler Industrieprozesse zur Dekarbonisierung der Prozesswärmeerzeugung unter Berücksichtigung technischer, ökologischer und ökonomischer Aspekte am Beispiel einer generischen Prozesskette aus der Aluminiumindustrie. Es stehen insbesondere die Energie- und Ressourceneffizienz sowie die Energiekosten im Fokus der Betrachtungen. Dabei werden die Möglichkeiten einer Flexibilisierung der Energieverwendung qualitativ untersucht und die Entwicklungen im Energiesystem berücksichtigt.

Einleitung

Vor dem Hintergrund der Energiewende stellt der größer werdende Anteil an erneuerbaren Energien die Industrie vor zunehmende Herausforderungen. Bis zum Jahr 2030 sollen ein Anteil von 80 % erneuerbaren Stroms am Gesamtstromverbrauch in Deutschland und die Unabhängigkeit von fossilen Energieimporten, wie Brenn-, Kraft- und Heizstoffen, gewährleistet werden. Jedoch zeichnen sich erneuerbare Energien durch starke Schwankungen in Bezug auf die i. d. R. wetterbedingte Verfügbarkeit (Volatilität) aus. Die Volatilität der Stromverfügbarkeit wirkt sich auch auf die Strompreise aus, wodurch sich unterschiedliche wirtschaftliche Szenarien ergeben. [47, 18]

In diesem Beitrag soll an einem vereinfachten, exemplarischen Beispiel aus der Aluminiumindustrie die energetische Flexibilität der Prozessaggregate im Zusammenspiel mit den Gegebenheiten am Energiemarkt untersucht werden. Dazu wird die Anlagenbelegung der Prozesse Schmelzen und Homogenisieren entlang einer Prozesskette anhand der Energieträgerpreisentwicklung unter Verwendung der jeweiligen energetischen Leistungskurven wirtschaftlich optimiert. Hierbei werden ebenfalls der Unterschied zwischen Erdgas und Strom als verwendetem Energieträger sowie die wirtschaftlichen Konsequenzen aus einem Energieträgerwechsel aufgezeigt. Das Prinzip und Potenzial der flexiblen, an den Energiemarkt angepassten Produktionsplanung wird dabei demonstriert.

Stand der Technik und Untersuchungsgegenstand

Die betrachtete exemplarische Prozesskette der Sekundäraluminiumverarbeitung besteht aus den Prozessschritten Schmelzen und Homogenisieren und beschreibt einen Auszug aus der Produktion von Knetlegierungen, also die Verarbeitung zu Walz- und Pressprodukten. In den Schmelzöfen, welche mit einer Mischung aus Hüttenaluminium, neuen und alten Schrotten sowie den erforderlichen Legierungszusätzen beschickt werden, erfolgt eine Erwärmung auf Temperaturen von 720 bis 750 °C. Als Schmelzaggregate werden vor allem regenerativ oder rekuperativ gasbeheizte Ein- oder Zweikammerherdöfen mit einem thermischen Energiebedarf von 575 bis 1.222 $kWh_{th}/t_{Al,Output}$ verwendet. [9, 18]

Das Fassungsvermögen der Schmelzöfen kann bis zu 200 t betragen. Der Ein- oder Zweikammerherdofen wird zum Schmelzen von Aluminium vor dem anschließenden Halbzeuggießen üblicherweise mit Erdgasbrennern beheizt. Mit dem Induktionstiegelofen oder dem Induktionsrinnenofen existieren auch vollständig elektrifizierte Anlagen. [13, 18]

Die zu walzenden rechteckigen Barren werden in externen Gießereien oder je nach Größe des Werkes auch im Walzwerk selbst gegossen. Die gegossenen Pressbolzen und Walzbarren können im Anschluss homogenisiert und in den nachfolgenden Prozessschritten im Walzwerk weiterverarbeitet werden [9, 13, 7].

Das Homogenisieren findet i. d. R. oberhalb der Walztemperatur statt, welche je nach Legierung bei 500 bis 600 °C liegt. Das Homogenisieren/Erwärmen findet üblicherweise in Tief-, Kammer- und Stoßöfen statt. Der Energiebedarf zum Homogenisieren beträgt im Durchschnitt 200 bis 300 $kWh/t_{Al,Output}$ und zum Erwärmen 180 bis 255 kWh/t_{Al}, wobei Barrentemperatur, Haltezeit und Ofenraumausnutzung die entscheidenden Parameter sind [11, 7]. Die Anlagen zum Homogenisieren sind nach dem Stand der Technik erdgasbeheizt. Elektrische Beheizungskonzepte bilden, aufgrund der meist hohen Energiekosten, die Ausnahme. [7, 8, 11]

Während bei den Schmelzöfen in der Aluminiumindustrie bereits einige elektrifizierte Varianten existieren, werden diese bei den Wiedererwärmungs- und Wärmebehandlungsöfen nur vereinzelt eingesetzt. Beheizungssysteme mit elektrischen Widerstandsheizelementen werden bereits angeboten [10]. Darüber hinaus existieren Lösungen mit induktiven Erwärmungskonzepten [14].

Sowohl der Schmelz- als auch der Homogenisierungsofen werden in dem vorgestellten Fallbeispiel diskontinuierlich betrieben, wodurch eine Verschiebung der Prozesszyklen möglich ist. Für das Schmelzaggregat wird eine Kapazität von 25 t und für den Homogenisierungsofen eine Kapazität von 40 t angenommen. Für die späteren Analysen sind besonders genaue Kenntnisse über die spezifischen Leistungskurven der betrachteten Prozesse notwendig. **Bild 1** und **Bild 2** zeigen zwei Leistungskurven für die gewählten Prozessschritte aus der Literatur [15, 6].

Die Leistungskurven geben den relativen Verlauf der Brennerleistung an. In den späteren Berechnungen wird vereinfacht angenommen, dass diese Leistungskurven auch für den jeweils elektrischen Fall gelten. In vertiefenden Analysen sollte dies jedoch angepasst werden. Dieser wird auf Basis des spezifischen Energiebedarfs in zeitlich aufgelöste Leistungskurven umgerechnet. Für die späteren Berechnungen wird vereinfacht eine stündliche Zeitauflösung gewählt (in den Abbildungen gestrichelt gekennzeichnet). In **Tabelle 1** ist die mittlere Leistung für die einzelnen Zeitschritte für die betrachteten Prozesse angegeben.

Energiemarktszenarien

Für die spätere wirtschaftliche Analyse werden die verwendeten Szenarien am Energiemarkt hinsichtlich Energieträgerpreisen näher erläutert. Dabei werden jeweils Spotmarktpreise (kurzfristiger Handel) betrachtet. Je nach Betrachtungszeitraum ergeben sich unterschiedliche Preisszenarien. In diesem Fallbeispiel werden die Preise am Energiemarkt für zwei verschiedenen Wochen, die in unterschiedlichen Jahreszeiten liegen, verwendet.

Der Strompreis am Spotmarkt wird stündlich aktualisiert und variiert stark. Der Handel fokussiert sich dabei auf kurzfristig lieferbare Mengen, welche entweder am nächsten oder noch am Tag des Kaufs bereit gestellt werden [12]. Die Erdgaspreise aus dem Spotmarkthandel variieren dagegen lediglich alle 24 Stunden geringfügig. Der kurzfristige Handel agiert hier zudem langsamer als der Spotmarkthandel mit Strom. Generell ergeben sich beim Spotmarkthandel von Erdgas keine ausgeprägten Preisschwankungen innerhalb der jeweiligen Betrachtungszeiträume. [1, 3, 16]

In den nachfolgenden Betrachtungen wird für den Strompreis der Spotmarktpreis an der Strombörse EPEX betrachtet.

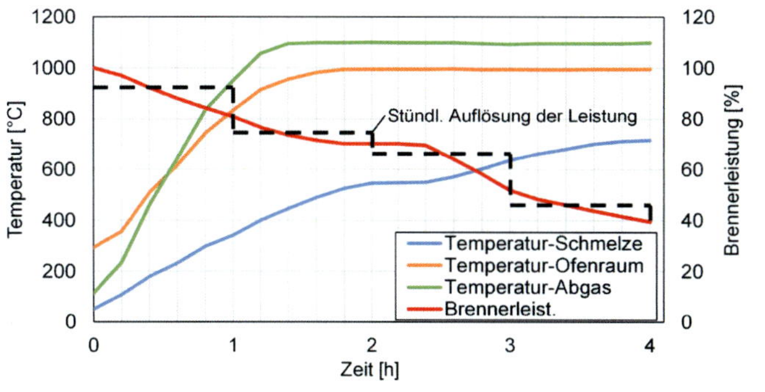

Bild 1: Leistungs- und Temperaturkurven für das Einschmelzen nach [15]

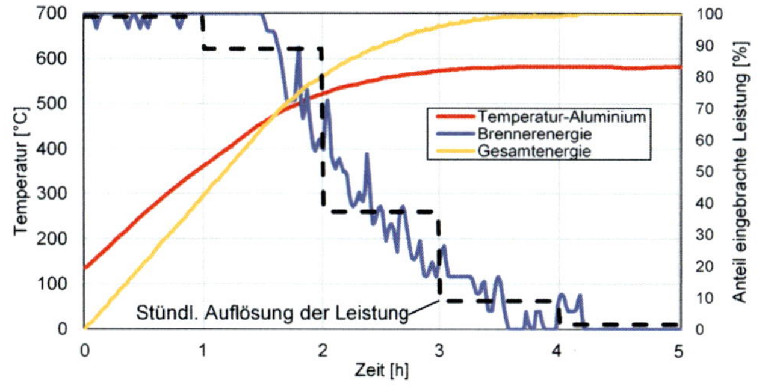

Bild 2: Leistungs- und Temperaturkurven für das Homogenisieren nach [6]

Die Daten für den Gaspreis basieren auf dem Spotmarktpreis der European Energy Exchange AG (EEX) [1]. Diese Preise stellen dabei Großhandelspreise dar, d. h., sie entsprechen dem reinen Beschaffungspreis der Strommenge. Der Börsenpreis entspricht dabei i. d. R. den variablen Kosten der teuersten Erzeugungsanlage im Mix. Der Großhandelspreis unterscheidet sich zu dem Preis, welchen der Endverbraucher zahlt, in Höhe der verbraucherspezifischen Steuern, Umlagen und Abgaben. Für industrielle Verbraucher beträgt dieser Anteil seit dem Wegfall der EEG-Umlage durchschnittlich 1,25 – 3,7 ct/kWh, je nach jährlicher Abnahmemenge. Dieser Preisanteil wird jedoch nicht in die späteren Betrachtungen miteinbezogen. [4, 3]

Als Betrachtungszeiträume für die Preisszenarien wurden je eine Woche aus dem Winter 2023 und eine Woche aus dem Sommer 2023 ausgewählt. Die Verläufe der Gas- und Strompreise sind in **Bild 3** dargestellt. [1]

Der Strompreis variiert in beiden Wochen stark und schwankt zwischen 0 und 19,5 ct/kWh. Die niedrigsten Preise werden meist erreicht, wenn erneuerbare Energiequellen einen hohen Anteil im Strommix einnehmen und die Stromproduktion höher als der Stromverbrauch ist. Der durchschnittliche Strompreis liegt in der Januarwoche bei 10,2 ct/kWh und in der Juniwoche bei 10,8 ct/kWh. [1]

Tabelle 1: Leistungsabnahmen der Aggregate für spätere Berechnung

Zeitraum [h]	Leistungsabnahme Schmelzen [MW]	Leistungsabnahme Homogenisieren [MW]
t = 0 bis t = 1	5,88	3,36
t = 1 bis t = 2	4,75	3,01
t = 2 bis t = 3	4,23	1,26
t = 3 bis t = 4	2,95	0,3
t = 4 bis t = 5	2,52	0,05
t = 5 bis t = 6	-	0

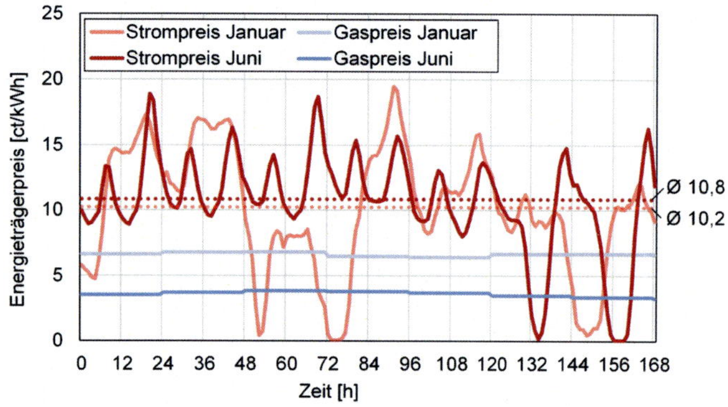

Bild 3: Verlauf der Großhandelspreise von Strom und Gas in den ausgewählten Wochen [1, 2]

Der Gaspreis schwankt ebenfalls in beiden Betrachtungszeiträumen, allerdings weniger stark. Das Durchschnittsniveau liegt bei 6,7 ct/kWh in der Januarwoche und bei 3,6 ct/kWh in der Sommerwoche [2]. Somit liegt der Strompreis in den meisten Fällen über dem Gaspreis. Es ergeben sich jedoch auch Zeitfenster, in denen der Gaspreis über dem Strompreis liegt. [2, 1]

In der späteren Kostenbetrachtung werden zusätzlich zu den Energieträgerpreisen die Kosten durch die entstehenden Emissionen durch entsprechende Emissionshandelspreise miteinbezogen. Hierbei werden lediglich Scope 1-Emissionen an der Anlage berücksichtigt. Diese entsprechen den Emissionen, für welche der Anlagenbetreiber gegebenenfalls selbst Emissionshandelszertifikate erwerben muss. Beim Strom werden diese Kosten über den Preis des Versorgers weitergegeben. Es wird angenommen, dass die Anlagenbetreiber in dem später betrachteten Beispiel zur Teilnahme am europäischen Emissionshandel verpflichtet sind. Dadurch erfahren Sie keine Doppelbelastung in Form von zusätzlich erhöhten Gaspreisen aus dem nationalen Emissionshandel. Die Gaslieferanten können bei Verkäufen an Abnehmer, welche EU-Emissionszertifikate erworben haben, ihre Verpflichtungen entsprechend reduzieren und müssen nicht zusätzliche Zertifikate aus dem nationalen Handel für ihre fossilen Energieträger erwerben, wie dies ansonsten der Fall wäre. [5]

Die Kosten für Emissionshandelszertifikate an der European Energy Exchange (EEX) schwanken, ähnlich wie der Strompreis, kontinuierlich. 2023 lag der Preis nach aktuellem Stand durchschnittlich bei 86,51 €/tCO_2. In den späteren Betrachtungen wird für beide Wochen dieser konstante Preis verwendet, da diese Zertifikate meist für einen langen Zeitraum im Vorraus erworben werden und tägliche Preisschwankungen daher für das betreffende Unternehmen selten eine Rolle spielen. [4]

Methodik und Szenarien

Für die Preisverläufe soll nun ein preisoptimaler Anlagenbelegungsplan gefunden werden, welcher die niedrigsten Gesamtenergiekosten für die betrachtete Woche zur Folge hat. Die Berechnung erfolgt dabei pro Stunde, entsprechend der Aktualisierungsrate des Stromspotmarktpreises. Somit ergeben sich für den betrachteten Zeitraum von einer Woche 168 Zeitschritte.

Für das Berechnungsproblem wird eine Zielfunktion aufgestellt, für welche anschließend maschinell durch Festlegung von Variablenwerten und unter Einhaltung der Nebenbedingungen ein optimaler Wert bestimmt wird. Die Bestimmung der optimalen Anlagenbellegung findet dabei über die GRG-Nichtlinear Methode mit Multistart des Excel Solvers statt.

Die Zielfunktion stellt für das Problem die durch die Nutzung der Energieträger verursachten Gesamtkosten dar. Diese setzen sich zusammen aus den Energieträgerpreisen und, im Falle der Verwendung von Erdgas, den Emissionshandelskosten. Diese Zielfunktion soll minimiert werden:

$$min \sum_{t=0}^{t=168} E_{Gas}(t) \cdot c_{Gas}(t) + E_{Strom}(t) \cdot c_{Strom}(t) + E_{Gas}(t) \cdot \gamma_{Gas} \cdot c_{\gamma}$$

$E_{Gas/Strom}(t)$: *Leistungsabn. pro Energieträger zum Zeitpunkt t* $\quad \forall t = 0 \dots 168$

$c_{Gas/Strom}(t)$: *Energieträgerpreis zum Zeitpunkt t* $\quad \forall t = 0 \dots 168$

c_{γ}: *Emissionszertifikatpreis*

γ_{Gas}: *Emissionsfaktor Erdgas*

Einschränkend dafür werden nachfolgend die festgelegten Nebenbedingungen erläutert. Die Variablen, anhand welcher das Modell optimiert wird, sind die möglichen Startzeitpunkte für Lastzyklen an den betrachteten Anlagen der Prozesskette. Wird ein Zeitpunkt als Startzeitpunkt gewählt, werden ab diesem Zeitpunkt für die nächsten Zeitschritte (entsprechend der anlagenspezifischen Prozessdauer) Energiebedarfe an Anlage entsprechend der Prozesslastkurve festgelegt. Der nächste Startzeitpunkt kann dabei nur im Mindestabstand der jeweiligen anlagenspezifischen Prozessdauer erfolgen, also erst wenn ein Zyklus vollkommen durchgeführt wurde. Zusätzlich kann kein Zyklus mehr am Ende des Betrachtungszeitraums gestartet werden, wenn dieser in der verbleibenden Zeit nicht mehr vollständig durchgeführt werden könnte. Als letzte zeitliche Nebenbedingung wird festgelegt, dass der erste Homogenisierungszyklus erst starten kann, wenn der erste Schmelzzyklus abgeschlossen ist. Die Restriktionen für die Startzeitpunkte sind in den folgenden Gleichungen zusammengefasst:

$$\sum_{t}^{t+d_i} s_{t,i} = 1; \sum_{t=168-d_i}^{t=168} s_{t,i} = 0; \sum_{t=0}^{t=0+d_1} s_{t,2} = 0; \qquad \forall i = 1{,}2;\ \forall t = 1 \dots 168$$

$s_{t,i}$: $= 1$, *wenn Zeitpunkt t für Anlage i ein Zyklusstart ist; Ansonsten* $= 0$

d_i: *Dauer eines Zyklus von Anlage i* ($i = 1$: *Schmelzen*; $i = 2$: *Homogenisieren*)

Es muss eine minimale Anlagenauslastung festgelegt werden, welche innerhalb der Woche durch den Belegungsplan erfüllt

Tabelle 2: Übersicht der berechneten Szenariokombinationen

Technologie-Preisszenario	Preisszenario Januar	Preisszenario Juni
Schmelzen: fossil / Homogenisieren: fossil	Szenario 1.1	Szenario 1.2
Schmelzen: fossil / Homogenisieren: elektr.	Szenario 2.1	Szenario 2.2
Schmelzen: elektr. / Homogenisieren: elektr.	Szenario 3.1	Szenario 3.2

werden muss. Das Schmelzen hat in dieser beispielhaften Prozesskette die geringere Chargenkapazität bei einer ähnlichen Prozessdauer wie das Homogenisieren. Somit stellt sie das Bottleneck der Kette dar und soll möglichst vollständig ausgelastet werden. Es wird bestimmt, dass die Anlagenauslastung der Schmelze bei 90 % liegen soll, d. h., im Betrachtungszeitraum werden 37 von maximal möglichen 42 Ofenreisen durchlaufen.

Nun wird die Anlagenbelegung der Prozesskette in verschiedenen Szenarien möglichst kostenoptimal geplant. Zunächst wird der Fall optimiert, in dem sowohl das Schmelzaggregat als auch die Homogenisierung durch Erdgasbrenner beheizt werden. Anschließend wird eine zweite Variante der Prozesskette optimiert, in der der Homogenisierungsofen auf eine elektrische Widerstandsbeheizung umgestellt wird. Dabei werden die Leistungskurven der Öfen unababhängig von der Beheizungstechnolgie im Rahmen diesem Fallbeispiel vereinfacht als konstant angenommen. Als dritte Variante wird eine vollständige Elektrifizierung beider Öfen betrachtet. In allen Prozesskettenvarianten wird jeweils eine Rechnung für die Januar- und eine für die Juniwoche mit unterschiedlichen Preisszenarien durchgeführt. In **Tabelle 2** ist eine Übersicht der Szenarien dargestellt.

Ergebnisse

In **Bild 4** sind die Leistungskurven der verschiedenen Szenariokombinationen, welche aus den optimierten Anlagenbelegungsplänen resultieren, dargestellt. In **Tabelle 3** sind die Gesamtkosten pro Woche aufgeführt, welche aus der Energieträgernutzung in den einzelnen Szenariokombinationen resultieren.

In den vollständig fossil beheizten Fällen werden die Zeiträume in der Woche mit den höchsten Erdgaspreisen für den Betrieb vermieden, jeweils unter Einhaltung der Auslastungsvorgabe. Aufgrund der ansonsten geringen Preisschwankungen des Erdgases besteht wenig Optimierungspotenzial. Beim Vergleich der beiden Preisszenarien wird allerdings der Einfluss der hohen Gaspreise im Januar verglichen mit dem Juni deutlich.

Im hybriden Fall ist zu erkennen, dass, aufgrund der höheren Kapazität und des dadurch bedingten Potenzials zur Lastverschiebung des Homogenisierungsofens, verglichen mit dem Schmelzofen die Spitzenstrompreise vermieden werden können und sich die Zyklen besonders auf die Niedrigpreiszonen konzentrieren. Im Januarszenario können die Kosten durch die hybride Fahrweise um 0,3 % reduziert werden. Dies ist allerdings auch auf die zu diesem Zeitpunkt verhältnismäßig hohen Gaspreise zurückzuführen. Im Juniszenario erhöhen sich die Kosten durch die hybride Fahrweise um 20,3 %, da hier der Unterschied zwischen Strom- und Erdgaspreis nochmal größer ist als im Januarszenario.

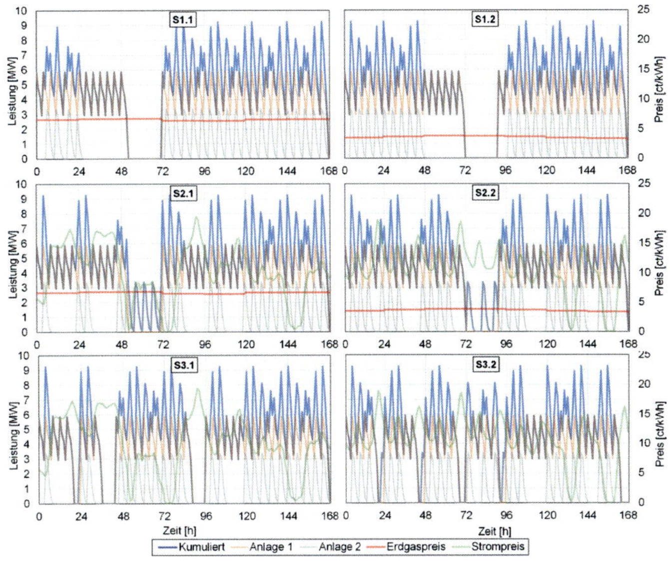

Bild 4: Optimierte Leistungskurven in den verschiedenen Szenarien

Die vollelektrische Prozesskette führt in beiden Preisszenarien zu einer Preissteigerung, welche im Januar jedoch deutlich geringer ausfällt. Auch hier sind vor allem die hohen Gaspreise als Grund zu nennen.

Bei den aktuellen, durchschnittlichen Preisniveaus von Erdgas und Strom ist aktuell keine Kostenersparnis durch eine Teilelektrifizierung möglich. Eine Veränderung des Strompreisniveaus durch den Ausbau erneuerbarer Energieerzeuger in Zukunft ist jedoch nicht auszuschließen, da in Phasen des Überschussws von grünem Strom bereits aktuell sehr niedrige Preise auftreten. Außerdem ist mit einer Erhöhung der CO_2-Emissionszertifikatspreise in Zukunft zu rechnen, was ebenfalls Einfluss auf den Vergleich der Szenarien nehmen könnte [17].

Das verwendete Optimierungsmodell kann ebenfalls noch weiter verbessert werden. Mit einem stärkeren Fokus auf der Glättung der kumulierten Energiekurve durch zeitlichen Versatz der verschiedenen Anlagenzyklen könnten weitere Kosten eingespart werden.

Zusammenfassung

Im Rahmen dieses Beitrags sollte die Möglichkeit der Kosteneinsparung durch eine an die flexiblen Energieträger-

Tabelle 3: Gesamt- und spezifische Kosten der jeweiligen Szenarien

Technologie-Preisszenario	Energieträgerkosten Januar, Preisszenario	Energieträgerkosten Juni, Preisszenario
Schmelzen: fossil / Homogenisieren: fossil	69,9 Tsd. € (75,6 €/t)	44,9 Tsd. € (48,5 €/t)
Schmelzen: fossil / Homogenisieren: elektr.	69,7 Tsd. € (-0,3 %*) (75,3 €/t)	54,0 Tsd. € (+20,3 %*) (58,4 €/t)
Schmelzen: elektr. / Homogenisieren: elektr.	76,0 Tsd. € (+8,6 %*) (82,1 €/t)	85,3 Tsd. € (+89,9 %*) (92,2 €/t)

*Veränderung gegenüber fossilem Szenario

preise angepasste Produktionsplanung untersucht werden. Dabei wurde gezeigt, dass das durchschnittliche Verhältnis von Strom- und Erdgaspreisen aktuell meist keine Kosteneinsparungen durch eine Teilelektrifizierung der Prozesskette und das Ausnutzen von Niedrigpreiszeiten auf dem Strommarkt ermöglicht. Lediglich im Preisszenario, welches die erhöhten Gaspreise des Winters 2022/2023 abbildet, könnten durch die Teilelektrifizierung und optimierte Fahrweise Kosten gegenüber einer vollständig gasbeheizten Kette eingespart werden.

Die Berechnungen fanden dabei unter mehreren Vereinfachungen statt. Zunächst wurde angenommen, dass die gasbasierte und die elektrische Beheizung hinsichtlich Energiebedarf, Durchsatz und Lastkurve identisch sind. Die Berechnungen wurden dabei lediglich stündlich aufgelöst. Außerdem wurden Anforderungen an eine Mindestauslastung der Kette gestellt. Diese Parameter sollten in vertiefenden Arbeiten verstärkt untersucht werden.

Für den Strommix ist in Zukunft ein weitreichender Umbau geplant. Dieser und die Entwicklung der Emissionszertifikatspreise könnten sich in Zukunft auf die hier gezeigten Ergebnisse auswirken. Neben dem wirtschaftlichen Aspekt ist auch zu beachten, dass durch die Verwendung von grünem Strom in diesen Szenarien Emissionen gegenüber der Verwendung von Erdgas eingespart werden können. Dieser Aspekt sollte ebenfalls bei zukünftigen Arbeiten verstärkt in die Optimierung mit einbezogen werden.

Literatur

[1] Agora Energiewende: Agorameter. Strompreis, Stromerzeugung und Stromverbrauch. Online, [https://www.agora-energiewende.de/service/agorameter/chart/power_generation_price/02.01.2023/08.01.2023/today/], zuletzt abgerufen am 29.08.23

[2] Bundesnetzagentur: Aktuelle Lage Gasversorgung. Gaspreise. Online, [https://www.bundesnetzagentur.de/DE/Gasversorgung/aktuelle_gasversorgung/_svg/Gaspreise/Gaspreise.html], zuletzt abgerufen am 22.08.23

[3] Bundesnetzagentur: Großhandelspreise. Hrsg. v. Bundesnetzagentur, SMARD Strommarktdaten, online, [https://www.smard.de/page/home/wiki-article/446/562], zuletzt abgerufen am 29.08.2023

[4] Bundesverband der Energie- und Wasserwirtschaft e.V. (BDEW).: BDEW-Strompreisanalyse Juli 2023. Online, [https://www.bdew.de/service/daten-und-grafiken/]

[5] Deutsche Emissionshandelsstelle (DEHSt) im Umweltbundesamt: Nationalen Emissionshandel verstehen. Hrsg. v. Deutsche Emissionshandelsstelle (DEHSt) im Umweltbundesamt, online, [https://www.dehst.de/DE/Nationaler-Emissionshandel/nEHS-verstehen/nehs-verstehen_node.html], zuletzt abgerufen am 29.08.2023

[6] Diop, M. A.; Xiaomeng, C.; Hassan, M.·I.: Billets Heat Treatment using Flue Gas for Energy Efficiency and Batching Cycle Time Reduction. In: Energy Procedia (2017), S. 3.377–3.383

[7] Drossel, G. et al.: Aluminium-Taschenbuch 2. 17. Auflage, Beuth Verlag GmbH, Berlin; Wien; Zürich, 2018

[8] Gesamtverband der Aluminiumindustrie e.V.: Aluminium encyclopaedia Online, [http://www.aluinfo.de/aluminium-encyclopaedia.html], zuletzt abgerufen am 01.03.2022

[9] Joint Research Centre (European Commission); Cusano, G.; Gonzalo, M. R.; Farrell, F.; Remus, R.; Roudier, S.; Delgado, L.: Best Available Techniques (BAT) Reference Document for the main Non-Ferrous Metals Industries. EUR 28648 EN, Publications Office of the European Union, 2017

[10] Kanthal GmbH: Aluminium Slab Heating Before Rolling. Online, [https://www.kanthal.com/en/case-stories/aluminium-slab-heating-before-rolling/], zuletzt abgerufen am 30.08.2023

[11] Menzler, D.: Kammeröfen für Flachprodukte. In: Pfeifer, H., Beneke, F., Nacke, Bernard (Hrsg.): Praxishandbuch Thermoprozesstechnik Band II, 2. Aufl. (Online-Ausg.), Vulkan-Verlag, Essen, 2011

[12] Next Kraftwerke: Was ist ein Spotmarkt? Next Kraftwerke GmbH, online, [https://www.next-kraftwerke.de/wissen/spotmarkt-epex-spot], zuletzt abgerufen am 28.08.2023

[13] Pfeifer, H.; Beneke, F.; Nacke, B. (Hrsg.): Praxishandbuch Thermoprozesstechnik Band II. 2. Aufl (Online-Ausg.), Vulkan-Verlag, Essen, 2011

[14] Rudnev, V.; Loveless, D.; Cook, R. L.: Handbook of Induction Heating. 2. Aufl., CRC Press Taylor & Francis Group, 2017

[15] Schmitz, C. (Hrsg.): Handbook of aluminium recycling. Fundamentals, mechanical preparation, metallurgical processing, plant design. Vulkan-Verlag, Essen, 2006

[16] Schnorr, S.: Energiebeschaffung in Industrieunternehmen. Erfolgreiches Agieren am Energiemarkt. Springer Gabler, Wiesbaden; Heidelberg, 2019

[17] THEMA Consulting Group: Rekordpreise für CO_2-Zertifikate: Ist der europäische Emissionshandel wirklich Fit-for-55? Hrsg. v. THEMA Consulting Group, online, [https://thema.no/thema-insight-de/rekordpreise-fuer-co2-zertifikate-ist-der-europaeische-emissionshandel-wirklich-fit-for-55/?], zuletzt abgerufen am 30.08.2023

[18] Valder, G.: Ein- und Zweikammerherdöfen. In: Pfeifer, H., Beneke, F., Nacke, B. (Hrsg.): Praxishandbuch Thermoprozesstechnik Band II. 2. Aufl (Online-Ausg.), Vulkan-Verlag, Essen, 2011, S. 146–156

Autoren

Felix Kaiser, M.Sc.
Institut für Industrieofenbau und Wärmetechnik
RWTH Aachen University
kaiser@iob.rwth-aachen.de

Dr.-Ing. Christian Schwotzer
Institut für Industrieofenbau und Wärmetechnik
RWTH Aachen University
schwotzer@iob.rwth-aachen.de

Prof. Dr.-Ing. Herbert Pfeifer
Institut für Industrieofenbau und Wärmetechnik
RWTH Aachen University
pfeifer@iob.rwth-aachen.de

Zuerst erschienen in: Kaiser, F.; Schwotzer, C.; Pfeifer, H.: Technisch-ökonomisches Potential flexibler Industrieprozesse im Kontext der Energiewende: Parameterstudie für ein Beispiel aus der Metallindustrie. 4. Aachener Ofenbau- und Thermoprozess-Kolloquium , 17.-18. Oktober 2023, Aachen, S. 169-179

Hybrid Heating in der Kaltwalzindustrie

Anke Üffing

Technologisch ist die Transformation der Prozesswärme längst gesetzt. Doch steigende CO_2-Kosten und weitere politische Fehlentscheidungen gefährden die Existenz der stahlverarbeitenden Industrie. Die Fachvereinigung Kaltwalzwerke e.V. vertritt die Interessen der deutschen Hersteller kaltgewalzter Bandstähle, die überwiegend nicht an die Hüttenwerke der Stahlindustrie angeschlossen sind. Als Fachverband der Stahl verarbeitenden Industrie ist die Fachvereinigung gemeinsam mit anderen Branchen der Stahlverarbeitung im Wirtschaftsverband Stahl und Metallverarbeitung (WSM) organisiert. Ende 2023 haben sich 13 Verbände mit insgesamt 5.000 Mitgliedsunternehmen in der Kampagne Wir. Formen. Fortschritt. zusammengeschlossen, um die Politik auf die Bedeutung der Stahl- und Metallverarbeitung für die Transformation der Industrie aufmerksam zu machen.

Mehr denn je legt die Politik der Industrie Steine in den ohnehin beschwerlichen Weg zur Klimaneutralität. Dauerhaft hohe Strom- und Erdgaspreise überfordern die Unternehmen und können nur begrenzt durch weitere Effizienzmaßnahmen kompensiert werden. Zusätzliche Belastungen bringen steigende CO_2-Kosten.

Entlastungsmaßnahmen der Politik werden von steigenden CO_2-Kosten eingeholt

Für eine klimaneutrale Produktion kaltgewalzter Stähle wird insbesondere die erdgasbetriebene Wärmebehandlung langfristig elektrifiziert oder auf grünen Wasserstoff umgestellt werden müssen.

Wie viele andere Branchen werden auch die Unternehmen der Kaltwalzindustrie bis zum vollständigen Ausbau und der Anbindung von und an die Wasserstofferzeugung und -infrastruktur auf den Bezug von bezahlbarem Erdgas angewiesen sein.

Der Ukraine-Krieg hat zu einem dauerhaften Anstieg der Preise für Erdgas geführt; eine Rückkehr zur günstigen Versorgung mit russischem Gas ist nicht absehbar. Dennoch hat die Bundesregierung 2024 den für billiges russisches Erdgas beschlossenen Preispfad von 45 Euro/t CO_2 im nationalen Emissionshandel wieder eingesetzt. Die im nationalen Emissionshandel mit der Carbon-Leakage-Verordnung (BECV) im Brennstoffemissionshandelsgesetz (BEHG) eingeführten Teilentlastungen entfallen mit der Überführung in den sogenannten EU-ETS 2, der momentan weder eine kostenfreie Zuteilung von Zertifikaten noch andere Entlastungen vorsieht. Ein wirksamer Schutz vor Carbon-Leakage muss erst noch geschaffen werden.

Neben den Kosten der Transformation droht den Unternehmen der Stahl verarbeitenden Industrie spätestens mit der von der Europäischen Kommission ab 2025 erwarteten Verknappung von Emissionszertifikaten und dem sukzessiven Anstieg der CO_2-Preise im EU-ETS 1 darüber hinaus eine erhebliche Verteuerung des Vormaterials. Mit dem Auslaufen der Subventionsära und der kostenfreien Zuteilung von Emissionszertifikaten sind bereits heute erste Teuerungseffekte festzustellen.

Eine Kompensation der steigenden CO_2-Kosten durch wettbewerbsfähige Strompreise wäre auch für die Stahlverarbeiter vonnöten. Doch mit dem Strompreispaket der Bundesregierung wird die Stromsteuer zwar auf den europäischen Mindestsatz abgesenkt, von der Strompreiskompensation hingegen können derzeit nur wenige Sektoren profitieren. Zusätzliche Kosten hingegen bringt der aufgrund der Haushaltskrise ausgesetzte Zuschuss aus dem Bundeshaushalt, der bereits in diesem Jahr zu einem deutlichen Anstieg der Netzentgelte führt.

Nicht zuletzt hat auch Bundesverkehrsminister Wissing trotz der in Deutschland im internationalen Vergleich bereits ungewöhnlich hohen Steuerlast die den Mitgliedsstaaten von der Europäischen Kommission überlassenen Spielräume für die Bemessung des CO_2-Preises als neues Tarifmerkmal der Lkw-Maut voll ausgeschöpft.

Mit dem Transportaufkommen eines mittelständischen Stahlverarbeiters wird die geringfügige Entlastung aus der Stromsteuer von der im Dezember 2023 im Jahresverlauf zum zweiten Mal erhöhten Lkw-Maut etwa um das Sechs- bis Siebenfache übertroffen.

Die Auswirkungen des CBAM

Der europäische CO_2-Grenzausgleichsmechnismus (CBAM) bringt aufgrund des eingeschränkten Anwendungsbereichs und eines fehlenden Ausgleichs für Exporte keinen wirksamen Schutz vor Carbon-Leakage.

Auch auf Drängen der Industrie hat die Europäische Kommission mit der am 17. Mai 2023 in Kraft getretenen CBAM-Verordnung einen CO_2-Grenzausgleichsmechanismus für die CO_2-Kosten aus dem europäischen Emissionshandel geschaffen. Doch der CBAM ist konzeptionell gefährlich defizitär.

Trotz der für 2027 geplanten Erweiterung des Europäischen Emissionshandelssystems bleibt der Anwendungsbereich perspektivisch so weit eingeschränkt, dass mit einem weiteren Anstieg der CO_2-Kosten eine Umgehung durch die Einfuhr von Fertigteilen oder -produkten und die Abwanderung der gesamten Wertschöpfung zu einem realistischen und immer bedrohlicheren Szenario wird.

Auch ein CO_2-Ausgleich für Exporte fehlt und ist mit dem derzeitigen Konzept des CBAM WTO-rechtlich nicht vereinbar. Sowohl die Absätze auf dem Binnenmarkt als auch die direkten und indirekten Exporte der stahlverarbeitenden Industrie sind mit einem Anstieg der CO_2-Kosten daher unmittelbar gefährdet.

Zu dieser Einschätzung kommt unter anderem auch eine aktuelle Studie der Klimaschutzorganisation Sandbag.

Tatsächlich hatten große Abnehmer aus der Automobilindustrie öffentlich angekündigt, auf mögliche Standortnachteile keine Rücksicht nehmen zu wollen. Große 1-Tier-Zulieferer verlagern bereits Standorte in Drittstaaten an der EU-Peripherie oder suchen nach anderen Möglichkeiten, den CBAM durch Fertigimporte zu umgehen.

Wettbewerbsfähigkeit der EU

Das Verständnis von Politik und Teilen der Industrie über eine marktbasierte Lenkung der grünen Transformation bedarf dringend einer Richtungskorrektur.

Die Idee von der Verteuerung des CO_2-belasteten Produktes geht offenbar nicht auf. Preissignale sind ein marktwirtschaftlich wirksames Instrument, das auch über die Grenzen der Europäischen Union hinauswirkt. Die Verteuerung von Produkten mit hohen Klimagasemissionen wird nicht dazu führen, dass Verarbeiter und Konsumenten eben diese Produkte nicht kaufen, sondern den Import vergleichbarer Waren mit deutlich niedrigerem Preisniveau beflügeln. Wir leben in offenen Volkswirtschaften, in denen staatlich gelenkte Preisanreize immer ein großes Risiko darstellen.

In Einzelfällen möglicherweise wirksam, werden Tiefe und Zeitpunkt der industriellen Transformation doch primär technologisch und infrastrukturell bestimmt und von hohen Preisen eher erschwert oder gar konterkariert. Die zunehmende Regulierungsdichte bei Emissionen, Effizienz und Transformation macht eine marktbasierte Lenkung zwischenzeitlich erst recht obsolet.

Ob teure EU-Produkte zukünftig tatsächlich global und auf dem Binnenmarkt wettbewerbsfähig sein werden, ein möglicher Vorsprung bei klimafreundlichen Technologien überhaupt erreicht und höhere Preise durch den Faktor Technologie kompensiert werden können, ist mehr als fraglich.

Die Transformation der Industrie braucht Anreize, die die Unternehmen nicht überfordern und Deutschland und Europa global wettbewerbsfähig halten.

Adaption der Energiepolitik

Steigende Kosten für CO_2 oder auch H_2-Gestehungskosten müssen zum Erhalt der Wettbewerbsfähigkeit durch niedrige Strompreise oder andere Entlastungen wie beispielsweise bei den in Deutschland überdurchschnittlich hohen Steuern und Abgaben in der unternehmerischen Gesamtrechnung auf allen Ebenen der Wertschöpfungskette kompensiert werden können.

Doch selbst nach einer wettbewerbsrechtlichen Verschärfung der Marktaufsicht für Strom- und Gaspreise und der Reform des europäischen Strommarktdesigns bleiben die Strompreise in Deutschland mit dem Erhalt der sogenannten Merit Order bzw. der Preisbildung nach dem Prinzip des Marginal Pricing und einem deutlichen Anstieg der Netznutzungsentgelte im internationalen Vergleich auf hohem Niveau.

Mit dem Marginal Pricing bestimmt das Kraftwerk mit den höchsten Grenzkosten, das zur Erzeugung der Gesamtbedarfsmenge oder als Reserve zugeschaltet werden muss, einen einheitlichen Strompreis.

In Deutschland werden die Strompreise also von den hohen Grenzkosten der fossilen Kohle- und Gaskraftwerke gesetzt. Der geplante umfangreiche Netzausbau und die Kraftwerksstrategie der Bundesregierung mit 50 neuen H_2-fähigen Back-up-Gaskraftwerken lassen daher auch perspektivisch keine Aussicht auf ein niedrigeres Strompreisniveau zu. Ob und in welchem Maße die von der Europäischen Kommission zur Stabilisierung des Strommarktes lancierten Direktvermarktungs- und Differenzverträge (PPA und CfD) zu einem geeigneten Strompreisniveau beitragen können, muss sich zunächst erweisen.

Bild 1: Logo Fachvereinigung Kaltwalzwerke e. V. (Quelle: Fachvereinigung Kaltwalzwerke e. V.)

Die Stahlverarbeiter fordern daher eine technologieoffene Adaption der Energiepolitik, mit der ein adäquates klimaneutrales Energieangebot zu wettbewerbsfähigen Preisen sichergestellt werden kann.

Mit den aktuellen Perspektiven bleibt auch der stahlverarbeitenden Industrie nur die Forderung nach einer sogenannten Subventionierung über einen Industrie- oder Brückenstrompreis und einer Finanzierung von Netzausbau und Kraftwerksreserven aus dem Bundeshaushalt. Schließlich lässt die europäische Strommarktreform die Möglichkeit zur Abschöpfung von Übergewinnen im Energiesektor zu. Auch das Umweltbundesamt konnte bereits für das Jahr 2023 Rekordeinnahmen aus dem Emissionshandel vermelden.

Während Länder wie China und die USA umfangreiche Subventionsprogramme auflegen, gefährden das in Deutschland und Europa mit dem reformierten Emissionshandel eingeführte Sanktionsregime und hohe Energiepreise nachhaltig Wettbewerbsfähigkeit und Existenz der Industrie.

Ein von Ökonomen in der Diskussion um die Einführung eines Industriestrompreises geforderter Strukturwandel, der sich insbesondere an einer aufgrund der derzeitigen energiepolitischen Strategie der Bundesregierung zu erwartenden Verknappung des Energieangebotes orientiert, birgt mit einer einseitigen Priorisierung der sogenannten neuen Tech-Industrien das Risiko einer Verlagerung der Abhängigkeiten bei Halbleitern und New oder Green Technologies auf Grundstoffe und Vormaterial.

Stahlerzeugnisse werden auch in einer innovativen klimaneutralen Volkswirtschaft noch gebraucht und sollten nicht aus Ländern mit weniger ambitionierten Klimaschutz- und Sozialstandards importiert werden müssen.

Die Fachvereinigung Kaltwalzwerke setzt sich gemeinsam mit anderen Branchen der Stahl und Metall verarbeitenden Industrie in der Kampagne Wir. Formen. Fortschritt. für den Erhalt geschlossener Wertschöpfungsketten in Deutschland und Europa ein.

Autorin

Anke Üffing
Fachvereinigung Kaltwalzwerke e. V. (FVK)
+49 211 4564-123
ueffing@fv-kaltwalzwerke.de

Untersuchung einer gezielten Bauteilerwärmung für die Massivumformung

Stephanie Thie, Justin Hauch, Nico Schmitz, Prof. Dr.-Ing. Herbert Pfeifer, Martin Ennen, Prof. Dr.-Ing. Egbert Baake

Für Umformprozesse in der Massivumformung werden Bauteile homogen erwärmt, um die temperaturabhängigen Fließspannungen einzustellen und damit das gewünschte Umformverhalten zu erreichen. Eine gezielte inhomogene Erwärmung des Bauteils und der damit einhergehenden räumlich verteilten Einstellung der Umformeigenschaften wird im Rahmen eines aktuellen Forschungsprojektes untersucht. In der vorliegenden Veröffentlichung werden drei verschiedene Erwärmungsverfahren miteinander verglichen: Induktion, Konduktion und Direkte Flammenbeaufschlagung. Dabei werden numerische Ergebnisse zur Bewertung der Erwärmungsverfahren herangezogen. Ziel ist, das geforderte Temperaturprofil in einer kurzen Prozesszeit zu erreichen und dabei einen geringen Energieeintrag zu benötigen.

In der Massivumformung werden große Mengen Stahl, welche in energieintensiven Prozessen mit hohem CO_2-Ausstoß erzeugt werden, weiterverarbeitet. Dies wird vielfach in mittelständischen Unternehmen mit einem hohen Anteil an Materialüberschuss durchgeführt. Eine Senkung des Materialüberschusses bedeutet daher eine Reduzierung des Primärenergiebedarfs und der CO_2-Emmisionen und somit eine Steigerung der Gesamteffizienz des Prozesses [5].

Die Werkstoffeigenschaften werden durch die Temperaturen bei der Umformung stark beeinflusst, wobei sich für unterschiedliche Temperaturbereiche Vor- und Nachteile ergeben. Umformverfahren werden in drei Temperaturbereiche unterteilt: Warmumformung bei ca. 1.100 °C bis 1.300 °C, Halbwarmumformung bei ca. 600 °C bis 950 °C und Kaltumformung bei Raumtemperatur [6]. Für die vorliegende Untersuchung wird eine Kombination der Vorteile der Warmumformung und der Halbwarmumformung angestrebt, um eine Reduktion der benötigten Umformaggregate und ein verbessertes Umformverhalten zu erreichen. Die Warmumformung zeichnet sich durch einen geringen Energiebedarf für die Umformung bei gleichzeitig großem Umformvermögen des Werkstoffes aus. Bei der Halbwarmumformung hingegen kann eine bessere Oberflächenqualität und eine höhere Form und Maßgenauigkeit aufgrund von geringerer thermischer Schwindung erreicht werden [6].

Die Werkstoffeigenschaften und Geometrien können gezielt über ein definiertes Temperaturprofil eingestellt werden. Mit steigender Temperatur sinken die Fließspannungen im Bauteil, sodass eine plastische Verformung mit geringerem Kraftaufwand erreicht werden kann. Ebenso wird durch die höhere Temperatur das Formänderungsvermögen des Werkstoffs erhöht [6]. Beispielsweise konnten bei einem Stab in gezielten Bereichen durch das Einstellen verschiedener Temperaturen, und somit verschiedener Fließspannungen, unterschiedliche Durchmesser zweier Flansche erreicht werden. Die Anwendung mehrerer Umformprozessschritte kann so auf einen Prozessschritt reduziert werden [9]. Komplexe Vorformen können ohne aufwendige Werkzeuge in den Bereichen erzeugt werden und das Umformverhalten kann verbessert werden, indem die Fließspannungen gezielt in den Bereichen eingestellt werden. Dies wurde in einer Studie numerisch untersucht und die Ergebnisse sind in **Bild 1** dargestellt.

Das Bauteil wird für die vorliegende Untersuchung abschnittsweise symmetrisch erwärmt, um ein definiertes Temperaturprofil zu erreichen. Für die Zonen im Bereich der Halbwarmumformung wird eine Zieltemperatur von 950 °C ± 30 °C vorgesehen, während in den Zonen der Warmumformung eine Zieltemperatur von 1.250 °C ± 30 °C eingestellt werden soll.

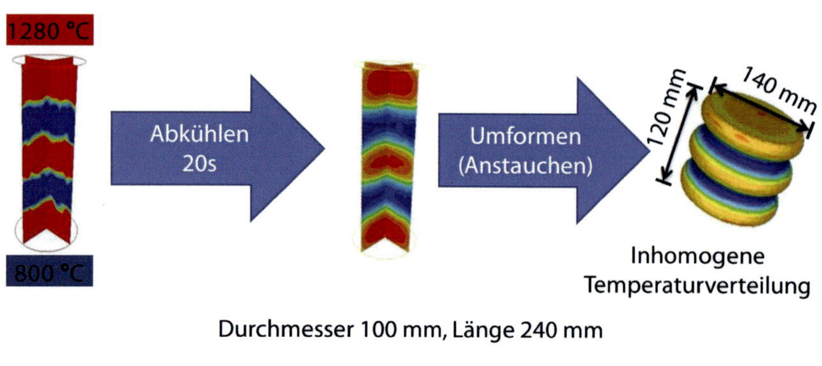

Bild 1: Verformung durch Stauchen eines Bauteils mit einem maßgeschneiderten Temperaturprofil gemäß [4]

Erwärmungsverfahren

Die Erwärmung der Bauteile wird mit drei Erwärmungsverfahren untersucht: Induktion, Konduktion und Direkte Flammenbeaufschlagung (DFI). Mit den verschiedenen Erwärmungsverfahren können unterschiedliche Effekte in der Wärmeübertragung genutzt werden.

Die Induktion und die Konduktion sind elektrische und somit direkte Erwärmungs-

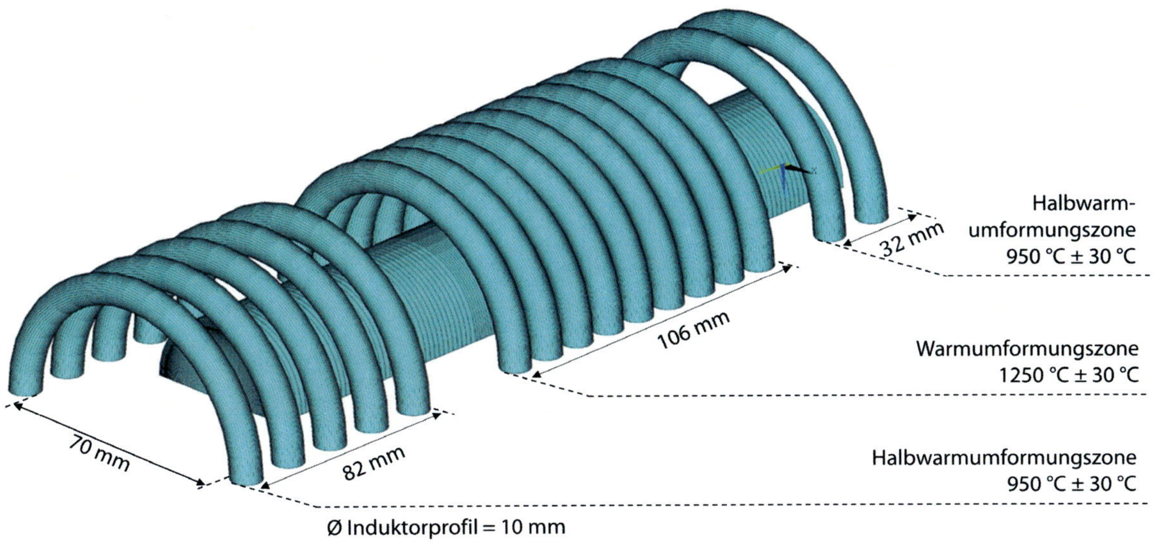

Bild 2: Symmetrisch erweitertes FEM-Modell zur numerischen Simulation des induktiven Erwärmungsvorganges

verfahren, die sich dadurch auszeichnen, dass die Wärme direkt im Werkstück erzeugt wird. Beide Verfahren zeichnen sich neben guter Dosier- und Regelbarkeit insbesondere durch hohe Leistungsdichten und höchste Wirkungsgrade aus [8]. Das Erwärmungsprinzip der Induktion basiert auf dem Transformatorprinzip: Ein mit Wechselstrom durchflossener Leiter bzw. Induktor erzeugt ein mit derselben Frequenz schwingendes Magnetfeld, das nach dem Induktionsgesetz eine Spannung in einem schwach bis gut leitfähigen Werkstück (Metalle) induziert. Diese Spannung erzeugt einen elektrischen Leitungsstrom bzw. Wirbelstrom, der auf Grund des elektrischen Widerstandes des Materials Joulesche Wärmequellen bildet. Mit der Induktion gehen zwei wesentliche elektrische Effekte einher, die charakteristisch für das Erwärmungsprinzip sind: zum einen der Skin-Effekt bzw. Stromverdrängungs-Effekt und zum anderen der Proximity- bzw. Nähe-Effekt [7]. Zusammengefasst führen diese beiden Effekte dazu, dass der induzierte Strom und somit die Wärmequellen dem Induktor konturnah folgen. Dadurch kann über die Induktorgeometrie direkt Einfluss auf das Erwärmungsprofil genommen werden. Abhängig von der gewählten Frequenz des Induktorstroms und der Erwärmungsdauer kann dann das radiale Erwärmungsprofil eingestellt werden. Eine wichtige Auslegungsgröße ist dabei die elektromagnetische Eindringtiefe δ:

$$\delta = \frac{1}{\sqrt{\pi \cdot \kappa \cdot \mu_0 \cdot \mu_r \cdot f}} \qquad (1)$$

Hierin sind f die Stromfrequenz, mit der der Induktor gespeist wird, μ_0 die magnetische Feldkonstante, μ_r die materialspezifische relative magnetische Permeabilität und κ die materialspezifische elektrische Leitfähigkeit des Werkstücks. Das Verhältnis aus Eindringtiefe und Werkstückdurchmesser d gibt Aufschluss über die Effizienz und Art des Erwärmungsvorganges. Für das homogene Erwärmen von rotationssymmetrischen Werkstücken gilt die Forderung, dass $d/\delta = 3{,}5$ sein muss. Dann sind sowohl die Volumenleistungsdichte als auch der elektrische Wirkungsgrad hoch und ermöglichen eine schnelle und effiziente Durchwärmung des Werkstücks. Die Anwendungsgebiete der Induktion reichen vom Erwärmen zum Härten, Löten und Fügen bis zur Massivumformung.

Bei der konduktiven Erwärmung ist das Werkstück ein Teil des Stromkreises und wird direkt von einem Strom durchflossen, der nach dem Jouleschen Gesetz zu einer Erwärmung führt. Die im Werkstück umgesetzte Leistung ist dabei abhängig von der elektrischen Leitfähigkeit des Materials und dem angelegten Strom. Eine wichtige Voraussetzung ist dabei ein gleichmäßiger Querschnitt über die Länge des Werkstücks und eine möglichst glatte bzw. gleichmäßige Oberfläche. Letzteres gilt insbesondere, um möglichst gleichmäßig und verlustfrei den Strom über Kontakte in das Werkstück einzuspeisen. Im Gegensatz zur Induktion kann für die konduktive Erwärmung neben Wechselstrom auch Gleichstrom verwendet werden, was wiederum eine homogene Erwärmung über den Querschnitt begünstigt. Bei Wechselstrom muss der Skin-Effekt und somit auch die Eindringtiefe (Gleichung (1)) berücksichtigt werden. In der Industrie findet die Konduktion Anwendung im Bereich der Knüppelerwärmung oder in Form von Durchlauferwär-

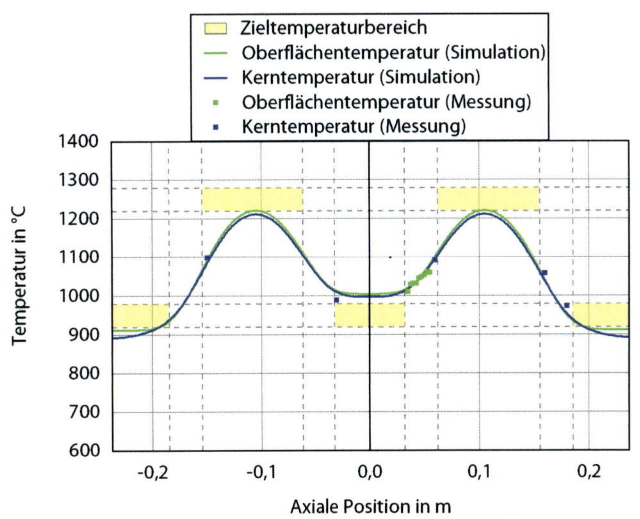

Bild 3: Vergleich zwischen der simulierten Oberflächen- und Kerntemperatur mit den gemessenen Werten nach 140 s Heizdauer mit einer mittleren Leistung am Induktor von 20 kW

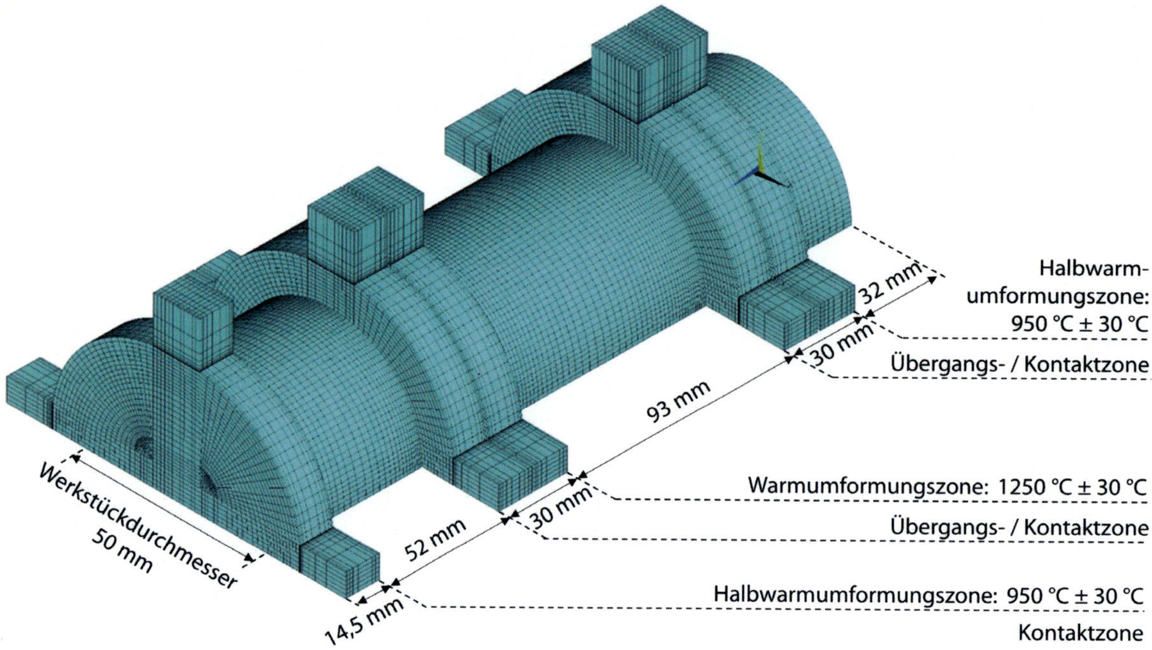

Bild 4: Symmetrisch erweitertes FEM-Modell zur numerischen Simulation des konduktiven Erwärmungsvorganges

mungsanlagen zur Oberflächenbehandlung von Drähten.

Bei der Direkten Flammenbeaufschlagung (engl. Direct Flame Impingement, DFI) wird die Flamme aus einem Brenner direkt auf die Oberfläche eines Gutes gerichtet. Hierbei wird ein hoher konvektiver Wärmeübergang auf das Bauteil erreicht, da die Geschwindigkeiten und Temperaturen in der Flamme hoch sind. Die Vorteile dieses Verfahrens liegen in der Steigerung der Produktivität, Verringerung des Brennstoffeinsatzes und geringer Schadstoffemissionen. Demgegenüber ist jedoch eine inhomogene Verteilung der Wärmeübergänge im Bereich des Stagnationspunktes zu berücksichtigen, da die Reaktionszone in der Flamme zu einer inhomogenen Temperaturverteilung führt. Neben dem konvektiven Wärmeübergang zeichnet sich das DFI durch fünf weitere Wärmeübergangsmechanismen aus: Konduktion, thermochemische Wärmeabgabe (TCHR), Strahlung, Kondensation und Verdampfung [3]. Das DFI kommt in der Industrie vor allem in

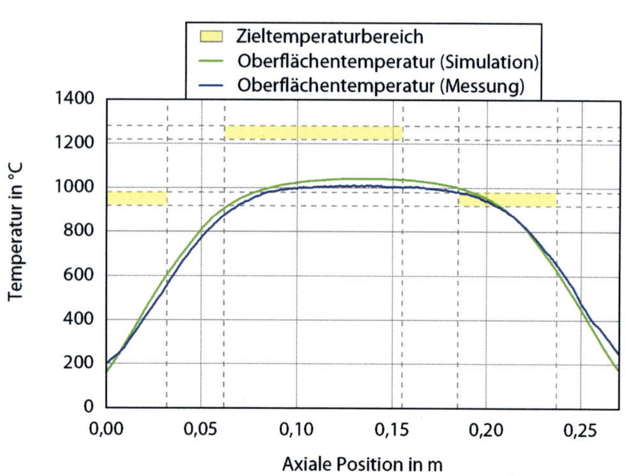

Bild 5: Vergleich zwischen der simulierten Oberflächentemperatur mit den gemessenen Werten entlang der Oberflächenmitte der 270 mm langen Erwärmungszone nach 520 s Heizdauer bei einem konstanten Strom von 1.500 A (50 Hz)

Durchlauföfen für die Wärmebehandlung zum Einsatz.

Unter Verwendung geeigneter numerischer Modelle werden die Verfahren ausgelegt und umfangreiche Parameterstudien hinsichtlich verschiedener Werkstoffe, Geometrien und Durchmesser durchgeführt. Nachfolgend werden die jeweiligen numerischen Modelle am Beispiel eines 474 mm langen 1.0503-Rundstabs mit einem Durchmesser von 50 mm beschrieben.

Numerische Modellierung: Induktion

Für die numerische Simulation der induktiven Erwärmung wird ein variables elektromagnetisch-thermisch gekoppeltes numerisches Modell auf Basis der finiten Elemente Methode (FEM) in Ansys® 19.2 erstellt. Das Modell bildet das Werkstück, den Induktor und den umgebenden Luftraum ab. Auf Grund der Rotationssymmetrie des Werkstücks kann die dreidimensionale Anordnung auf eine zweidimensionale Anordnung, die von der Rotationsachse des Werkstücks und des Radius aufgespannt wird, reduziert werden. Außerdem kann die bestehende Achsensymmetrie bedingt durch die gleichmäßige axiale Verteilung der Erwärmungszonen genutzt werden, um das Modell auf die Hälfte der Anordnung weiter zu reduzieren. Das resultierende Modell ist in **Bild 2** dargestellt. Zur besseren Anschaulichkeit wurden die umgebenden Luftelemente ausgeblendet und das Modell symmetrisch, durch eine Drehung um 180° erweitert.

Der Induktor wird durch eine Reihe einzelner Kurzschlussringe dargestellt, die jeweils unabhängig voneinander platziert werden können. Jeder Windung kann ein separater Stromfluss zugeführt werden. Durch Vorgabe des gleichen Stroms in jeder Windung entspricht dies einer Reihenschaltung und damit physikalisch einem Ein-Induktor-System. Darüber hinaus werden alle temperaturabhängigen elektromagnetischen und thermischen Materialeigenschaften des Werkstücks berücksichtigt, wie die Wärmeleitfähigkeit $\lambda(T)$, die Wärmekapazität $c_p(T)$, die elektrische Leitfähigkeit k(T) und die relative magnetische Permeabilität $\mu_r(\vec{H},T)$, die neben der Temperatur T auch von der magnetischen Feldstärke $\vec{H}$ abhängt. Wärmeverluste durch Strahlung und Konvektion an der gesamten Oberfläche werden nach Gleichung (2) und (3) berücksichtigt.

Um das dreidimensionale Zieltemperaturprofil einzustellen, können die Anzahl der Windungen in jeder Zone und ihr Abstand zueinander variiert werden. Das Hauptziel ist dabei einen größtmöglichen Temperaturgradienten bei Durcherwärmung des Kerns zwischen den Zonen zu erreichen. Aufgrund des komplexen Problems bei der Erzeugung dieses Temperaturprofils hinsichtlich der Abhängigkeit von den geometrischen und elektrischen Parametern sowie der Aufheizzeit sind die Simulationsmodelle so ausgelegt, dass eine Schnittstelle zu einem Optimierungsalgorithmus gegeben ist. Dies gewährleistet einen effizienten Weg, um so schnell wie möglich das bestmögliche Temperaturprofil zu erzielen.

Um das Modell zu validieren, wird ein Induktor auf Basis einer numerisch optimierten Geometrie konstruiert. Der Koppelspalt zwischen Induktor und Werkstück sowie das verwendete Induktorprofil betragen jeweils 10 mm. Die beiden äußeren Halbwarmumformzonen werden durch jeweils fünf Windungen und die beiden Warmumformungszonen mit jeweils neun Windungen erwärmt. Die mittlere Halbwarmumformungszone wird durch vier Windungen erwärmt. Dadurch wird die eingebrachte Leistungsdichte verringert und der zusätzliche Wärmefluss aus den beiden Warmumformungszonen bestmöglich kompensiert. Der Abstand der Induktorzonen zwischen äußerer Halbwarmumformungszone und Warmumformungszone beträgt 16 mm und der Abstand zwischen Warmumformungszone und mittlerer Halbwarmumformungszone beträgt 22 mm. Die Validierungsmessung wird unter Verwendung eines 100 kW Umrichters und bei einer Erwärmungsdauer von 140 s durchgeführt. Während des Prozesses werden die Oberflächentemperatur mittels Infrarotkamera, fünf Kerntemperaturen mittels Mantelthermoelemente, der Induktorstrom über eine Rogowski-Spule und die Stromfrequenz über ein Multimeter messtechnisch erfasst. Die Messwerte von Strom und Frequenz werden anschließend in das numerische Modell übertragen und die Simulation durchgeführt. **Bild 3** zeigt den Vergleich zwischen Simulation und Messung am Ende des Erwärmungsvorganges. Sowohl die gemessenen Werte als auch der simulierte Temperaturverlauf stimmen sehr gut überein und das numerische Modell gilt damit als validiert.

Numerisches Modell und Validierung: Konduktion

Für die numerische Simulation der konduktiven Erwärmung wird, wie bereits bei der Induktion, ein variables elektromagnetisch-thermisch gekoppeltes numerisches FEM-Modell in Ansys® 19.2 erstellt. Das Modell bildet das Werkstück, die Zuleitungen, die Kontakte und den umgebenden Luftraum ab. Im Gegensatz zur rotationssymmetrischen Anordnung bei der Induktion können bei diesem Modell lediglich die Achsensymmetrien genutzt werden. Die dreidimensionale Anordnung reduziert sich auf ein Achtel der Gesamtanordnung. Bei diesem Erwärmungsprinzip wird jede Erwärmungszone separat über das Werkstück umschließende Kupferringe kontaktiert, die wiederum mit jeweils vier um

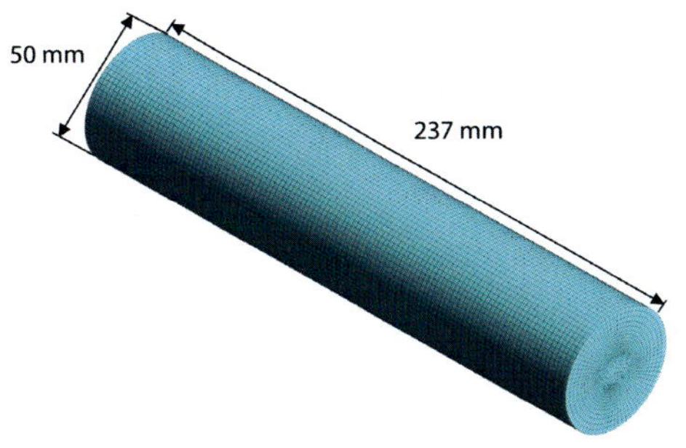

Bild 6: Symmetrisch erweitertes FVM-Modell zur numerischen Simulation des DFI Erwärmungsvorganges

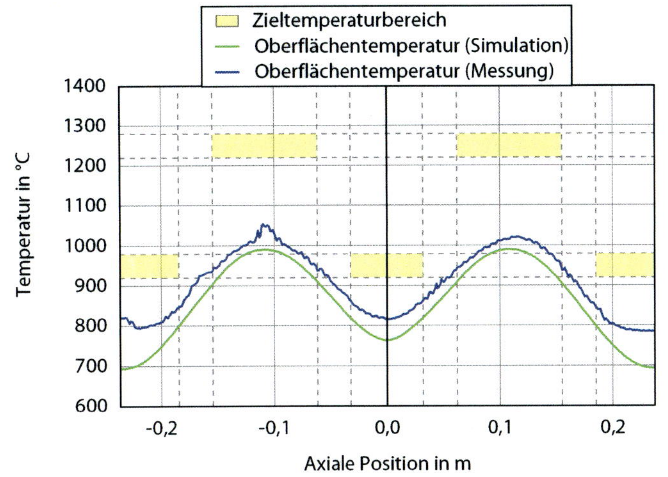

Bild 7: Vergleich zwischen der simulierten Oberflächentemperatur mit den gemessenen Werten entlang der Oberfläche nach 580 s Heizdauer bei vier Brennern mit einer konstanten Leistung von 35 kW und einer Luftzahl von 1,0

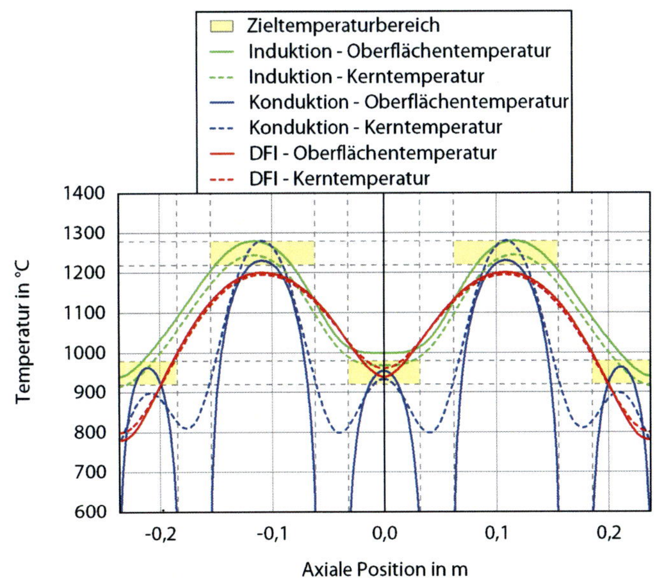

Bild 8: Vergleich zwischen den numerischen Ergebnissen der drei Erwärmungsverfahren für einen Rundstab mit einem Durchmesser von 50 mm

90° zueinander versetzten Zuleitungen einen entsprechend der Zieltemperatur hohen Strom einspeisen. Dabei ist zu beachten, dass die einzelnen Stromkreise galvanisch voneinander getrennt sind, damit der Strom über die jeweilige Erwärmungszone geführt wird und nicht über einen Kontakt der Nachbarzone abfließt. Zwischen den Kontakten

Tabelle 1: Prozessparameter der drei Erwärmungsverfahren Induktion, Konduktion und DFI

	Induktion	Konduktion	DFI
$t_{Prozess}$ in s	180	131	600
$P_{mittel,ges}$ in kW	22,7	49,5	360
Energie in kWh	1,1	1,4	60
Kosten in €	0,35	0,44	3,80

und dem Werkstück befinden sich Zwischenschichten zur Berücksichtigung von elektrischen Kontakt- und thermischen Übergangswiderständen. Bei den nachfolgenden Untersuchungen werden diese aber als ideal angenommen. Eine Wasserkühlung der Kontakte ist vorgesehen und wird über thermische Randbedingungen im Modell berücksichtigt. **Bild 4** zeigt das symmetrisch erweiterte Modell eines Viertels der Gesamtanordnung.

Um das Modell zu validieren, wird ein vereinfachter Ansatz verwendet, der einerseits einen deutlich reduzierten Rechenaufwand und andererseits eine praktikable Umsetzung der Kontaktierung ermöglicht. Anstelle des Rundstabes wird ein 1.0503-Vierkantstab mit einer Kantenlänge von 25 mm und einer Länge von 500 mm verwendet. Das Werkstück wird über insgesamt sechs wassergekühlte Kontaktblöcke aus Kupfer kontaktiert, die jeweils paarweise das Werkstück in zwei Erwärmungszonen teilen. Die beiden äußeren Kontakte werden parallel geschaltet und auf einem gemeinsamen Ausgangskontakt des Netztransformators geklemmt. Über einen gemeinsamen Mittelkontakt werden beide Stromzweige geschlossen und bilden somit einen Spannungsteiler. Je nach Position des mittleren Kontakts resultiert ein anderer Zonenwiderstand. Folglich stellt sich ein unterschiedlicher Strom ein, der wiederum zu einer höheren oder niedrigeren Temperatur der Zone führt. Die Validierungsmessung wird bei einem konstanten Gesamtstrom von 6 kA mit einer Frequenz von 50 Hz und einer Heizdauer von 520 s durchgeführt. Das Werkstück soll dabei auf eine Temperatur von über 1.000 °C und möglichst homogen erwärmt werden. Die Position des Mittelkontakts ergibt eine effektive Zonenlänge von 270 mm. Der Stromfluss im Hinleiter wird mit einer Rogowski-Spule gemessen und die Oberflächentemperatur mittels Infra-rotkamera sowie die Kerntemperatur in der Mitte der Erwärmungszone mittels Mantelthermoelement. Die Simulation mit den gemessenen Stromwerten zeigt eine sehr gute Übereinstimmung von gemessener und simulierter Oberflächentemperatur und ist in **Bild 5** dargestellt. Da sich das Erwärmungsprinzip beim Fünf-Zonen-Modell nicht ändert, sind beide Modelle als validiert zu bewerten.

Numerisches Modell und Validierung: DFI

Die Modellierung der Erwärmung des Rundstabes mit DFI wird mit Ansys® 2019 R2 durchgeführt. Unter Ausnutzung der Spiegelsymmetrie um die axiale Stabmitte wird die Hälfte des Rundstabes modelliert. Wärmequellen und -senken werden als Randbedingungen auf der Oberfläche des Rundstabes im Modell integriert. Das numerische Gitter besteht bei einer Gitterweite von 2 mm aus 134.589 Zellen und weist eine minimale orthogonale Qualität von 0,45 auf und ist in **Bild 6** dargestellt.

Die Probe wird in mehrere Bereiche aufgeteilt, denen als Randbedingungen Konvektions- und Strahlungsrandbedingungen, sowie Wärmeübergangsrandbedingungen in Form vorgegebener empirischer Werte zugewiesen werden. An den freien Enden und Oberflächen, welche nicht mit Brennern erwärmt werden, werden freie Konvektion und Strahlung angenommen. Hierbei setzt sich die eingetragene Wärmestromdichte aus dem konvektiven Anteil und dem Anteil der Strahlungswärme zusammen. Für die Wärmestromdichte $\dot{q}''_{konv}$ in radiale Richtung bei freier Konvektion gilt [1]:

$$\dot{q}''_{konv} = -\alpha(T_{Oberfläche} - T_{Umgebung}) \tag{2}$$

Der Wärmeübergangskoeffizient wird mit 10 W/(m² · K) angenommen. Die Umgebungstemperatur $T_{Umgebung}$ variiert über die Zeit, basierend auf Messungen. Die Oberflächentemperatur $T_{Oberfläche}$ wird aus der Zelltemperatur zum jeweiligen Zeitpunkt eingebunden. Der Anteil der Wärmestromdichte über Strahlungseffekte $\dot{q}''_{rad}$ wird definiert als [1]:

$$\dot{q}''_{rad} = -\varepsilon \cdot \sigma \cdot \left((T_{Oberfläche})^4 - (T_{Umgebung})^4\right) \tag{3}$$

Der Emissionskoeffizient ε wurde experimentell ermittelt und liegt bei 0,85. Die Stefan-Boltzmann Konstante ist mit $\sigma = 5{,}67 \cdot 10^{-8}$ W/(m² · K) definiert.

In Vorversuchen wurde der Wärmeeintrag durch die Brenner ermittelt. Dazu wurde der Temperaturanstieg eines Rohrs über Zeit gemessen und daraus die Verteilung der Wärmestromdichte über den Umfang des Rohres berechnet. In der numerischen Berechnung wird die über den Umfang gemittelte Wärmestromdichteverteilung entlang der Warmumformzone als Wärmequelle definiert.

Das numerische Modell wurde anhand von experimentellen Untersuchungen validiert. Dazu wurde eine Rundprobe mit 50 mm Durchmesser aus 1.0503 mit vier Brennern erwärmt. Die Brenner wurden mit jeweils 35 kW und einer Luftzahl von 1,0 betrieben. In **Bild 7** sind die Ergebnisse dargestellt. Die numerischen Berechnungen stellen demnach eine gute Annäherung an die experimentellen Ergebnisse dar.

Ergebnisse

Für einen Rundstab aus 1.0503 mit einem Durchmesser von 50 mm unterscheiden sich Induktion, Konduktion und DFI in dem erzielten Temperaturprofil, welches für die jeweiligen Erwärmungsverfahren in **Bild 8** dargestellt ist. Dort ist zu erkennen, dass die induktive Erwärmung im Vergleich zur Konduktion und zum DFI das Zieltemperaturprofil am besten trifft. Die Konduktion weist außerdem eine große Temperaturdifferenz zwischen Kern und Oberfläche auf. Insbesondere die Oberflächentemperatur weist große Schwankungen über die Länge des Rundstabes auf, was sich durch den Einfluss der Wasserkühlung begründet. Einerseits werden dadurch die Temperaturgradienten erhöht, andererseits Energie vom Werkstück abgeführt und dadurch der thermische Wirkungsgrad gemindert.

Bei der Betrachtung der Prozessparameter in **Tabelle 1** wird der Vorteil der elektrischen Erwärmungsverfahren im Vergleich zum Brenner deutlich. Mit den elektrischen Verfahren erfolgt die Erwärmung innerhalb von zwei bis drei Minuten. Für die Erwärmung mit DFI wird dagegen mehr als die doppelte Zeit benötigt. Der Energiebedarf ist bei der induktiven Erwärmung am geringsten mit 1,1 kWh, gefolgt von der konduktiven Erwärmung mit 1,4 kWh. Mit einem mittleren Strompreis von € 0,3/kWh [2] ergeben sich Stromkosten von € 0,35 bzw. € 0,44 pro Bauteil. Dagegen werden beim DFI 60 kWh benötigt, wodurch sich mit einem durchschnittlichen Gaspreis von € 0,06/kWh im Jahr 2019 Kosten von € 3,80 pro Bauteil ergeben.

Fazit

Die gezielte Bauteilerwärmung kann über die vorgestellten numerischen Verfahren berechnet werden. Anhand der vorliegenden Modelle können die für den Prozess notwendigen Parameter numerisch ermittelt und der erzielte Temperaturverlauf abgeschätzt werden. Für einen Rundstab mit einem Durchmesser von 50 mm konnte in den Simulationen das beste Temperaturprofil mit der induktiven Erwärmung eingestellt werden. Auch in Bezug auf die Prozessparameter, wie Energiebedarf und Kosten für den Energieeinsatz, ist die Induktion der günstigste der drei Prozesse. Dem gegenüber steht jedoch ein vergleichsweise hoher numerischer Aufwand zur Auslegung der Induktorgeometrie. Lediglich in der Prozesszeit ist hier die Konduktion der Induktion überlegen. Das DFI ist den Ergebnissen der elektrischen Verfahren unterlegen. Es wird zwar ein qualitativ besseres Temperaturprofil erzielt als bei der Konduktion, da es weniger Schwankungen aufweist, aber dafür werden auch eine deutlich längere Prozesszeit sowie ein größerer Energieeintrag benötigt.

Die Erwärmung mit DFI ist bei einer hohen Produktvielfalt den beiden elektrischen Verfahren in seiner Flexibilität deutlich überlegen. So können unterschiedliche Durchmesser ohne Umbau erwärmt werden. Eine Behandlung im vorgewärmten Ofen oder einer vorgewärmten Probe kann die Prozesszeit zusätzlich verringern. Die Konduktion hat gegenüber den beiden anderen Verfahren den Nachteil der notwendigen Vorbereitung der Bauteile, da die Kontaktierung eine gleichmäßige und elektrisch gut leitfähige perfekte Oberfläche voraussetzt. Ein Vergleich unter Einbezug der industriellen Umsetzbarkeit wird auf Basis der entwickelten numerischen Modelle auch für weitere Geometrien weiter untersucht.

Nach dem aktuellen Stand der Untersuchungen haben sich Vor- und Nachteile der jeweiligen Verfahren aufgezeigt, die in Kombination bzw. in Form eines hybriden Erwärmungsverfahrens ein enormes Potenzial einerseits zur Steigerung der Umformqualität und anderseits zur Einsparung von Energie, CO_2 sowie Materialeinsatz bieten.

Danksagung

Das IGF-Projekt 19511 N der Forschungsvereinigung Forschungskuratorium Maschinenbau e.V. wurde über die AiF im Rahmen des Programms zur Förderung der Industriellen Gemeinschaftsforschung (IGF) vom Bundesministerium für Wirtschaft und Energie aufgrund eines Beschlusses des Deutschen Bundestages gefördert.

Literatur

[1] VDI-Wärmeatlas. 11. Auflage. Berlin: Springer Vieweg, 2006
[2] www.bundesnetzagentur.de; 29.06.2020
[3] Chander, S.; Ray, A.: Flame impingement heat transfer: A review. Energy Conversion and Management 46 (2005), S. 2803-2837
[4] Goudarzi, M.; Langner, J.: IMU 42 – Studie zur simulativen Untersuchung des Umformverhaltens von Rohteilen mit inhomogener Temperaturverteilung. Institut für Integrierte Produktion Hannover gGmbH, 2013
[5] Herbertz, R.; Licht, W.; Fuss, F.: Materialeffizienz in der Massivumformung. SchmiedeJOURNAL (2011), S. 20-25
[6] Herbertz, R.; Hermanns, H.; Labs, R.: Massivumformung kurz und bündig. Industrieverband Massivumformung e.V., Hagen, 2015
[7] Lupi, S.: Fundamentals of electroheat – electrical technologies for process heating. Springer International Publishing, 2017
[8] Nacke, B.; Baake, E.: Induktives Erwärmen – Wärmen, Härten, Glühen, Löten, Schweißen. Essen: Vulkan Verlag, 2014
[9] Steinhoff, K.; Maier, H. J.; Biermann, D.: Investigation of plastic forming under the influence of locally and temporally variable temperature and stress states: functionally graded materials in industrial mass production. Auerbach: Verlag Wissenschaftliche Scripten, 2009, S. 35-52

Autor*innen

Stephanie Thie, M.Sc.
Institut für Industrieofenbau und Wärmetechnik
RWTH Aachen
0241 / 80-25939
thie@iob.rwth-aachen.de

Justin Hauch, M.Sc.
Institut für Industrieofenbau und Wärmetechnik
RWTH Aachen
0241 / 80-26080
hauch@iob.rwth-aachen.de

Nico Schmitz, M.Sc.
Institut für Industrieofenbau und Wärmetechnik
RWTH Aachen
0241 / 80-26064
schmitz@iob.rwth-aachen.de

Prof. Dr.-Ing. **Herbert Pfeifer**
Institut für Industrieofenbau und Wärmetechnik
RWTH Aachen
0241 / 80-25935
pfeifer@iob.rwth-aachen.de

Martin Ennen, M.Sc.
Institut für Elektroprozesstechnik
Leibniz Universität Hannover
0511 / 762-2290
ennen@etp.uni-hannover.de

Prof. Dr.-Ing. **Egbert Baake**
Institut für Elektroprozesstechnik
Leibniz Universität Hannover
0511 / 762-3248
baake@etp.uni-hannover.de

Hybrides Erwärmungssystem für eine 50 MN NE-Strangpresslinie

Dipl.-Ing. Stefan Beer, Dipl.-Ing. Eugen Wegmayr

Die Kombination einer induktiven Erwärmungsanlage mit einem gasbeheiztem Vorerwärmungsofen ist ein leistungsfähiges Verfahren, welches bei der flexiblen Erwärmung von Kupferwerkstoffen erhebliche prozesstechnische Vorteile bietet. Der nachfolgende Artikel beschreibt ein realisiertes Anlagenkonzept, welches für die Erwärmung mit einer extrem großen Variabilität hinsichtlich der Einsatzmaterialien und Prozesstemperaturen für eine moderne Strangpresslinie eingesetzt wird.

Das Strangpressverfahren wird aufgrund seiner Leistungsfähigkeit vorzugsweise bei der Herstellung von Rohren und Profilen aus einer Vielzahl von Metallen eingesetzt.

Wieland ist ein führender Konzern in der Herstellung von Halbfabrikaten und Fertigteilen aus Kupfer und Kupferlegierungen in Europa. Wieland Austria fertigt am Standort Amstetten Rohre, Stangen, Drähte und Profile aus Kupfer und Kupferlegierungen. Die Produkte finden Anwendung in der Hausinstallation und Solaranlagen, der Kälte- und Klimatechnik, dem Maschinen- und Anlagenbau, der Elektro-, Flugzeug- und Automobilindustrie, dem Schiffsbau und Offshoretechnik bis hin zur Computertechnologie und modernen Supraleitern [1].

Die notwendigen Temperaturbereiche der eingesetzten Legierungen innerhalb des gesamten Erwärmungsprozesses liegen in der Regel in dem Bereich von ca. 750 °C für Messinglegierungen bis ca. 1.060 °C bei Kupfernickelwerkstoffen. Aufgrund dieser großen Varianz innerhalb der Prozesstemperaturen wird sehr schnell ersichtlich, dass an die gesamte Erwärmungsanlage sehr hohe Ansprüche hinsichtlich Flexibilität gestellt werden müssen.

In der Vergangenheit wurden hier überwiegend rein gasbeheizte Erwärmungslinien eingesetzt, die zum Teil mit reduzierter Atmosphäre betrieben wurden, um die Zunderneigung bei Kupfer, welche bei Temperaturen über 600 °C auftritt, zu unterbinden. Dies bedeutet in der Praxis, dass hier sehr aufwendige Ofenkonstruktionen eingesetzt wurden.

Ein weiterer Nachteil sind die hohen Prozesstemperaturen, die hier bei Gasöfen zu einem erhöhten Verschleiß der sich im Heißbereich befindlichen Bauteile führen.

Es sind einige Produktionslinien in Betrieb, die mit nachgeschalteten, horizontal ausgeführten Induktionsöfen die Thematik der Verzunderung und Reduzierung des Wartungsaufwandes beim Gasofen berücksichtigt haben. Allerdings sind durch die recht großen Durchsätze in solchen Fertigungslinien auch beim nachgeschalteten Induktionsofen sogenannte Mehrbolzenöfen eingesetzt, was sich nachteilig auf die Flexibilität bei Produktionsunterbrechungen oder Legierungswechsel auswirkt.

In den letzten Jahren haben sich jedoch die Anforderungen bei den europäischen Halbzeugwerken, sowohl im Leichtmetallbereich als auch bei den NE-Metallen, erheblich verändert. Neben einer höheren Flexibilität hinsichtlich der Losgrößen und Einsatzmaterialien, werden immer kleinere Temperaturfenster sowie höhere Verfügbarkeiten und längere Standzeiten der Anlagenausrüstung gefordert.

Weitere besondere Anforderungen ergeben sich durch prozessbedingte Einflüsse und Vorgaben, die bei der Auslegung der gesamten Erwärmungsanlage berücksichtigt werden müssen.

Neben einer ausgeprägten Oxidationsneigung bei Kupferlegierungen kennzeichnet das Erwärmungsgut eine große Bandbreite bei den physikalischen Kennziffern. Die recht geringen Wärmeleiteigenschaften bei Kupfernickellegierungen von rund 90 W/mK zu sehr guten Wärmeleitziffern bei Reinkupfer (ca. 340 W/mK), sowie die hohe Varianz der Legierungen stellen hier besondere Herausforderungen an den Erwärmungsprozess dar [2]. Dadurch müssen auch die übertragbaren Leistungsdichten in jedem Anlagenmodul entsprechend variabel gestaltet werden.

Gleichzeitig sind damit einhergehend die spezifischen Leitfähigkeiten der einzelnen Werkstoffe sehr unterschiedlich, was insbesondere bei Auslegung der Induktionsanlage berücksichtigt werden muss, da hier die Leistungsaufnahme maßgeblich durch das Erwärmungsgut bestimmt wird.

Für die Auslegung dieser spezifischen Erwärmungslinie bei der Firma Wieland Austria wurden folgende Prozessparameter zugrunde gelegt, die aufzeigen, welche Anforderungen an eine moderne Erwärmungsanlage für diesen Anwendungsfall gestellt sind:

- Abmessungen des Einsatzgutes:
- Durchmesser 234 mm + 326 mm
- Blocklängen 300 – 900 mm
- Prozesstemperaturen : 750 – 1.150 °C
- Einlauftemperaturen vom Gasofen: 500 – 750 °C

Durch eine hohe spezifische Leistungsdichte, sowie durch eine große Bandbreite an Legierungen und Einsatzgutabmessungen wurde das gesamte Erwärmungskonzept wie folgt ausgeführt:

- Vorerwärmung der Pressbolzen in zwei gasbeheizten horizontalen Durchlauföfen auf ein Temperaturniveau von ca. 600 – 700 °C
- Enderwärmungsstation mit vier vertikalen Heizstationen,

von ca. 700 – 1.100 °C, als Einbolzenöfen ausführt mit automatischer Längenanpassung an das Einsatzgut.

Mit diesem hybriden Erwärmungskonzept werden folgende verfahrenstechnische Vorteile realisiert:

- Reduzierung der Energiekosten durch die Kombination von Gas für die Grunderwärmung und elektrischer Energie für die Induktionserwärmung
- Redundantes Anlagensystem mit zwei parallelen Gasöfen und vier nachgeschalteten Einbolzen-Induktionsöfen, die auch unabhängig betrieben werden können
- Reduzierung des Verschleißes am Gasofen durch niedrigere Erwärmungstemperaturen
- Hohe Flexibilität in Bezug auf Einsatzgut und Losgrößen
- Minimierung des Umbauaufwandes bei Wechsel des Blockdurchmessers
- Erhöhung des thermischen Wirkungsgrades bei den vertikalen Induktionsöfen
- Schneller Blocktransport in die Strangpresse
- Sicherstellung von prozesstechnischen Anforderungen wie Puffern + Halten.

Bild 1 zeigt parallel installierte Gasöfen der Firma Coim Srl. mit jeweils zehn Anwärmzonen, im Hintergrund ist die induktive vertikale Nacherwärmung zu sehen.

Der Gasofen arbeitet als sogenannter Blockdrückerofen (Pushertype – Furnace) und erwärmt das Heizgut durch direkte Flammenbeaufschlagung. Hier wird eine Grundtemperatur in das Erwärmungsmaterial eingebracht. Bedingt durch die lange Erwärmungsstrecke lässt sich hier die Leistungsdichte sehr gut an das Erwärmungsmaterial anpassen. Eine besondere Aufgabe kommt bei dieser hybriden Erwärmungslinie der nachgeschalteten Induktionsanlage zu.

Hier erfolgt die Feineinstellung auf die jeweilige geforderte Prozesstemperatur mit vier parallel installierten Einbolzen-Induktionsöfen, wie in **Bild 2** dargestellt.

Bild 3 zeigt die Entnahme des Bolzens hinter dem Gasofen und Übergabe zur induktiven Nacherwärmung. Bedingt durch die stark unterschiedlichen Materialeigenschaften und verschiedenen Geometrien des Erwärmungsgutes, sowie vorstehend beschriebenen prozessbedingten Einflüssen sind folgende Aspekte bei der Dimensionierung der Induktionsanlage und der zugehörigen Fördertechnik zu berücksichtigen:

- Variable Spulenlängen
- Stufenlose Leistungsregelung mit modernen IGBT-Umrichtern, um hier einen flexiblen Erwärmungsprozess zu realisieren
- Stark veränderliche physikalische Eigenschaften, die sich auf den Erwärmungsprozess auswirken
- Veränderbarer Bereich der Arbeitsfrequenzen (typischerweise von 50 – 120 Hz) je nach Blockgeometrie und Einsatzmaterial
- Rezeptbasierter Erwärmungsprozess, um Prozessparameter zu optimieren
- Reduzierung von Einflüssen der Konstruktion auf das Erwärmungsgut während der Erwärmung
- Schnelle Transporteinrichtungen, um die Wärmeverluste des Bolzens auf dem Transportweg zur Strangpresse zu reduzieren.

Bild 1: Parallel installierte Gasöfen, im Hintergrund die induktive vertikale Nacherwärmung

Bild 2: Nachgeschaltete vertikale Einbolzenöfen Bauart IAS mit vier Stationen

Bild 3: Entnahme des Bolzens nach dem Gasofen Bauart Coim und Übergabe zur induktiven Nacherwärmung

Um Rückwirkungen infolge von Wärmeableitung in mechanische Bauteile zu minimieren und um die negative Beeinflussung von Führungsschienen auf die Temperaturverteilung im Block in einer horizontalen Erwärmungslinie vollständig zu vermeiden, werden die Blöcke von einer horizontalen Lage durch eine 90° Drehung in eine vertikale Position gebracht.

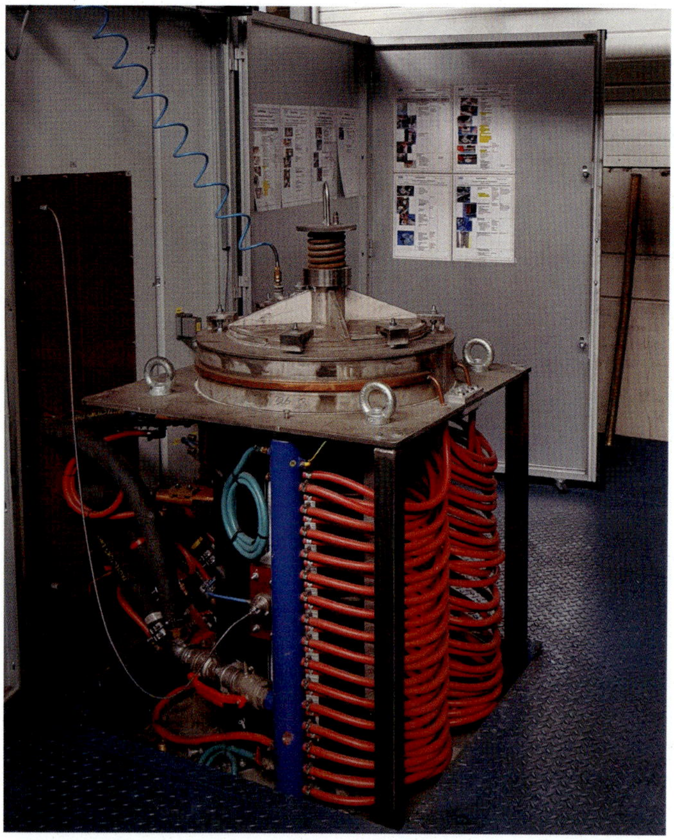

Bild 4: Vertikale induktive Erwärmungsstation bei geöffneter Schutztür

Bild 5: Bolzen nach dem Erwärmungsvorgang

Der Bolzen kann unterschiedliche Längen in einem Bereich von 300 bis 900 mm aufweisen. Um eine definierte Positionierung des Bolzens in der Spule zu gewährleisten, ist oberhalb

Bild 6: Erwärmter Bolzen vor Übergabe an Manipulator

Bild 7: Manipulator transportiert Bolzen in die Strangpresse

ein Gegenhalter installiert. Mit einer speziellen Vorrichtung werden die Bolzen gewendet und definiert in die Spule eingefahren, bis die obere, definierte Position erreicht wird.

Die aktive Spulenlänge wird jeweils automatisch auf die im Prozess befindliche Bolzenlänge angepasst.

Bild 4 zeigt die vertikale induktive Erwärmungsstation bei geöffneter Schutztür, in **Bild 5** wird der Bolzen nach dem Erwärmungsvorgang gezeigt. Dieser wird dann horizontal an den Manipulator übergeben (**Bild 6**), der den Bolzen in die Strangpresse transportiert (**Bild 7**).

Eine weitere Besonderheit bei der induktiven Erwärmung dieser stark unterschiedlichen Materialen in einer Anlage liegt in der richtigen Positionierung des Blockes innerhalb der Spule, sowie die richtige Frequenzauswahl, die hier eine optimale Erwärmung und einen guten Wirkungsgrad sicherstellt. Gleichzeitig müssen die Blocklängen an die Spulennutzlänge angepasst werden.

Tabelle 1 und **Tabelle 2** zeigen Auslegungsparameter für verschiedene Abmessungen und Legierungen. Diese exemplarisch für zwei Blockdurchmesser und zwei Legierungstypen angegebenen Werte erläutern, wie extrem flexibel die Induktionsofenanlage gestaltet werden muss, um hier die Bandbreite des Einsatzgutes abzudecken.

Anhand der in **Bild 8** dargestellten Hauptbedienmaske sind die unterschiedlichen Prozessparameter dargestellt und zeigen die Komplexität innerhalb der Prozessführung, welche die gesamte Steuerung und das Leistungsteil entsprechend verarbeiten muss.

Die realisierte Anlage zeigt, welche Anforderungen bei modernen Erwärmungslinien für solch flexiblen Prozesse zu

Tabelle 1: Auslegungsdaten für Kupferbolzen bei Einsatzgutdurchmesser von 326 mm

Material	Block Da kalt (mm)	Block L kalt (mm)	Spule L1 (mm)	f (Hz)	U (V)	I (A)	P (kW)	Q (kVAr)
Cu	326	900	985	100	643,2	3.744	600,3	2.332
Cu	326	500	615	100	443,8	4.215	450,1	1.815,7
Cu	326	400	510	100	320,1	4.600	341,5	1.432,3

Tabelle 2: Auslegungsdaten für Bolzen aus CuCrZr bei Einsatzgutdurchmesser von 234 mm

Material	Block Da kalt (mm)	Block L kalt (mm)	Spule L1 (mm)	f (Hz)	U (V)	I (A)	P (kW)	Q (kVAr)
CuCrZr	234	600	705	100	619,9	3.560	600,1	2.123,6
CuCrZr	234	500	615	100	451,2	4.230	500,1	1.841,7
CuCrZr	234	400	495	100	345,5	4.387	400,1	1.462
CuCrZr	234	300	415	100	324,1	4.600	375,7	1.442,5

berücksichtigen sind. Auch wenn die Kombination von zwei Erwärmungskonzepten auf den ersten Blick sehr aufwendig erscheint, so sind hier durch die geschickte Kombination erhebliche Vorteile abzubilden. Jedes Erwärmungssystem für sich selbst betrachtet, ist nicht in der Lage hier alle Aspekte hinreichend zu erfüllen. Daher machen solche Kombinationen Sinn. Auch energetisch bietet dieses hybride Erwärmungssystem im Betrieb entsprechende Vorteile.

Zum Beispiel wird beim Gasofen durch die Aufgabenstellung der Grunderwärmung sichergestellt, dass die Brennersysteme am optimalen Betriebspunkt arbeiten. Die höheren Energiekosten bei der induktiven Nacherwärmung werden durch eine viel größere Prozesssicherheit und Reduzierung von Rüstzeiten bei Legierungsänderungen oder Auftragswechseln mehr als kompensiert. Gleichzeitig sichert das vertikale Erwärmungskonzept einen hohen thermischen Wirkungsgrad dieses Systems.

In der Praxis liegen die Energieverbrauchswerte beim Gasofen für reine Kupferbolzen bei ca. 125 kWh/t (Gasverbrauch + notwendige Leistung der Umwälzlüfter), die Induktionsöfen verbrauchen 48 kWh/t.

Damit ergibt sich ein kombinierter Energieverbrauch einschließlich aller Nebenaggregate von insgesamt 173 kWh/t bei einer Erwärmung des Einsatzgutes auf 890 °C.

Natürlich ist der Wirkungsgrad bei einer induktiven Einrichtung durch die physikalische Wirkungsweise geringer als beim Einsatz von Werkstoffen mit höheren spezifischen Widerständen. Durch die vertikale Anordnung und einer entsprechenden Isolationsausführung kann der geometrische Spalt sehr geringgehalten werden, was hier den Wirkungsgrad erheblich verbessert. Zusätzlich sorgt die besondere Konstruktionsausführung für einen hohen thermischen Wirkungsgrad.

Der elektrische Wirkungsgrad an den Spulen liegt beim Einsatz von Sonderlegierungen, je nach Material und Blockabmessungen bei CuNi 30 beispielsweise bei ca. 75 %.

Fazit

Aufgrund der hohen Varianz bei den eingesetzten Werkstoffen in typischen Fertigungslinien bei Strangpresswerken ist hier eine hohe Flexibilität seitens der Erwärmungsanlage

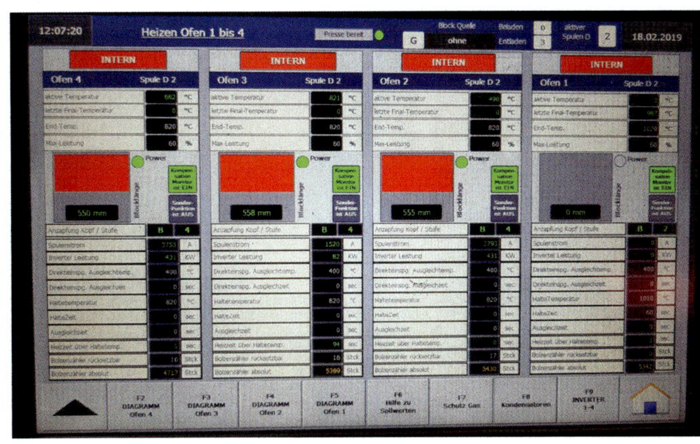

Bild 8: Hauptbedienmaske induktive Erwärmungslinie

gefordert. Durch intelligente Anlagenkonzepte kann hier den Anforderungen seitens des Betreibers entsprochen werden. In diesem Fall war die Kombination von leistungsstarken gasbeheizten Öfen in Verbindung mit vier vertikalen Einbolzenöfen mit einer Einzelleistung von jeweils 700 kW die beste Möglichkeit die Aufgabenstellung zu erfüllen.

Literatur

[1] Pressemitteilung SMS Group (Düsseldorf, 01.03.16)
[2] Werkstoffdatenblätter Deutsches Kupferinstitut

Autoren

Dipl.-Ing. **Stefan Beer**
ehemals IAS GmbH, Iserlohn

Dipl.-Ing. **Eugen Wegmayr**
Wieland Austria GmbH
Amstetten, Österreich
+43 (0) 7472 / 606-207
eugen.wegmayr@wieland.com

Solare Prozesswärme für die Oberflächenbehandlung

Martin Scheuerer, John Mitchell

Als Industrieland hat Deutschland einen hohen Bedarf an Prozesswärme, die bislang noch weitestgehend mit fossilen Brennstoffen erzeugt wird. Solarthermie liefert bereits heute in vielen Teilen Europas regelbare Wärme zwischen 50 und 430 °C und ist auch in Deutschland wirtschaftlich sinnvoll einsetzbar. Damit können die Systeme in weiten Bereichen der Industrie verwendet werden, z. B. in der Oberflächen- und Wärmebehandlung. Dank Integration von Wärmespeichern kann ein hoher solarer Deckungsgrad von bis zu 75% erreicht werden. Die Hybridisierung einer solarthermischen Anlage mit anderen erneuerbaren Quellen ermöglicht die ganzjährige Bereitstellung von erneuerbarer Prozesswärme.

Strom und Wärme in der Industrie

Im Industrieland Deutschland hat die Industrie einen Anteil von 29 % am Endenergieverbrauch. Dabei werden etwa zwei Drittel des industriellen Energieverbrauchs als Prozesswärme benötigt. Aktuell werden etwa 85 % des industriellen Wärmebedarfs mit fossilen Brennstoffen gedeckt. Als wesentliche Alternativen für klimaneutrale Wärme in der Industrie werden die Verwendung von Wasserstoff und die Elektrifizierung betrachtet, wodurch die Abhängigkeit der industriellen Wärme vom Strom deutlich wird. Daher ist es notwendig, bei der Debatte um einen Industriestrompreis nicht ausschließlich die Stromerzeugung zu betrachten. Denn wenn Strom zur Erzeugung von Wärme genutzt wird, hat auch ein Industriestrompreis deutliche Auswirkungen auf den Wärmemarkt.

Erneuerbare Wärmequellen zur Bereitstellung von (Hochtemperatur-)Prozesswärme sind oftmals aufgrund der hohen Temperaturanforderungen begrenzt. Aber die verschiedenen Industriezweige haben äußerst heterogene und vielschichtige Rahmenbedingungen und verlangen individuelle Versorgung: Dampf, verschiedene Druckstufen, direkte Wärmeverwendung aus Strom sowie konstanter oder zeitlich variabler bzw. stark variierender Bedarf. Rund die Hälfte des industriellen Wärmebedarfs für Prozesswärme entfällt dabei auf niedrige bis mittlere Temperaturbereiche bis 420 °C.

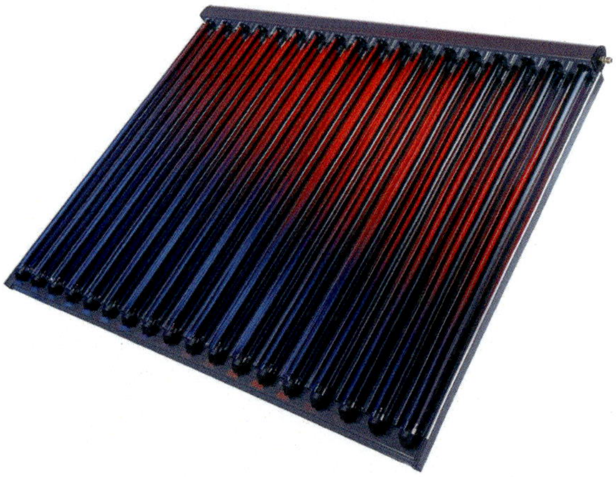

Bild 1: Vakuumröhrenkollektor für industrielle Anwendungen mit 3,4 m² Kollektorfläche (Quelle Protarget AG)

Technologie

Eine bereits weit verbreitete Technologie zur solaren Prozesswärme sind die sogenannten Vakuumröhrenkollektoren, durch die Einsatztemperaturen von bis zu 110 °C im industriellen Dauerbetrieb möglich sind. Die Kollektoren sind durch ihre kompakte und robuste Bauweise sowohl zur Dach- als auch zur Freiflächenmontage geeignet. Je nach Hersteller und Modell haben die verschiedenen Systeme eine Kollektorfläche von 2 bis 10 m². Basierend auf der erforderlichen Leistung der Solaranlage werden entsprechend viele Kollektoren zusammengeschaltet. Durch die Bauform sind die Kollektoren in der Lage sowohl direkte als auch diffuse Sonnenstrahlung in nutzbare Wärme umzuwandeln. Damit erzeugen sie unter Standardbedingungen ca. 500 W thermische Leistung pro Quadratmeter Kollektorfläche (**Bild 1**).

Typischerweise nutzen Kollektoren eine Flüssigkeit als Wärmeträger, zum Beispiel Wasser oder ein Wasser/Glykol-Gemisch. Es gibt aber auch mit Luft durchströmte Kollektoren. Diese Luftkollektoren werden vorranging für Trocknungsprozesse, z. B. die Trocknung von Hackschnitzeln oder anderer Biomasse, eingesetzt.

Die spezifischen Kosten dieser Technologie richten sich nach der Größe der installierten Anlage. Da die Kosten einzelner Systemkomponenten, wie Wärmetauscher, Steuerungssystem und Speicher sowie die Kosten für Planung und Aufbau, mit steigender Anlagengröße nicht in gleichem Maße ansteigen, sinken bei großen Solarthermie-Anlagen die spezifischen Investitionskosten nochmals deutlich.

In Prozessen, die Temperaturen zwischen 100 und 400 °C benötigen, kommen konzentrierende Kollektoren zum Einsatz. Die häufigste Anwendung für diese Kollektoren ist die solare Dampferzeugung. Dabei wird die direkte, energiereiche Sonnenstrahlung (DNI = Direct Normal Irradiation) entweder auf einen Punkt oder einen linearen Fokus gerichtet. Mithilfe von Spiegeln wird die Sonnenstrahlung auf einen Wärmeüberträger konzentriert. Weltweit am weitesten verbreitet sind dabei die linienfokussierenden Systeme mit hocheffizienten Parabolrinnenkollektoren. Diese Technologie ist bereits seit den Neunzigerjahren in großen Solarkraftwerken (> 50 MW) im Einsatz und wird dort für die Erzeugung von elektrischem Strom genutzt. Durch den Einsatz thermischer Speicher (z. B.

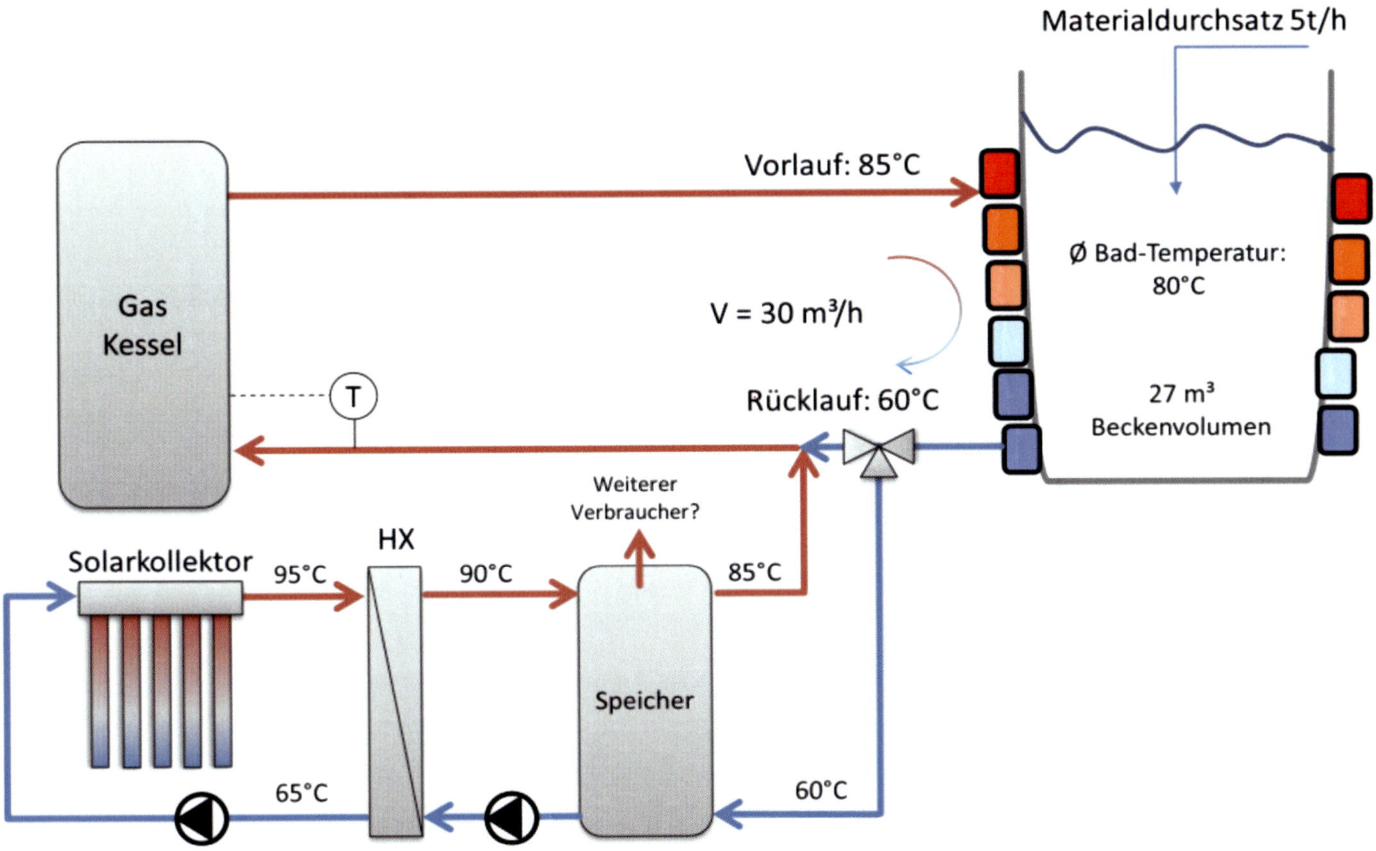

Bild 2: Integration einer solarthermischen Anlage mit Speicher zur Prozesswärmeversorgung einer Phosphatierstraße

mit flüssigem Salz) können diese Kraftwerke den solarerzeugten Strom auch in der Nacht in die Netze der Betreiber speisen.

Für dezentrale Anwendungen, wie z. B. die Erzeugung von industrieller Prozesswärme in der Beschichtungs- und Oberflächentechnik, werden kleine modulare Parabolrinnenkollektoren eingeätzt, die speziell an die Bedürfnisse von Industriekunden ausgelegt sind. Das heißt, wartungsarmer und vollautomatischer Betrieb über einen Zeitraum von 20 Jahren und mehr. Die Solaranlagen werden in die thermische Infrastruktur des Betriebes integriert und laufen in der Regel parallel zu den existierenden Kesselanlagen. Je nach Größe und Auslegung der Solaranlage kann so eine Energieersparnis von 20 bis 80 % erreicht werden.

Speicherfähigkeit

Ein solarthermischer Speicher ist oft integraler Bestandteil der Anlage. Im Grunde funktioniert ein solarthermischer Speicher genau wie ein Pufferspeicher im konventionellen Heizungs- und Warmwassereinsatz. Die Speichertechnologie hat sich über die letzten Jahre kaum verändert, da sie sich bereits auf einem relativ hohen Entwicklungsstand befindet. Die Verfügbarkeit am Markt ist sehr gut, was zu einem gesunden Wettbewerb und wirtschaftlich attraktiven Preisen für den Endkunden führt.

Die Dimensionierung eines solarthermischen Speichers hängt in großen Maßen von den Einsatzbedingungen ab. Prozesse mit einem möglichst konstanten Lastprofil und hohen jährlichen Betriebsstunden sind für den Einsatz der Solarthermie grundsätzlich von Vorteil. Schwankungen innerhalb des täglichen Lastgangs sind dabei unerheblich, da durch den Einsatz des thermischen Speichers eventuelle Lastspitzen

Bild 3: Solarthermische Anlage mit Vakuumröhrenkollektoren zur Vorwärmung des Speisekesselwassers eines Industriebetriebs (Quelle Protarget AG)

sehr einfach bedient werden können. Bei Firmen, die lediglich an Werktagen produzieren, kann die am Wochenende erzeugte Solarenergie in einem entsprechend dimensionierten Speicher zwischengelagert und am darauffolgenden Werktag abgerufen werden. Somit wird jede solare Kilowattstunde Wärme genutzt, die dann unabhängig von der Witterung zur Verfügung steht. Bei Unternehmen, die an sieben Tagen pro Woche einen Wärmebedarf haben, wird der Speicher auf Basis des täglichen Lastprofils dimensioniert (**Bild 2**).

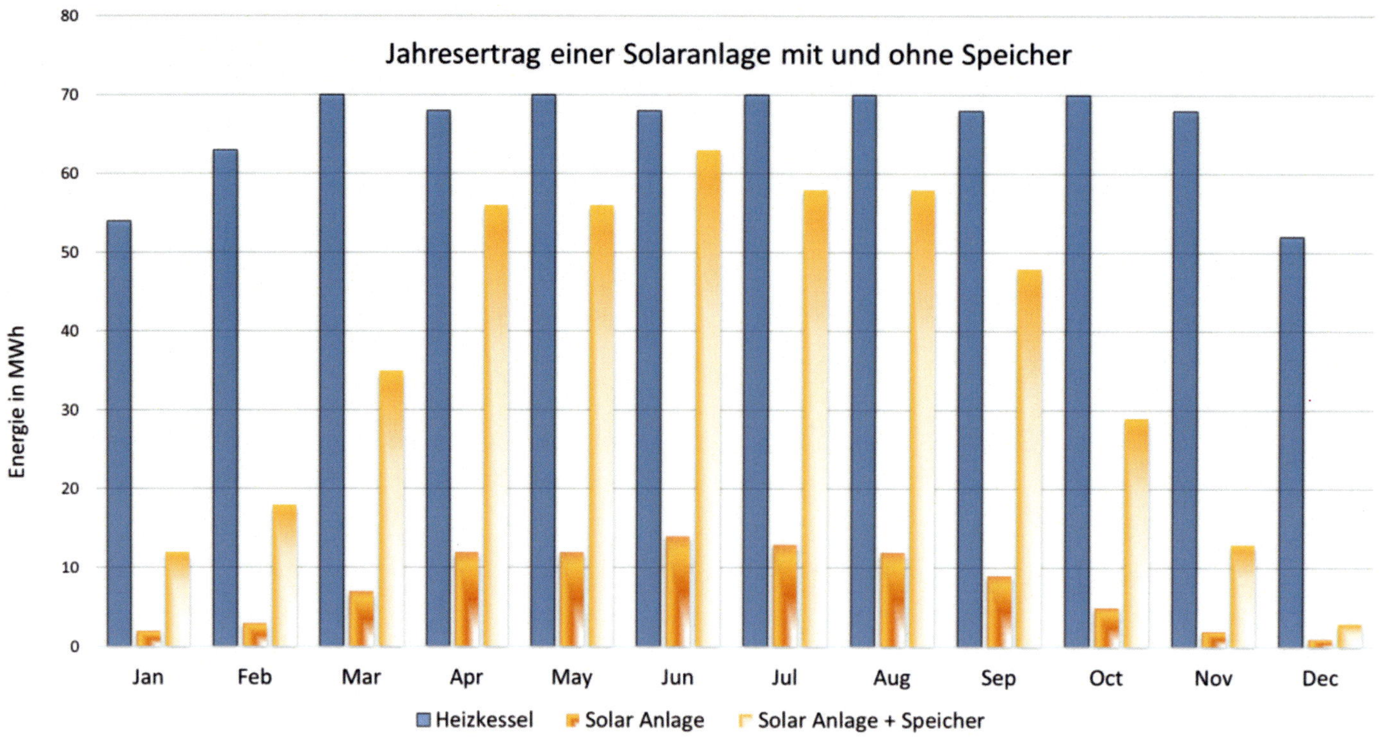

Bild 4: Jahresertrag einer Solarthermischen Anlage mit und ohne Speicher, im Vergleich zum Lastgang des konventionellen Heizkessels.

Bild 5: Solarthermische Anlage mit Vakuumröhrenkollektoren auf dem Dach eines Metallveredelungsbetriebs (Quelle Universität Kassel)

Integration

Im Unterschied zur Anwendung in Wohngebäuden ist im industriellen Umfeld die Einbindung solarer Prozesswärme immer individuell auf den jeweiligen Verbraucher zugeschnitten. Die solarthermischen Anlagen werden spezifisch auf die bestehende Infrastruktur ausgelegt und optimal integriert. Im Grunde sind zwei Integrationspunkte möglich: die Versorgungs- oder die Prozessebene. Auf der Versorgungsebene wird in die thermische Infrastruktur des Betriebes, solare Prozesswärme eingespeist. Da in den meisten Betrieben thermische Energie zentral erzeugt wird, z. B. durch einen Gaskessel, der mittels eines Verteilnetzes die verschiedenen Verbraucher mit der erzeugten Prozesswärme versorgt. Übersteigt die Prozesstemperatur 100 °C, wird die Energie zumeist in Form von Dampf bei Temperaturen zwischen 140 und 200 °C (4 bis 15 bar) innerhalb der Firma transportiert. Typische Anwendungsbeispiele für die Integration einer solarthermischen Anlage auf Versorgungebene sind das solare Vorwärmen von Kesselspeise- oder Kesselzusatzwasser (**Bild 3**).

Solare Prozesswärme kann jedoch auch direkt auf der Prozessebene an einzelne Verbraucher angeschlossen werden. Die Integration erfolgt über den Anschluss der solaren Wärme an den Prozess mittels eines externen Wärmetauschers. Typischerweise erhitzt der Wärmetauscher im Sekundärkreislauf dann entweder ein Produkt oder ein Prozessmedium (z. B. Lauge, Elektrolyt, etc.) und ist dem konventionellen Wärmetauscher vorgeschaltet. Die solare Wärme wird somit seriell eingebunden, sodass die geforderte Leistung komplett oder nur zu einem Teil durch solare Prozesswärme ersetzt wird. Der konventionelle Kessel bleibt als primäre Wärmequelle oder als Back-Up-System bestehen, während die Solaranlage als „Fuel-Saver" agiert. Je nach Größe der Solaranlage können sowohl der Öl- oder Gasverbrauch als auch die CO_2-Emissionen des bestehenden Heizkessels signifikat reduziert werden.

Aus wirtschaftlichen Gesichtspunkten wäre es jedoch nicht sinnvoll eine solarthermische Anlage so zu dimensionieren, dass der komplette thermische Energieverbrauch eines Jahres abgedeckt wird. Bei einer Anwendung mit einem Lastprofil von 24 Stunden und 7 Tagen die Woche kann eine solarthermische Anlage ohne Speicher ca. 20 bis 30 % der erforderlichen Energie bereitstellen. Eine Solaranlage mit thermischem Speicher kann nach wirtschaftlicher Auslegung zwischen 70 und 80 % pro Jahr abdecken (**Bild 4**).

Neben der nachträglichen Einbindung eines zusätzlichen, externen Wärmetauschers können alternativ auch interne Wärmeüberträger solar beheizt werden. Diese befinden sich oft in Bädern oder Anlagen und sind fest installiert. In diesem Fall empfiehlt es sich den konventionellen und den solarbetriebenen Wärmetauscher parallel zu installieren.

Bei großen Betrieben mit verschiedenen thermischen Prozessen finden sich oft mehrere praktikable Integrationspunkte für Solarwärme, sowohl auf der Versorgungs- als auch der Prozessebene. Eine Matrix der verschiedenen Optionen und eine eingehende Analyse der Vor- und Nachteile empfiehlt sich in solchen Fällen. Das erforderliche Temperaturniveau, die Betriebszeiten, die verfügbare Dach- oder Freifläche sowie die Distanz zwischen Solaranlage und dem eigentlichen Prozess sind die wichtigsten Kriterien zur Bestimmung des optimalen Integrationspunktes.

Anwendungsbeispiel

Für einen Großteil der Prozesse in der Industrie wird Prozesswärme mit einem Temperaturniveau unter 100 °C benötigt. Diese Prozesse sind überaus geeignet für den Einsatz von Vakuumröhrenkollektoren. Typische Anwendungsbeispiele sind die Einspeisung von solarer Prozesswärme für die Entfettung, für Spül- und Beizbäder sowie für elektrolytische Prozesse. Ab einer bestimmten Leistungsgrenze im Megawatt Bereich empfehlen sich konzentrierende Technologien (**Bild 5**).

Tauch- oder Spritzverfahren, die im Produktionsprozess angewendet werden, befinden sich meist in beheizten und belüfteten Produktionshallen. Damit kann über das Jahr gesehen mit relativ konstanten Wärmeverlusten, z. B. bei beheizten Bädern, gerechnet werden. Im Freien gelagerte Prozessmedien oder Werkstücke können dazu führen, dass die Bäder im Winter einen höheren Energiebedarf aufweisen. Dies stellt jedoch nur einen geringen Anstieg des Energiebedarfs im Vergleich zum Gesamtenergieverbrauch dar. Insgesamt ist bei Tauch- oder Spritzverfahren von guten Bedingungen für eine solarthermische Prozesswärmeversorgung auszugehen.

Im Folgenden werden die Ergebnisse einer Fallstudie der Universität Kassel, Institut für thermische Energietechnik [1] für einen mittelständischen Lohngalvanikbetrieb vorgestellt. Hierbei wurde die Umstellung sowohl einer elektrisch- wie auch einer wassergeführten, thermisch beheizten Produktionslinie mit solarer Prozesswärme untersucht und ein innovatives Wärmeversorgungskonzept erstellt.

Der jährliche Erdgasverbrauch des Unternehmens liegt bei rund 500 MWhth. Mithilfe eines Niedertemperaturgaskessels wird Prozesswärme für mehrere galvanische Beschichtungsstraßen sowie zur Raumheizung zur Verfügung gestellt. Der Wärmebedarf einer Beschichtungsstraße liegt je nach Produktionsauslastung bei 10 bis 13 MWhth/Monat. Das bestehende Verteilnetz weist Vorlauftemperaturen von ca. 80 °C und eine Rücklauftemperatur von 70 °C auf. Die maximalen Beckentemperaturen liegen in dieser Beschichtungsstraße bei ca. 62 °C.

Der Stromverbrauch des Betriebs stellt mit 1.600 MWhe/Jahr die größte Einzelposition bei den Energiekosten des Betriebes dar. Neben der elektrischen Badheizung beruht der Verbrauch auf den branchentypischen Produktionseinrichtungen wie Gleichrichter, Rührwerke und Pumpen. Im Gegensatz zu der thermisch beheizten Straße, liegen in der elektrisch beheizten Anlage Beckentemperaturen von 80 °C vor. Neben den heißen Prozessbecken gibt es aber auch eine Vielzahl an Vor- und Nachbehandlungsbädern, die Temperaturen zwischen 20 °C und 60 °C aufweisen. Für alle Beckenheizungen gilt, dass diese in der Nacht zwischen Produktionsende und -beginn für ca. drei Stunden abgeschaltet werden.

Bild 6: Parabolrinnenanlage mit 320 m² Kollektorfläche, zur Dampferzeugung in einem Industriepark nahe München (Quelle Protarget AG)

Die Studie kommt zu dem Ergebnis, dass eine solarthermische Anlage 50 bis 150 kWth Leistung aufgrund ihrer vergleichsweise geringen Größe (100 m² bis 300 m²) problemlos in den Betrieb integriert werden kann. Der kontinuierliche Betrieb von Galvanischen Prozessen ermöglicht einen sehr hohen Nutzungsgrad der solarthermischen Anlage. Das Temperaturniveau der Beschichtungsstraßen erlaubt eine direkte Einbringung der solaren Prozesswärme in die thermische Infrastruktur des Betriebs, wodurch eine schnelle und kosteneffiziente Systemintegration gewährleistet wäre. Diese Faktoren sorgten dafür, dass der Galvanikbetrieb sich bereits gegen die Anschaffung eines neuen Gaskessels als Wärmeerzeuger entschieden hat und im Rahmen weiterer Untersuchungen den Einsatz von Solarthermie erwägt.

Details zur Förderung

Das Bundesamt für Wirtschaft und Ausfuhrkontrolle (kurz BAFA) bezuschusst im Rahmen der „Bundesförderung für Energieeffizienz in der Wirtschaft" Investitionen in solarthermische Anlagen. Hierbei werden im Speziellen industrielle Anwendungen zur Nutzung solar erzeugter Prozesswärme gefördert. Die Erzeugung von Prozesswärme im Rahmen der Erbringung einer Dienstleistung, wie z. B. in der Lohnfertigung, kann ebenfalls gefördert werden. Damit wird eine zentrale Entscheidung des Klimakabinetts umgesetzt.

Zu den förderfähigen Investitionskosten zählen:

- Solarthermische Kollektoren
- Anbindung der beantragten Solaranlage an die Wärmesenke(n)
- Aufständerung und Unterkonstruktion für Solarkollektoren
- notwendige Baumaßnahmen zur Aufstellung z. B. Fundamente
- die zur Ertragsüberwachung und Fehlererkennung installierten Mess- und Datenerfassungseinrichtungen.

Zu den als Nebenkosten förderfähigen Ausgaben zählen darüber hinaus Kosten für:

- Machbarkeitsabschätzungen und Planungen im Zusammenhang mit der Umsetzung einer beantragten Maßnahme sowie
- Installations- und Montagekosten.

Nicht förderfähig sind:

- Investitionen in ergänzende Wärmeerzeuger auf Basis fossiler Energieträger und / oder KWK-Anlagen
- Kosten für Versicherungen, notwendige Prüfungen, Gutachten und Genehmigungen
- Maßnahmen für erforderliche Verbesserungen der Statik am und im Gebäude

Die maximale Förderung beträgt 10 Millionen Euro pro Investitionsvorhaben. Kleine und mittelständische Unternehmen (KMU) erhalten eine Förderquote von 55 %, Industriebetriebe 45 % der förderfähigen Investitionskosten.

Einsparpotential

Inwiefern mit einer Solaranlage Kosten eingespart werden können, hängt von folgenden Faktoren ab: Vom Umfang der Maßnahmen, von der gewählten Technologie und nicht zuletzt von der künftigen Entwicklung der Energiepreise. Unbestritten ist jedoch, dass die Nutzung einer solarthermischen Anlage einen wichtigen Beitrag zur Reduktion des CO_2-Ausstoßes und damit zur Dekarbonisierung der Industrie beitragen kann.

So kann ein Industriebetrieb durch die Nutzung einer Solarthermischen Anlage mit einer Kollektorfläche von z. B. 500 m^2, unter Standardbedingungen eine jährliche Energieersparnis von ca. 320 MWhth sowie eine Reduzierung der CO_2-Emissionen von ca. 80 t jährlich erzielen. Basierend auf marktüblichen Energiepreisen und unter Einbeziehung der staatlichen Förderung, kann sich die Investition in eine Solaranlage bereits nach fünf bis sieben Jahren komplett amortisieren. Steigende Preise für fossile Brennstoffe sowie die geplante Anhebung der CO_2-Besteuerung erhöhen die Wirtschaftlichkeit dieser Technologie noch zusätzlich. Aufgrund der langen Nutzungsdauer solarthermischer Systeme, von 20 Jahren und mehr, sind für industrielle Kunden und Investoren attraktive Kapitalrenditen erreichbar (**Bild 6**).

Wer die Investition in eine Solaranlage scheut, kann dennoch von den Vorteilen solarer Prozesswärme profitieren, indem er das sogenannte Energie-Contracting nutzt. Dabei übernimmt ein Contractor die Planung, Finanzierung, Realisierung sowie den Betrieb der Solaranlage und liefert die Wärme zu einem vertraglich fest vereinbarten Preis an das Unternehmen. Alternativ bieten Hersteller auch Leasing Modelle an, bei denen ein Industriekunde lediglich eine monatliche Gebühr für die Nutzung der Solaranlage zu entrichten hat. Betrieb und Wartung der Anlage wird dabei vom Systemanbieter übernommen. Beide Modelle, Energie-Contracting oder Leasing, bieten eine zusätzliche Planungssicherheit, da sie den Kunden unabhängig von zukünftigen Kraftstoffpreissteigerungen und Emissionsbesteuerungen unabhängig machen.

Im Mai 2020 hat die letzte Bundesregierung einen einheitlichen Preis für den Ausstoß von CO_2 beschlossen. Bislang mussten lediglich Unternehmen bestimmter Sektoren für den Ausstoß von CO_2 zusätzliche Steuern entrichten. Dazu gehören beispielsweise Fluggesellschaften oder Industrieunternehmen, die eine große Menge des Treibhausgases produzieren. Mit einem einheitlichen CO_2-Preis will Deutschland seine Emissionsziele erreichen. Unternehmen, die diese Brennstoffe in den Markt bringen, entrichten dafür ab dem kommenden Jahr einen CO_2-Preis, der dann an die Endkunden weitergegeben wird. Dies betrifft sowohl private Haushalte, das Gewerbe und im besonderen Maß die Industrie. Hier entstehen zusätzliche Kosten durch die Nutzung fossiler Brennstoffe wie Heizöl und Gas. Als CO_2-Steuer bezeichnet man Abgaben, die für die Emission von Kohlenstoffdioxid fällig werden.

Aktuell, im Jahr 2024, beträgt der nationale CO_2-Preis 45 Euro/t. Im Jahr 2025 wird dieser auf 55 Euro steigen, um sich dann im Jahr 2026 in einem Preiskorridor von 55 bis 65 Euro zu bewegen. Voraussichtlich wird der nationale CO_2-Preis 2027 durch das ETS-2-System ersetzt. Was eine Tonne CO_2 dann kosten wird, ist noch sehr unsicher. Wenn allerdings die Emissionen nicht schnell genug reduziert werden, können hohe Preissprünge entstehen. Aufgrund der Obergrenze an verfügbaren CO_2-Zertifikaten könnte es schnell zu Knappheiten kommen. Die Europäische Kommission geht für das Jahr 2030 von 48 bis 80 Euro aus, das Mercator-Institut MCC von 200 bis 300 Euro, Ariadne-Kopernikus von 175 bis 350 Euro [3].

Ausblick

Rund drei Viertel des Endenergieverbrauchs der Industrie in Deutschland fällt für die Erzeugung von Prozess- und Raumwärme an. Dies entspricht in etwa dem gesamten deutschen Stromverbrauch. Sowohl im Niedertemperaturbereich unter 100 °C als auch zur Dampferzeugung mit konzentrierenden Kollektoren bieten sich für den industriellen Sektor vielfältige Einsatzgebiete für solare Prozesswärme. Internationale Studien belegen das weltweite Potenzial dieser Technologie, so zum Beispiel die kürzlich erschienene Studie des Deutschen Zentrums für Luft- und Raumfahrt (DLR) „Concentrating solar systems in moderate climates" [2]. Die Studie belegt, dass Parabolrinnenanlagen zur solaren Prozesswärmeerzeugung bereits bei niedrigen Prozesstemperaturen ab 75 °C am Standort Deutschland wirtschaftlich betrieben werden können.

Literatur

[1] Universität Kassel, Institut für thermische Energietechnik: F. Pag, P. Majewska, K. Vajen, B. Schmitt - Solare Oberflächenbehandlung, CO2-freie Prozesswärme für Bäder, Trocknung & Co.

[2] Deutsches Zentrum für Luft- und Raumfahrt DLR: D. Krüger, S. Fischer, T. Hirsch und J. Iñigo Labairu - Concentrating solar systems in moderate climates

[3] Der CO2-Preis und seine Wirkung, Tageschau vom 03.11.2021

Autoren

Martin Scheuerer
Protarget AG
scheuerer@protarget-ag.com

John Mitchell
Protarget AG
mitchell@protarget-ag.com

„Wir kreieren Ideen und verbinden Akteure“

Dr.-Ing. Christian Schwotzer, Gruppenleiter Erneuerbare Energien und CO_2-arme Prozesswärme am IOB - Institut für Industrieofenbau und Wärmetechnik erläutert, welche Ziele das Innovationsnetzwerk Hybrid-Heating verfolgt.

Herr Schwotzer, wie hat sich das Innovationsnetzwerk Hybrid-Heating seit seiner Gründung entwickelt und auf welche Erfolge blicken Sie zurück?

Schwotzer: Das Innovationsnetzwerk ist aus dem gleichnamigen Innovationsforum Hybrid-Heating entstanden. Einem Projekt, das im November 2018 gestartet ist und durch das Bundesministerium für Bildung und Forschung im Rahmen der Initiative „Innovationsforen Mittelstand“ mit einer Laufzeit von neun Monaten gefördert wurde. Aufgrund der Relevanz des Themas für den Industrieofenbau und die Thermoprozesstechnik sowie der positiven Resonanz haben wir beschlossen, das Netzwerk als Innovationsnetzwerk Hybrid-Heating als eine Initiative des Instituts für Industrieofenbau und Wärmetechnik der RWTH Aachen University weiterzuführen.

Die Inhalte sowie die Organisation des Netzwerks haben sich dabei stetig weiterentwickelt. Während das Innovationsforum mit der Beantragung des Projektes noch einen gewissen regionalen Charakter hatte, ist das Innovationsnetzwerk deutlich überregionaler aufgestellt, wobei der Schwerpunkt nach wie vor auf dem Industriestandort Deutschland liegt und der Mittelstand in diesem Netzwerk stark verankert ist. Inhaltlich ist Hybrid-Heating sicherlich auch nicht ausschließlich auf den flexiblen Einsatz von Strom und Gas zu beschränken, sondern es geht vielmehr um den flexiblen Einsatz grüner Energieträger, wie es sich auch im Logo des Netzwerks widerspiegelt. Insgesamt geht es in dem Netzwerk um die Themen der Energiewende für den Industrieofenbau und die Thermoprozesstechnik, welche sich sehr dynamisch verändern und sich entsprechend in der Arbeit des Netzwerkes wiederfinden. Dabei ist das Netzwerk in den letzten Jahren stetig gewachsen und es haben ebenfalls viele branchenfremde Interessenten an den Veranstaltungen teilgenommen. Diese branchenübergreifende Vernetzung ist sicherlich einer der größten Erfolge für uns.

Welche Projekte haben Sie seitdem mit Unternehmen umgesetzt?

Schwotzer: Das ist nicht eindeutig zu beantworten, da das Netzwerk in erster Linie ein Inkubator für Projekte ist, deren Umsetzung dann im Rahmen anderer Möglichkeiten und Initiativen stattfindet. Eine direkte Zurechnung zum Netzwerk ist nicht möglich. Ich bin mir aber ziemlich sicher, dass einige Projekte der letzten Jahre ihren Ursprung im Netzwerk haben – also auf den Dialog und die Zusammenarbeit im Rahmen der Veranstaltungen zurückzuführen sind.

Wie binden Sie Unternehmen in das Netzwerk ein?

Schwotzer: Das Innovationsnetzwerk basiert auf Veranstaltungen zu spezifischen Themen der Energiewende. Im Rahmen von Vorträgen, Workshops und Diskussionsrunden stellen wir Ideen vor und die Teilnehmerinnen und Teilnehmer können sich austauschen. Zu Beginn der Arbeit

Dr.-Ing. Christian Schwotzer
Gruppenleiter Erneuerbare Energien und CO_2-arme Prozesswärme am IOB - Institut für Industrieofenbau und Wärmetechnik

des Netzwerkes war dies ausschließlich im Rahmen von Präsenzveranstaltungen der Fall. Dies hat sich in den letzten Jahren verändert und es sind virtuelle Formate hinzugekommen. Ich bin jedoch fest davon überzeugt, dass wir Präsenzveranstaltungen für das „Netzwerken" und den persönlichen Austausch zwischen den Teilnehmern benötigen. In Zukunft werden wir gezielt auch die Vorteile aller Möglichkeiten nutzen. Insbesondere auf die Präsenzveranstaltungen freue ich mich sehr. Darüber hinaus sind wir mit dem Netzwerk auch auf Messen wie der E-World präsent und fördern hier insbesondere den branchenübergreifenden Austausch.

Welche weiteren Schritte planen Sie, um das Innovationsnetzwerk zu stärken?
Schwotzer: Wir möchten definitiv wieder den persönlichen Austausch fördern und hoffen, im Herbst dieses Jahres eine Veranstaltung ausrichten zu können.

Welche Rolle spielt Hybrid-Heating im Rahmen der Energiewende?
Schwotzer: Hybrid-Heating kann einen Beitrag im Zusammenhang mit dem Demand-Side-Management leisten und so zur Stabilisierung des Stromnetzes beitragen. Dadurch könnte zum Beispiel Überschussstrom aus erneuerbaren Energien gezielt zur Prozesswärmeerzeugung eingesetzt werden. Das technische und wirtschaftliche Potential muss sicherlich jeweils prozess- und standortspezifisch geprüft werden, aber Hybrid-Heating kann ein weiteres Instrument in den sehr komplexen Zusammenhängen der Energiewende sein und zur Defossilisierung beitragen.

Gibt es ein Projekt im Rahmen der Initiative, das Sie als besonders erfolgreich bezeichnen würden?
Schwotzer: Erfolg ist eine relative Größe und wie bereits ausgeführt ist eine direkte Zuordnung der Projekte zum Netzwerk auch nur bedingt möglich. Ich möchte aber ein mir persönlich sehr wichtiges Projekt nennen, welches wir in den letzten drei Jahren zusammen mit dem Fraunhofer-Institut für System- und Innovationsforschung ISI bearbeitet haben. Hierbei handelt es sich um eine Studie zum Thema „CO_2-neutrale Prozesswärmeerzeugung", welche wir für das Umweltbundesamt durchführen und die dieses Jahr fertiggestellt werden wird. Im Rahmen des Vorhabens wird die Erzeugung von Prozesswärme für Industriebranchen aus den Bereichen Metall- und Mineralindustrie sowie die Dampferzeugung als branchenübergreifende Technik mit dem Fokus einer zukünftigen Umstellung auf treibhausgasneutrale Prozesswärmeerzeugung untersucht. Die Vernetzung mit dem Fraunhofer-Institut ISI hat ihre Ursprünge im Innovationsnetzwerk und unsere Möglichkeiten zum Austausch waren wiederum ein wichtiger Bestandteil im Rahmen der Arbeiten zur Studie.

Im April findet die Diskussionsrunde „CO_2-neutrale Prozesswärmeerzeugung" statt. Welche Themen stehen konkret auf der Agenda?
Schwotzer: Es stehen die drei Themen Technik, Ökologie und Ökonomie im Fokus. Diese drei grundlegenden Themengebiete sind wichtige Bestandteile der Energiewende und können nicht vollständig separat voneinander betrachtet und weiterentwickelt werden. Daher versuchen wir, einen Schwerpunkt auf die Verbindung dieser drei Dimensionen im Kontext der Energiewende zu legen. In diesem Zusammenhang möchten wir eine Diskussion über den Einsatz von Wasserstoff, die Elektrifizierung von Industrieofenbau und Thermo-

Das Innovationsnetzwerk Hybrid-Heating

Das Ziel des Innovationsnetzwerks „Hybrid-Heating - Hybride Beheizungstechnologien für Industrieöfen als Beitrag zur Energiewende" ist die Pflege eines interdisziplinären, überregionalen Netzwerks zwischen Partnern aus Anlagenbau und -betrieb, Zulieferern, Energieversorgern, Strom-/Netzdienstleistern sowie Forschung und Entwicklung zur Ermittlung der Potentiale neuer, innovativer Beheizungskonzepte für Industrieöfen und Thermoprozessanlagen vor dem Hintergrund der Energiewende.

„Hybrid-Heating" beschreibt dabei den flexiblen Einsatz grüner Energieträger. Der zunehmende Ausbau der Erneuerbaren Energien führt zu wesentlichen Veränderungen auf dem Energiemarkt hinsichtlich des Preises und Verfügbarkeit von Strom. Aber auch neue, innovative Systemlösungen wie Power-to-Gas und insbesondere Wasserstoff sind Teil der Energiewende und führen zu Veränderungen in Bezug auf die Energieversorgung. Dies stellt energieintensive Branchen wie die Stahl-, Eisen-, Aluminium- oder auch die Mineralindustrie vor vielfältige Herausforderungen. So muss mit einer erheblichen Volatilität von Strompreis und -verfügbarkeit gerechnet werden, was die langfristige Investitionsplanung für den Bau und Betrieb von energieintensiven Anlagen wie Industrieöfen deutlich erschwert. Die Anlagenbauer und deren Zulieferer müssen auf diese Entwicklungen reagieren, indem sie innovative Konzepte und Geschäftsmodelle entwickeln. Damit Deutschland seine führende Wettbewerbsposition im Anlagenbau im internationalen Vergleich behaupten kann, sind dazu nicht mehr nur stetiger wissenschaftlicher und technischer Fortschritt der Unternehmen, sondern vielmehr technologie- und branchenübergreifende Kooperationen notwendig.

Das Innovationsnetzwerk „Hybrid-Heating" bietet den Teilnehmern die Möglichkeit sich zu informieren und zu vernetzen sowie eigene Lösungen und Ideen beizutragen. Das Ziel ist, neue Geschäftsmodelle und technologie- und branchenübergreifende Kooperationen zu initiieren und so die Wettbewerbsposition der Unternehmen zu stärken.

prozesstechnik und natürlich hybride Anlagentechnik führen. Alle drei Schwerpunkte sind für die Energiewende gleichermaßen relevant. Es gilt, die Möglichkeiten gezielt und vor allem energieeffizient einzusetzen und weiterzuentwickeln.

Die Dekarbonisierung ist das zentrale Thema für die Stahlindustrie. Welchen Beitrag leistet das Innovationsnetzwerk in diesem Zusammenhang?

Schwotzer: Das Innovationsnetzwerk legt den inhaltlichen Schwerpunkt auf die technischen Schritte entlang der Prozesskette, welche in den Studien der letzten Jahre weniger sichtbar waren. Der Fokus liegt also nicht direkt auf der Stahlindustrie und der Rohstahlerzeugung. Das Innovationsnetzwerk liefert insofern einen Beitrag, als dass es eine Plattform für den Austausch und die Erarbeitung der Möglichkeiten für den heterogenen Anlagenpark der Thermoprozesstechnik insgesamt bietet. Letztlich ist jede Anlage entlang der Prozesskette von der Energiewende betroffen.

Welche geschäftlichen Chancen bietet die Dekarbonisierung für den Industrieofenbau und die Thermoprozesstechnik?

Schwotzer: Aus Sicht der Forschung und Entwicklung ist der sich vollziehende Wandel ein spannendes Feld für den Industrieofenbau und die Thermoprozesstechnik, da viele neue Herausforderungen und Fragestellungen entstehen. Während es auf der einen Seite Unsicherheiten gibt, sehe ich langfristig vor allem die Chance, neue Technologiefelder zu besetzen.

Wie lange wird es dauern, die Thermoprozesstechnik auf neue Energien umzustellen?

Schwotzer: Viele Technologien sind gegenwärtig vorhanden oder bereits weit entwickelt und warten nur auf ihren ökologischen und ökonomischen Einsatz in den passenden Rahmenbedingungen. Hier ist die Politik in besonderem Maße gefragt, die richtigen Weichen zu stellen und die Industrie bei der Transformation zu unterstützen.

Herr Schwotzer, vielen Dank für das Gespräch.

Hybrid Heating – Ergebnisse des Innovationsforums und Ausblick

Dr.-Ing. Thomas Echterhof, Dr.-Ing. Christian Schwotzer, Prof. Dr.-Ing. Herbert Pfeifer

Hybrid Heating, das beschreibt den flexiblen Energieeinsatz der Zukunft, aber auch die daraus resultierenden Unsicherheiten. Die Energiewende und der damit einhergehende Einsatz erneuerbarer Energien anstelle der bisher genutzten fossilen Energieträger wie Öl oder Gas stellt insbesondere energieintensive Branchen wie die Industrieofentechnik vor vielfältige Risiken und Herausforderungen. Damit diese sicher bewältigt werden können, sind neben innovativem Denken und Handeln wirtschaftliche Geschäftsmodelle unerlässlich, für die es vielfach neuer, strategischer Kooperationen bedarf. Das vom Bundesministerium für Bildung und Forschung geförderte Innovationsforum „Hybrid Heating" bot den Teilnehmern im Rahmen der stattfindenden Veranstaltungen die Möglichkeit, sich zu informieren, zu vernetzen, eigene innovative Lösungen und Ideen zum Thema beizutragen, neue Geschäftsmodelle und Kooperationen zu initiieren und so ihre Wettbewerbsposition zu stärken. Es standen u. a. Fragestellungen aus den Bereichen Produktion, Anlagenbau und Energieversorgung der Zukunft im Fokus der Veranstaltungen.

Einleitung

Das Ziel des Innovationsforums „Hybrid-Heating – Hybride Beheizungstechnologien für Industrieöfen als Beitrag zur Energiewende" war der Aufbau eines interdisziplinären, überregionalen Netzwerks zwischen Partnern aus Anlagenbau und -betrieb, Zulieferern, Energieversorgern, Strom-/Netzdienstleistern sowie Forschung und Entwicklung zur Ermittlung der Potenziale neuer, innovativer Beheizungskonzepte für Industrieöfen vor dem Hintergrund der Energiewende als Basis für nachhaltige Kooperationen und Geschäftsmodelle der beteiligten Akteure, insbesondere KMU.

Hybrid Heating beschreibt dabei zum einen den flexiblen Energieeinsatz der Zukunft, zum anderen aber auch die daraus resultierenden Unsicherheiten. Die Betreiber und Hersteller von Industrieöfen und wärmetechnischer Anlagen sowie deren Zulieferer werden durch die Energiewende und dem damit verbundenen zunehmenden Einsatz erneuerbarer Energien anstelle der bisher genutzten fossilen Energieträger wie Öl oder Gas vor vielfältige Herausforderungen und Risiken gestellt. Diese gehen vielfach über die vorhandenen Kompetenzen, insbesondere von KMU, hinaus und lassen sich nicht isoliert, sondern nur durch branchenübergreifende Kooperationen und Wissenstransfer sicher bewältigten.

Der Kern des Vorhabens war dabei die ganzheitliche Vernetzung unterschiedlicher Akteure aus den Bereichen Anlagenbau und -betrieb von Industrieöfen, Strom- und Netzdienstleistungen, Zulieferern sowie Verwaltung und Wissenschaft. Durch die Ergebnisse sollen die Voraussetzungen für die Entwicklung und Umsetzung neuer Geschäftsmodelle und langfristiger Kooperationen geschaffen werden, die zu einer nachhaltigen Weiterentwicklung der Teilnehmer und die Stärkung ihrer Wettbewerbsposition führen.

Das Innovationsforum „Hybrid Heating" bot den Teilnehmern die Möglichkeit, sich zu informieren, zu vernetzen, eigene innovative Lösungen und Ideen zum Thema beizutragen, neue Geschäftsmodelle und technologie- und branchenübergreifende Kooperationen zu initiieren und so ihre Wettbewerbsposition zu stärken. Es sollte so den Aufbau eines interdisziplinären, überregionalen Netzwerks anstoßen und fördern. Dazu fanden verschiedene Fachveranstaltungen und Workshops sowie eine zweitägige Abschlussveranstaltung statt.

Hintergrund

Die Motivation für das Innovationsforum resultiert aus dem verstärkten Ausbau der erneuerbaren Energien wie Windkraft und Photovoltaik im Rahmen der Energiewende, den damit verbundenen Lastschwankungen im Stromnetz und der Notwendigkeit der stärkeren Einbindung von EE in Industrieöfen, insbesondere in der Metallverarbeitung. Im Jahr 2015 lag der stetig steigende Anteil von EE an der Primärenergiegewinnung in Deutschland bei ca. 12 %, wobei keine konstante Grundlast durch EE gewährleistet ist. Vielmehr besteht ein stark schwankendes Lastprofil, insbesondere durch den Einsatz von Windkraft und Photovoltaik. In energieintensiven Branchen wie dem Sektor „Verarbeitendes Gewerbe und Bergbau sowie Gewinnung von Steinen und Erden" wird der Großteil des Energiebedarfs bisher durch fossile Energieträger und Strom aus konventionellen Energieträgern gedeckt. Der Einsatz erneuerbarer Energien zur Metallerzeugung und -bearbeitung, aber auch der Herstellung von Glaswaren, Keramik, Verarbeitung von Steinen und Erden beträgt weniger als 2 %.

Ein weiterer wichtiger Beweggrund zur Beantragung des Innovationsforums war, dass der Bestand an großen Industrieöfen (diskontinuierliche Anlage > 10 t Kapazität, kontinuierliche Anlage > 20 t/Tag) mit fossiler Beheizung innerhalb der EU nach einer Studie der Europäischen Kommission aus dem Jahr 2012 [1] ca. 10.000 Anlagen beträgt. Der jährliche Absatz an Neuanlagen in die EU beträgt 300 Stück. Die bestehenden Anlagen haben einen Energieverbrauch von ca.1.050 TWh/Jahr. Der Bestand an mittelgroßen Industrieöfen (diskontinuierliche

Anlage < 10 t Kapazität, kontinuierliche Anlage < 20 t/Tag), speziell in der Eisen- und Nichteisenindustrie in der EU, beträgt ca. 34.400 Anlagen. Diese haben einen jährlichen Energiebedarf von ca. 23.8 TWh/Jahr. Der jährliche Absatz an Neuanlagen beträgt ca. 2.140 Stück.

Der zunehmende Ausbau der erneuerbaren Energien (EE) führt zu wesentlichen Veränderungen auf dem Energiemarkt hinsichtlich des Preises und der Verfügbarkeit von Strom. Aber auch neue, innovative Systemlösungen wie Power-to-Gas sind Teil der Energiewende und führen zu Veränderungen in Bezug auf die Energieversorgung der Zukunft. Dies stellt insbesondere energieintensive Branchen wie bspw. die Stahl-, Eisen-, Aluminium- oder auch die Chemieindustrie vor vielfältige Risiken und Herausforderungen. So muss mit einer erheblichen Volatilität von Strompreis und -verfügbarkeit gerechnet werden, was die langfristige Investitionsplanung für den Bau und Betrieb von energieintensiven Anlagen wie Industrieöfen deutlich erschwert. Die Anlagenbauer, aber auch deren Zulieferer müssen auf diese Entwicklungen reagieren, indem neue, innovative Konzepte und Geschäftsmodelle entwickelt werden. Damit Deutschland seine führende Wettbewerbsposition im Anlagenbau im internationalen Vergleich behaupten kann, sind dazu nicht mehr nur stetiger wissenschaftlicher und technischer Fortschritt der Unternehmen, sondern vielmehr technologie- und branchenübergreifende Kooperationen notwendig. Dabei ist Deutschland mit einem ausgeprägten Mittelstand insbesondere auf die Innovationsfähigkeit von KMU angewiesen. Besonders der Bereich der Industrieofentechnik ist durch einen hohen Anteil an KMU geprägt, wodurch ein hohes Marktpotenzial für die Umsetzung von innovativen Ideen im Rahmen neuer Kooperationen und Geschäftsmodelle für diese Zielgruppe besteht.

Veranstaltungen des Innovationsforum

Im Rahmen des geförderten Vorhabens Innovationsforum wurden vom Institut für Industrieofenbau und Wärmetechnik eine Kick-off-Veranstaltung, zwei Workshops und das zweitägige Innovationsforum organisiert und durchgeführt. Darüber hinaus nutzte das IOB die Gelegenheit, das Thema Hybrid Heating im Februar 2019 auf der Leitmesse der Energiewirtschaft, der E-world energy & water in Essen, zu präsentieren.

Kick-off-Veranstaltung

Die Veranstaltungen des Innovationsforums starteten im November 2018 mit rund 50 Vertretern aus Industrie, Wissenschaft und Verbänden mit der Kick-off-Veranstaltung. Nach Begrüßung und Vorstellung des Projekts und der Intention des Innovationsforums folgten Vorträge aus Industrie und Wissenschaft, welche die Entwicklungen auf dem Energiemarkt und mit dem hybriden Rekuperator neue Technologien im Kontext von Power-to-Heat thematisierten. Ein Vortrag zum Thema virtuelle Kraftwerke verdeutlichte, wie energieintensive Anlagen als Verbraucher am Energiemarkt profitieren können. Abgerundet wurde die Auftaktveranstaltung mit einer Podiumsdiskussion mit dem Fazit, dass im Bereich der Industrieofentechnik eine Vielzahl von innovativen hybriden Beheizungskonzepte vorhanden ist.

Fachworkshops

Nach einer erfolgreichen Auftaktveranstaltung fand der erste Fachworkshop „Anlagenbau und Anlagenbetrieb“ zum Innovationsforum „Hybrid Heating“ mit rund 35 Vertretern aus Industrie, Wissenschaft und Verbänden im Dezember 2018 statt. Dieser hatte die Zielsetzung, den Stand der Technik im Bereich Hybrid Heating zu erarbeiten. In kurzen Vorträgen folgte die Vorstellung technischer Lösungen zum Thema hybride Beheizungstechnologien für verschiedenste industrielle Anwendungsfälle, wie die Eisen- und Stahlherstellung, aber auch die Herstellung von Produkten aus Aluminium oder Glas. Hier standen insbesondere die technischen Möglichkeiten des Anlagenbaus, aber auch der Zulieferer, wie etwa die Hersteller von Brennern oder Heizelementen, im Fokus. Ergänzt wurden die Beiträge aus der Industrie durch Beiträge aus der Wissenschaft zum Thema hybride Erwärmungskonzepte aus Forschung und Entwicklung sowie CO_2-Einsparung. Anschließend blieb Raum für die offene Diskussion spezifischer Problem- und Fragestellungen. Die Veranstaltung endet mit dem Fazit, dass die Industrieofentechnik grundsätzlich mit vielen innovativen Technologien, Konzepten und technischen Lösungen zum Thema Hybrid-Heating sehr gut aufgestellt ist. Die Ergebnisse des ersten Workshops bildeten die Basis für die Erarbeitung der rechtlichen, politischen und wirtschaftlichen Rahmenbedingungen im zweiten Workshop.

Mit rund 35 Vertretern aus Industrie, Wissenschaft und Verbänden wurden im 2. Fachworkshop zum Innovationsforum „Hybrid-Heating“ im Februar 2019 die rechtlichen und wirtschaftlichen Rahmenbedingungen für hybride Anlagen diskutiert, sodass Handlungsoptionen für Anlagenbau, -betrieb, Energieversorger und -dienstleister, Forschung sowie Verwaltung abgeleitet werden konnten. Dabei galt es, die technischen und wirtschaftlichen Möglichkeiten zur Einbindung hybrider Beheizungskonzepte in flexible Energiesysteme zu diskutieren.

Nach einer Vorstellung des Innovationsforums folgte die Vorstellung der Klimaziele als eine der Rahmenbedingungen für Hybrid Heating durch Frau Krebs vom VDMA aus Brüssel. Der Vortrag betonte zum einen die erhöhten Anforderungen an die Industrie und ihre Prozesse, zum anderen aber auch die Chance für die Industrie als Innovationsführer und Mitgestalter der Energiewende aufzutreten. Es folgten ein Kostenvergleich für hybrid und konventionell beheizte Anlagen durch Herrn Dr. Schröder, bevor Herr Professor Dr. Borchert das Thema: „Industrieunternehmen als flexible Teilnehmer am Strommarkt – Notwendigkeit oder Wunsch?“ adressierte. Hierbei können Industrieunternehmen ihren Nutzen aus Flexibilität ziehen, wenn sie Prozesse flexibilisieren und so auf Engpässe im Markt oder im Netz reagieren, sie mit dem Lieferanten bzw. Energiehändler enger interagieren oder sie eine Steuerung durch den Netzbetreiber erlauben und so Systemdienstleistungen bereitstellen. Es folgten weitere Vorträge und Diskussionen zu spezifischen Themen wie der Hybridisierung von Prozessen in der Grundstoffindustrie sowie der Einbindung hybrider Anlagen in virtuelle Kraftwerke und Wärmebehandlungsöfen in der ETA-Fabrik.

Die Veranstaltung endet mit dem Fazit, dass der Zugang zum Energiemarkt für hybride Anlagen aktuell nur bedingt möglich ist und nur geringe wirtschaftliche Anreize bestehen. Die Industrie hat aber auch die Möglichkeit und steht in der Pflicht, die notwendigen rechtlichen und wirtschaftlichen Rahmenbedingungen für einen erfolgreichen Einsatz hybrider

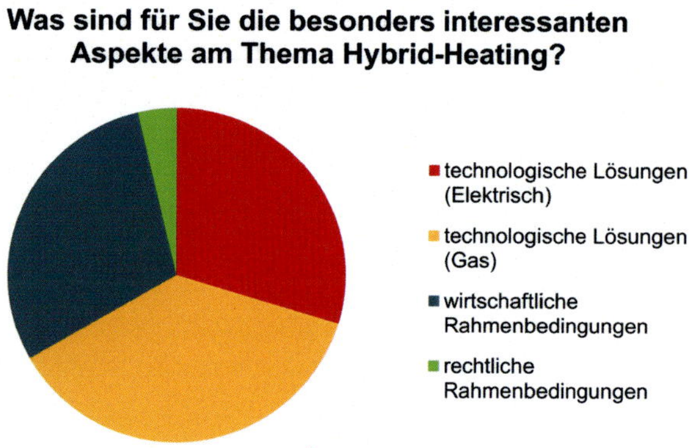

Bild 1: Interessante Aspekte am Thema Hybrid Heating

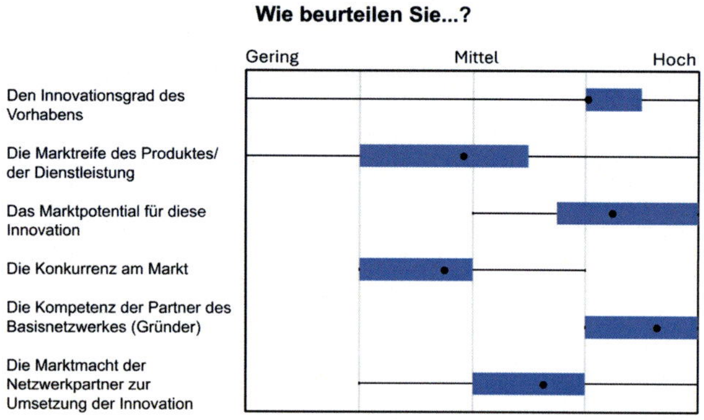

Bild 2: Beurteilung des Innovationsforums „Hybrid Heating"

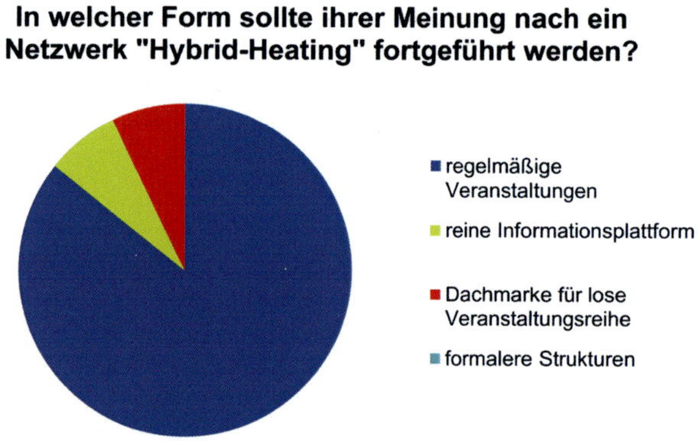

Bild 3: Fortführung des Netzwerks „Hybrid Heating"

Anlagen zu definieren. Handlungsbedarf besteht insbesondere im Bereich der Energiepreisbildung.

Abschlussveranstaltung des Innovationsforums

Mit über 50 Vertretern aus Industrie, Wissenschaft und Verbänden fand am 11. und 12. April 2019 das zweitägige Innovationsforum „Hybrid Heating" in Aachen statt. Die Teilnehmer kamen zu gleichen Teilen aus der Region Aachen und NRW sowie aus anderen Teilen Deutschlands, zusätzlich reisten Teilnehmer aus anderen EU-Staaten an. Vertreten waren zu ca. 40 % produzierende Unternehmen und zu 25 % Dienstleistungsunternehmen. Weitere Teilnehmer vertraten Universitäten oder Hochschulen, Forschungseinrichtungen, Transfereinrichtungen und Beratungsunternehmen, sodass insgesamt eine breit gefächerte Expertise zur Besprechung der Themen bereitstand.

Auf Basis der in den beiden vorangegangenen Fachworkshops erarbeiteten Inhalte wurden in den Vortragssessions die möglichen technischen Lösungen auf der Seite von Anlagenbau und -steuerung sowie die wirtschaftlichen und politischen Rahmenbedingungen für die Akteure in Industrie und Wirtschaft präsentiert. Bei der Hauptveranstaltung lag der Fokus auf der Kombination der in den Fachworkshops gewonnenen Erkenntnisse zur Lösungsfindung sowie auf der Diskussion der Teilnehmenden untereinander. Auf diese Weise soll ein interdisziplinäres, überregionales Netzwerk zwischen Partnern aus den oben genannten Bereichen aufgebaut werden, um vor dem Hintergrund der Energiewende gemeinsam Lösungen für die flexible Nutzung hybrider Beheizungskonzepte in Industrieöfen und letztlich zur Einsparung von CO_2-Emissionen zu finden.

Die insgesamt 19 Fachvorträge sowie eine Podiumsdiskussion lieferten den Teilnehmenden aus unterschiedlichen Branchen einen guten Überblick über die Möglichkeiten und Herausforderungen seitens der Thermoprozesstechnik und des Energiemarkts, über rechtliche und technische Rahmenbedingungen sowie über zahlreiche Fördermöglichkeiten und laufende sowie abgeschlossene Forschungsprojekte [2]. Die angeregten Diskussionen in den Pausen sowie die Podiumsdiskussion dienten dem fachlichen Austausch und dem Knüpfen neuer Kontakte.

Innovationsforum Hybrid-Heating auf der Messe THERMPROCESS 2019

Im Anschluss an die geförderte Startphase des Innovationsforums wurde das Thema Hybrid Heating im Juni 2019 im Rahmen der THERMPROCESS 2019 in Düsseldorf durch eine Vortragsreihe und eine Podiumsdiskussion aufgegriffen. Die Veranstaltung wurde vom IOB gemeinsam mit der Messe Düsseldorf im Rahmen des THERMPROCESS Symposiums 2019 organisiert.

Ergebnisse und Ausblick

In einer Umfrage wurden die Teilnehmenden gebeten, ihre Eindrücke, Vorstellungen und Erwartungen in Bezug auf das Innovationsforum „Hybrid Heating" darzulegen. Als besonders interessante Aspekte am Thema Hybrid Heating stellten sich die technologischen Lösungsmöglichkeiten für elektrische Beheizung und Gasbeheizung sowie die wirtschaftlichen Rahmenbedingungen heraus. Den rechtlichen Rahmenbedingungen hingegen wurde im Kontext von Hybrid Heating ein geringerer Stellenwert zugeordnet (**Bild 1**).

Bei der abschließenden Beurteilung des Innovationsforums durch die Teilnehmenden wurden der Innovationsgrad, das Marktpotenzial und die Kompetenz der Partner des Basisnetzwerks als hoch eingeschätzt. Bei der Beurteilung der Marktreife des Konzeptes liegt eine Streuung der Ergebnisse vor, was durch die Vielzahl unterschiedlicher Herangehensweisen begründet werden kann. Die Konkurrenz am Markt wird als gering bis mittel eingeschätzt, die Marktmacht der Netzwerkpartner als mittel bis hoch (**Bild 2**). Zusammenfassend lässt sich feststellen, dass ein großes Potenzial im Themenfeld Hybrid Heating besteht. Es besteht noch Forschungs- und

Handlungsbedarf, um die Marktreife voranzubringen. Dies bestätigt das IOB in dem Vorhaben, das Netzwerk fortzuführen.

Das Innovationsforum Hybrid Heating hat die selbstgesetzten Ziele der gemeinsamen Lösungsfindung und der Vernetzung der Vertreter der verschiedenen Branchen erreicht. Das Konzept des Forums ist daher als erfolgreich zu bewerten. Es bekundeten nahezu alle Befragten die Absicht, auch am zukünftigen Netzwerk teilzunehmen. Die Fortführung des Netzwerks „Hybrid Heating" wird primär Form von regelmäßigen Veranstaltungen gewünscht (**Bild 3**). Dies kann Workshops, Seminare, die Durchführung eines jährlichen Forums oder ähnliche Ansätze beinhalten. Das Thema im Rahmen der alle zwei Jahre stattfindenden Aachener Ofenbau- und Thermoprozess-Kolloquien aufzugreifen, ist fest eingeplanter Bestandteil der Fortführung des Netzwerks „Hybrid Heating".

Neben dem reinen Informationsaustausch und Kontaktaufbau sowie -pflege innerhalb des Netzwerks im Rahmen der Veranstaltungen dient das Netzwerk auch zur Anbahnung von Forschungs- und Entwicklungsprojekten innerhalb geeigneter Förderprogramme. Auch hierzu soll zukünftig der Austausch im Netzwerk noch intensiviert werden.

Danksagung

Die Startphase des Innovationsforums „Hybrid Heating" wurde vom Bundesministerium für Bildung und Forschung im Rahmen der Initiative „Innovationsforen Mittelstand" gefördert.

Literatur

[1] Goodman, P.; Robertson, C.; Skarstein, A.: Sustainable Industrial Policy – Building on the Eco-design Directive – Energy-Using Products Group Analysis / 2 Lot 4: Industrial and Laboratory Furnaces and Ovens – Tasks 1–7, Final Report. European Commission, DG Enterprise (2012)

[2] https://www.hybrid-heating.de/innovationsforum-hybrid-heating-in-aachen/

Autoren

Dr.-Ing. Thomas Echterhof
Institut für Industrieofenbau und Wärmetechnik
RWTH Aachen University
echterhof@iob.rwth-aachen.de

Dr.-Ing. Christian Schwotzer
Institut für Industrieofenbau und Wärmetechnik
RWTH Aachen University
schwotzer@iob.rwth-aachen.de

Prof. Dr.-Ing. Herbert Pfeifer
Institut für Industrieofenbau und Wärmetechnik
RWTH Aachen University
pfeifer@iob.rwth-aachen.de

Dieser Beitrag erschien zuerst in: Echterhof, T.; Schwotzer, C.; Pfeifer, H.: Hybrid Heating – Ergebnisse des Innovationsforums und Ausblick. 2. Aachener Ofenbau- und Thermoprozess-Kolloquium, 10.-11. Oktober 2019, Aachen, S. 203-210
Das Innovationsforum Hybrid-Heating wird als Innovationsnetzwerk Hybrid-Heating durch das Institut für Industrieofenabu und Wärmetechnik der RWTH Aachen University weitergeführt. In diesem Rahmen werden regelmäßig verschiedene Veranstaltung zum Thema Hybrid-Heating im Kontext der Dekarbonisierung durchgeführt. Weitere Informationen sind unter https://www.hybrid-heating.de/ zu finden.

Institut für Elektroprozesstechnik der Leibniz Universität Hannover

Prof. Dr.-Ing. Egbert Baake

Das Institut für Elektroprozesstechnik (ETP) der Leibniz Universität Hannover gehört zur Fakultät für Elektrotechnik und Informatik und ist in der Forschung und Lehre auf dem Gebiet der industriellen Elektroprozesstechnik tätig. Dabei liegen die Forschungs- und Entwicklungsschwerpunkte des Institutes in den Bereichen der Entwicklung und Optimierung von elektrothermischen Prozessen und Anlagen sowie in der nachhaltigen, klimaneutralen Energienutzung für industrielle Prozesswärme.

Die gegenwärtig durchgeführten Forschungs- und Entwicklungsprojekte beinhalten das induktive Erwärmen zum Umformen, zum Wärmebehandeln, zur Banderwärmung und zum Schweißen. Im Bereich des induktiven Schmelzens liegt aktuell der Schwerpunkt bei der Entwicklung neuer Schmelzprozesse für innovative hochtemperaturfeste Werkstoffe. Die Arbeiten zur elektromagnetische Materialbeeinflussung umfassen die Prozessierung von Materialien einschließlich der Behandlung nichtlinearer elektrothermischer und magnetofluiddynamischer Prozesse und Anlagen sowie deren Optimierung.

Auf dem Gebiet der nachhaltigen und klimaneutralen Energienutzung in der industriellen Thermoprozesstechnik werden Untersuchungen zur effizienten Energienutzung auch im Hinblick auf primärenergetische und klimarelevante Auswirkungen des Einsatzes verschiedener Energieträger durchgeführt. Dazu gehören auch die energetische und thermische Analyse sowie das Energie- und Lastmanagement von industriellen Anlagen einschließlich der Entwicklung und Umsetzung von Transformationskonzepten zur Defossilisierung von industriellen thermischen Prozessen. **Bild 1** zeigt einen Überblick zu den Tätigkeitsschwerpunkten des Instituts für Elektroprozesstechnik.

Enge internationale Kooperation

Die überwiegende Anzahl der durchgeführten Projekte werden in enger Kooperation mit nationalen und internationalen Partnern aus Industrie und Forschungseinrichtungen bearbeitet. Dabei erstreckt sich das Tätigkeitsfeld von anwendungsorientierter Grundlagenforschung bis hin zur industrienahen Entwicklung. Zu allen genannten Arbeitsfeldern bietet das Institut über die Forschungs- und Entwicklungstätigkeit hinaus Beratung und Dienstleistungen für Unternehmen und öffentlichen Einrichtungen an.

Das Institut verfügt über vielfältige, langjährige Kontakte zu internationalen universitären Forschungseinrichtungen, die eine interdisziplinär ausgerichtete, nationale und internationale Zusammenarbeit ermöglichen.

Die Aktivitäten des Instituts für Elektroprozesstechnik werden unterstützt und gefördert durch die Vereinigung zur Förderung des Instituts für Elektrowärme e.V. (EWH). Das Hauptanliegen dieses Fördervereins ist es, die Wissenschaft und Forschung am Institut zu fördern. Dies geschieht mit Hilfe von Mitgliedsbeiträgen und zweckgebundener Spenden. Zudem führt der Förderverein Auftragsarbeiten durch, erstellt Gutachten und berät bei Anfragen aus dem Bereich der Elektroprozesstechnik. Zu den Mitgliedern zählen vorwiegend Industrieunternehmen.

Am Institut arbeiten zusammen mit dem Förderverein derzeit neben dem Institutsleiter 12 Mitarbeiterinnen und Mitarbeiter, die überwiegend aus Drittmitteln finanziert werden. Die Drittmittel kommen vom Bund, von der Europäischen Union und sonstigen öffentlichen Fördereinrichtungen, wie z. B. der DFG, der AiF, vom BMBF oder aus der Industrie. Zur umfangreichen technischen Ausstattung gehören zahlreiche Versuchsanlagen in einem großen Leistungsspektrum, Laborausrüstungen, moderne Messtechnik sowie leistungsfähige Rechner mit entsprechender Software zur numerischen Simulation von elektromagnetischen, thermischen und fluiddynamischen Prozessen und Anlagen. Das Institut verfügt über eine eigene mechanische und elektrotechnische Werkstatt.

Lehrangebot

Zum Lehrangebot des ETP gehören Vorlesungen und Übungen im Umfang von 25 Semesterwochenstunden für Studierende der Elektrotechnik, der Mechatronik und der Energietechnik in den entsprechenden Bachelor- und Masterstudiengängen.

Im Bachelorstudiengang Elektrotechnik und Informationstechnik sowie Mechatronik wird das Fach „Technische Wärmelehre“ angeboten. Für Studierende in den Masterstudiengängen werden die Lehrveranstaltungen „Elektrothermische Verfahren“, Industrielle Elektrowärme, Erwärmung und Kühlung in der Elektrotechnik“, „Magnetofluiddynamik“ sowie die englischsprachige Veranstaltung „Electrothermal

Forschung, Entwicklung, Beratung und Service

Entwicklung und Optimierung von elektrothermischen Prozessen und Anlagen für:

- Induktive Schmelztechnik und Erwärmung von Metallen
- Induktive Längs- und Querfelderwärmung von Bändern/Platinen
- Induktive Schmelztechnik für Keramiken und Gläser
- Thermische Behandlung von Werkstoffen, induktives Randschichthärten
- Elektromagnetisch beeinflusste Herstellungsprozesse von Werkstoffen und Bauteilen
- Induktives und konduktives Schweißen von Rohren/Platinen

Nachhaltige und klimaneutrale Energienutzung:

- Energiebedarf und CO_2-Emissionen von Prozesswärmeverfahren
- Defossilisierung von industriellen thermischen Prozessen
- Energie- und Lastmanagement von industriellen Anlagen
- Energetische Analysen zur Effizienzsteigerung von thermischen Prozessen und Anlagen

Problemlösung durch:

- Numerische Modellierung und Prozesssimulation von gekoppelten elektromagnetischen, thermischen und fluiddynamischen Effekten
- Entwicklung und Realisierung von experimentellen Versuchsanlagen und Messsystemen
- Experimentelle Untersuchungen an Versuchs- und Industrieanlagen
- Beratung von Anlagenherstellern und Anwendern von Prozesswärmeverfahren

Bild 1: Tätigkeitsschwerpunkte des Instituts für Elektroprozesstechnik der Leibniz Universität Hannover (ETP)

Processing" durchgeführt. Darüber hinaus wird die Vorlesung „Nutzung solarer Energien" von dem Lehrbeauftragten Herr Dr.-Ing. Gerhard Kleiss gehalten. Das weitere Lehrangebot besteht aus Laboratorien für Temperaturmesstechnik und Elektrowärmeverfahren sowie Bachelor- und Masterarbeiten aus dem Bereich der Elektroprozesstechnik.

Forschungsgebiete

Im Bereich der elektrothermischen Prozesstechnik werden überwiegend Arbeiten zum induktiven Erwärmen und Schmelzen durchgeführt. Die Projekte beinhalten u.a. das induktive Erwärmen zum Umformen, zum Wärmebehandeln, zur Banderwärmung und zum Schweißen. Im Bereich des induktiven Schmelzens liegt aktuell der Schwerpunkt bei der Entwicklung neuer Schmelzprozesse für innovative hoch-temperaturfeste Werkstoffe sowie dem Einsatz von magnetischen Feldern zur Verbesserung der Gefügestrukturen bei Erstarrungsprozessen.

Forschung und Entwicklung

Im Bereich der nachhaltigen und klimaneutralen Energienutzung werden Untersuchungen zur effizienten, ressourcenschonenden Energienutzung auch im Hinblick auf primärenergetische und klimarelevante Auswirkungen des Einsatzes verschiedener Energieträger durchgeführt. Energetische Analysen sowie das Energie- und Lastmanagement von industriellen Anlagen zur Erzeugung von Prozesswärme gehören ebenfalls zu diesem Bereich. Im Mittelpunkt dieser Aktivitäten steht aktuell die Entwicklung und Umsetzung von Transformationskonzepte zur Defossilisierung industrieller thermischer Prozesse und Anlagen vor dem Hintergrund der industriellen Energiewende.

Im Folgenden wird zu einigen ausgewählten Arbeiten aus den Tätigkeitsschwerpunkten berichtet.

Wärme- und Stofftransport in der Schmelze von Induktionsanlagen

Die verfahrenstechnische Entwicklung, Auslegung und Optimierung von Induktionsanlagen zum Schmelzen und Gießen gehört seit Jahren zu den Forschungsschwerpunkten des Instituts. Zur numerischen Simulation und Analyse der komplexen instationären turbulenten Schmelzenströmungen und Temperaturverteilungen sowie des Wärme- und Stofftransports in der Schmelze von Induktionsanlagen werden am ETP dreidimensionale experimentell verifizierte Turbulenzmodelle, wie beispielsweise das Large-Eddy-Simulation(LES)-Verfahren eingesetzt, wobei die Resultate in sehr guter Überstimmung mit entsprechenden Ergebnissen aus der Praxis sind. Anwendungsbeispiele für das LES-Verfahren in industrienahen Forschungs- und Entwicklungsprojekten sind Induktionstiegel- und rinnenöfen für den Eisen- und Nichteisenbereich, Kaltwand-Induktionstiegelöfen zum Schmelzen und Gießen von TiAl-Legierungen, Schmelz- und Verzinkungsanlagen mit angeflanschten Tiegel- oder Rinneninduktoren, Einrichtungen zum elektromagnetischen Schwebeschmelzen sowie elektromagnetische Strömungsbeeinflussung bei kontinuierlichen Gieß- und Erstarrungsprozessen.

Das LES-Verfahren wurde zum Beispiel zur Berechnung der instationären Schmelzenströmung und Temperaturverteilung im Induktions-Rinnenofen eingesetzt. Hierbei konnte der Energietransport aus der Rinne in den Ofenkessel durch transiente dreidimensionale Simulationen nachgebildet werden. Somit ist es mit Hilfe des LES-Verfahrens beispielsweise

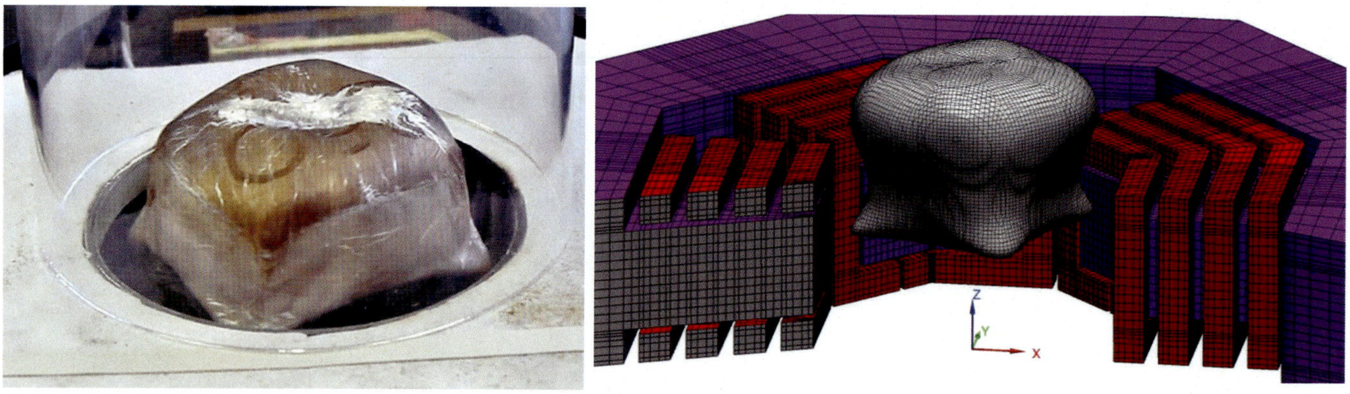

(a) (b)

Bild 2: Experimentelle Anordnung (a) und numerisches Simulationsmodell (b) für das Schwebeschmelzen mit zwei horizontalen elektromagnetischen Feldern

möglich, die Schmelzenströmung und damit den Wärme- und Stofftransport in Induktions-Rinnenöfen durch Anpassung der Rinnengeometrie gezielt zu beeinflussen. Weiterhin können die Auswirkungen konstruktiver Änderungen auf den Wärme- und Stofftransport untersucht werden, um so die Leistung der Induktoren optimal anpassen zu können.

Das vollkommen berührungslose elektromagnetische Schwebeschmelzen bietet eine Reihe von prozesstechnischen Vorteilen, wie beispielsweise hohe Reinheit des zu schmelzenden Materials, hohe Temperaturen der Schmelze und hohe Effizienz des Prozesses. Im Rahmen eines mehrjährigen Forschungsprojekts ist am ETP ein neues Verfahren für das elektromagnetische Schwebeschmelzen entwickelt worden. Bei diesem Konzept werden durch die Anwendung von zwei überlagerten horizontalen Magnetfeldern, deren horizontale Feldlinien senkrecht zueinanderstehen, Schwebekraftdichteverteilungen in der Schmelze erzeugt, wodurch der Ablauf und das Abtropfen der Schmelze auch auf der Achse elektromagnetisch verhindert wird (**Bild 2**). Somit kann das Gewicht der geschmolzenen Charge erheblich vergrößert werden. Dabei müssen die Frequenzen der Felder geringfügig unterschiedlich sein, damit sich kein Drehfeld ergibt.

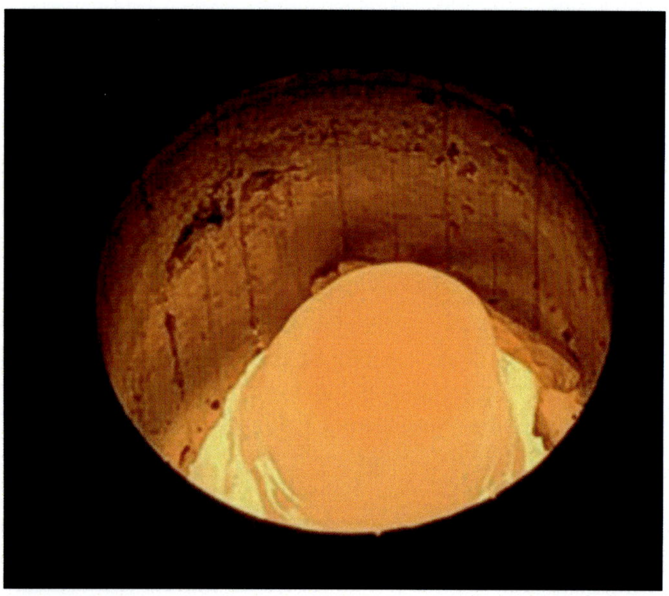

Bild 3: NbSi-Komposit im Kaltwand-Induktionstiegelofen: Schmelztemperatur: 2040°C

Neben umfangreichen experimentellen Untersuchungen zum Schwebeschmelzen mit horizontalen Magnetfeldern wurden weiterführende numerische Simulationsmodelle zur Nachbildung des dynamischen instationären Verhaltens insbesondere der freien Schmelzenoberfläche beim induktiven Schmelzen entwickelt und erfolgreich angewendet. Hierzu wurde unter Anwendung der kommerziellen Programmpakete ANSYS Classic, ANSYS Fluent und ANSYS CFX-Post ein gekoppeltes dreidimensionales numerisches Modell zur Simulation der dynamischen freien Oberflächen für elektrisch leitfähige Fluide unter dem Einfluss von elektromagnetischen Feldern entwickelt. Hierbei wird die Volume of Fluid Methode und das LES Turbulenzmodell für große Reynoldszahlen und Zwei-Phasen-Strömungen angewendet. Die Simulationsergebnisse wurden mit analytischen Berechnungen, vergleichbaren numerischen Simulationen und experimentellen Ergebnissen verifiziert. Ergebnisse dieser Simulationen sind beispielhaft in **Bild 2** dargestellt. Ein Vergleich hinsichtlich Form und Position der aufgeschmolzenen Probe zwischen der numerischen 3D-Simulation und dem Experiment hat eine gute Übereinstimmung ergeben.

Prozessierung von Niob-MASC-Legierungen im Kaltwand-Induktionstiegelofen

Die Entwicklung und Herstellung innovativer Legierungen für spezielle Anwendungen ist ein aktuelles Thema am ETP. Im Rahmen eines von der Deutschen Forschungsgemeinschaft (DFG) geförderten Projekts wird eine neue Generation von Legierungen für Hochtemperaturanwendungen in Zusammenarbeit mit dem Institut für Werkstoffkunde der Leibniz Universität Hannover erforscht.

Legierungssysteme auf Basis von Niob und Silizium werden als vielversprechende Alternativen zu Nickelbasis-Superlegierungen für die Herstellung von Hochdruckturbinenschaufeln für Flugzeugtriebwerke untersucht. Da die Turbinenschaufeln unter extremen Bedingungen betrieben werden, müssen ihre Werkstoffeigenschaften einen stabilen Einsatz auch bei hohen Temperaturen (über 1.000°C) und großen mechanischen Belastungen ermöglichen. Außerdem ist es möglich, die Effizienz von Flugzeugtriebwerken durch eine Erhöhung ihrer Betriebstemperatur zu steigern.

Die so genannten Niob-MASC-Systeme (Metal And Silicide Composites) zeichnen sich durch einen hohen Schmelzpunkt (über 1.750°C), eine relativ geringe Dichte (6,6-7,2 g/ccm)

und eine sehr gute Festigkeit bei hohen Temperaturen aus. Der Anteil von Niob sorgt für eine gute Bruchzähigkeit, während Silizid für die Festigkeit und Oxidationsbeständigkeit des Werkstoffs zuständig ist. Durch die gezielte Zugabe von vier weiteren Elementen (Titan, Aluminium, Hafnium und Chrom) lassen sich Eigenschaften wie Kriechfestigkeit und Bruchzähigkeit weiter verbessern. Auch die Mikrostruktur und die mechanischen Eigenschaften der Legierung sollen durch die Zugabe von verstärkenden Nanopartikeln verändert werden.

Die kontrollierte Herstellung dieser Legierungen stellt nach heutigem Stand der Technik eine große technische Herausforderung dar: Aufgrund der hohen chemischen Reaktivität von Niobschmelzen kann es bei konventionellen Schmelzverfahren (z.B. in klassischen Induktions- oder Widerstandsöfen) zu Verunreinigungen durch Tiegelmaterialien kommen; zudem sind die eingesetzten Tiegel einer hohen thermischen Belastung ausgesetzt, so dass sie nur wenige Schmelzen verkraften können. Aus diesem Grund untersucht das Institut für Elektroprozesstechnik den Schmelzprozess von Niob-MASC durch Semilevitationsschmelzen in Kaltwand-Induktionstiegelöfen (**Bild 3**). Der minimale Kontakt zwischen Werkstück und Tiegel erhöht die Qualität der Schmelze und reduziert die Wärmeverluste durch den wassergekühlten Tiegel. Außerdem wird die Schmelze durch starkes Rühren homogenisiert, was die Qualität des Gusses und die Verteilung der Nanopartikel signifikant verbessert.

Die Untersuchung des Schmelzprozesses von Niob-MASC-Legierungen wird mit Hilfe numerischer Simulationen durchgeführt: dabei werden elektromagnetische, fluiddynamische und thermische Felder gekoppelt und die Verteilung der Nanopartikel innerhalb der Schmelze mit Hilfe der Particle Tracing Methode untersucht (**Bild 4**). Numerische Modelle ermöglichen nicht nur ein tieferes Verständnis des Prozesses selbst, sondern auch seine Optimierung für zukünftige industrielle und großtechnische Anwendungen. Die am Institut durchgeführten Versuche zeigen eine sehr gute Übereinstimmung mit den numerischen Simulationen, und der Niob-MASC-Komposit wird homogen aufgeschmolzen.

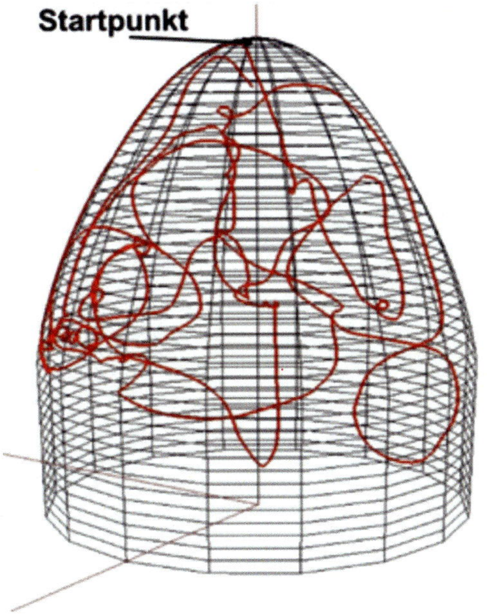

Bild 4: Simulation zur Verteilung von Nanopartikel in der Schmelze mit der Particle Tracing Methode

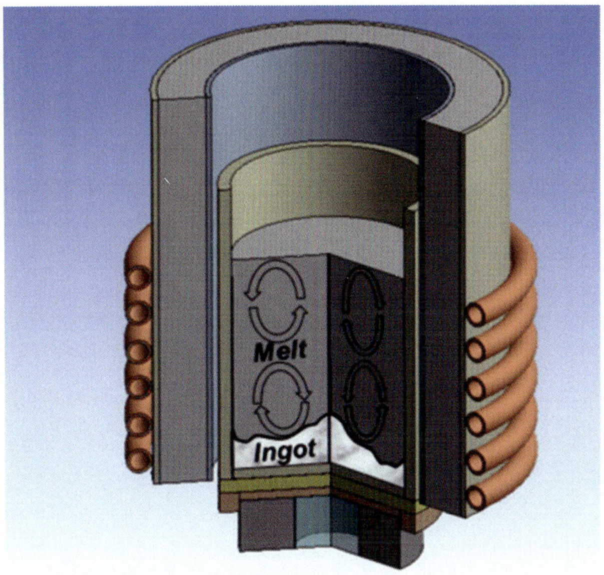

Bild 5: Prinzipdarstellung des Versuchsaufbaus zum elektromagnetischen Rühren beim kontinuierlichen Erstarren einer Aluminium-Legierung

Elektromagnetisches Rühren beim Stranggießen

Das elektromagnetische Rühren beim kontinuierlichen Stranggießen von Metallen wird heute weitverbreitet in der Eisen- und Nichteisenindustrie zur Verbesserung der mechanischen Eigenschaften eingesetzt. Dabei wird die metallurgische Gefügestruktur durch Kornfeinung während des Erstarrungsprozesses verbessert. Die Kornfeinung durch das elektromagnetische Rühren beruht im Wesentlichen auf zwei Vorgänge. Die Schmelzenströmung bewirkt in Kombination mit thermisch bedingten Konvektionsstrom das Dendriten des Zweiphasengebietes teilweise wieder aufgeschmolzen werden und sich Sekundärdendriten lösen können. Zusätzlich kann die intensive turbulente Schmelzenströmung das Abreißen der Sekundärdendriten bewirken, wodurch neue Erstarrungskeime entstehen.

Das elektromagnetische Rühren unter Anwendung von Wechselfeldern, mehrphasigen Wanderfeldern, rotierenden Feldern und insbesondere gepulsten elektromagnetischen Feldern wird am ETP seit einigen Jahren experimentell und mit Hilfe numerischer Simulationsmodelle untersucht. Hierzu zeigt **Bild 5** das Konzept eines experimentellen Versuchsaufbaus zum elektromagnetischen Rühren beim kontinuierlichen Erstarren einer Aluminium-Legierung.

Im Rahmen der durchgeführten Arbeiten konnte durch Analyse der Oszillationen der Strömungswirbel innerhalb der Schmelze festgestellt werden, dass durch den Einsatz von niederfrequenten gepulsten Feldern, deren Frequenz der charakteristischen Eigenfrequenz der Strömungswirbel entspricht, eine Intensivierung des Wärme- und Stofftransports in der Schmelze und eine Verbesserung der Kornfeinung erzielt werden kann, wie im **Bild 6** beispielhaft zu sehen ist. Dieser Effekt ist auf Magnetohydrodynamische Resonanz-Erscheinungen (MHD-Resonanz) zurückzuführen. In Zukunft soll u.a. auch die Anwendung und die Wirkung von überlagerten elektromagnetischen Feldern (EMF), sogenannte Tailored EMF, untersucht werden.

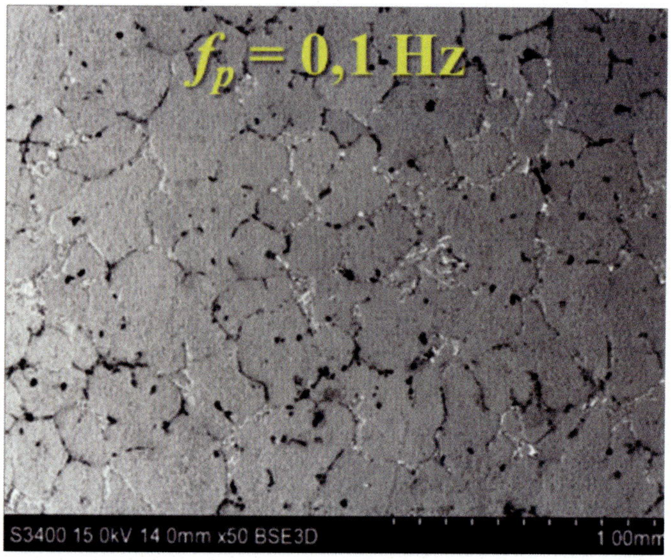

Bild 6: Gefüge einer Aluminium-Legierung nach der Erstarrung bei natürlicher Konvektion (links) und beim Rühren mit niederfrequenten (f = 0,1 Hz) gepulsten elektromagnetischen Feldern (rechts)

Design von flexiblen induktiven Querfeld-Banderwärmungs-Anlagen

Viele Produktionslinien in der Halbzeugindustrie beinhalten als wichtigen Prozessschritt das Erwärmen von dünnen metallischen Bändern im Durchlaufbetrieb. Für die Erwärmung gibt es vielfältigste Anwendungen, die von Trocknungsaufgaben nach dem Beschichten und Lackieren, dem Galvanisieren, über die Wärmebehandlung (z. B. Anlassen oder Rekristallationsglühen) bis hin zum Erwärmen zum Warmumformen reichen. Für diese Aufgaben werden vornehmlich gas- oder elektrisch widerstandsbeheizte Öfen eingesetzt. Diese arbeiten nach dem Prinzip der indirekten Wärmeübertragung. Die Energie wird dem zu erwärmenden Material durch Konvektion und Wärmestrahlung über dessen Oberfläche zugeführt. Hierdurch bestehen Einschränkungen und Nachteile, wie z. B. die begrenzte erreichbare Leistungsdichte, der erhöhte Zunderanfall sowie Kornvergrößerung aufgrund der langen Verweilzeiten in den Öfen. Aber auch die betrieblichen Merkmale wie großer Platzbedarf, hohe Wärmeverluste und lange Auf- und Abkühlzeiten durch die großvolumigen Ofenräume sowie die eingeschränkte Flexibilität dieser Anlagen sind für moderne Produktionsprozesse sehr nachteilig.

Eine innovative Lösung der oben beschriebenen Probleme kann durch den Einsatz der induktiven Querfelderwärmung erreicht werden. So bietet diese Technologie gegenüber den konventionellen Erwärmungsverfahren zahlreiche Vorteile, wie hohe Leistungsdichten, hoher Wirkungsgrad, hohe Automatisierbarkeit und Flexibilität. Der schematische Aufbau eines induktiven Querfelderwärmers ist in **Bild 7** zu sehen.

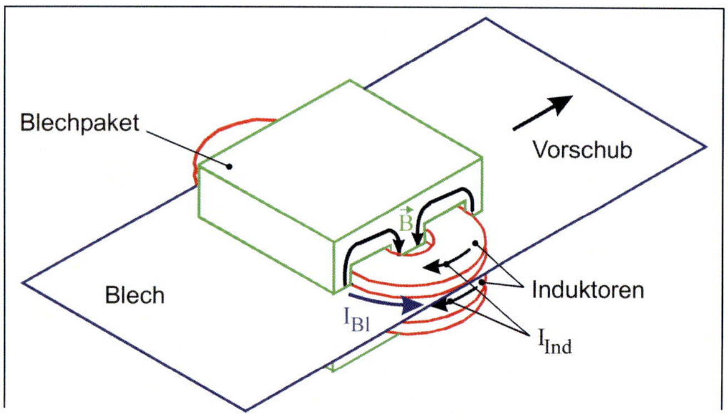

Bild 7: Prinzip eines induktiven Querfelderwärmers

Am ETP sind in den letzten Jahren zahlreiche Projekte auf dem Gebiet der induktiven Querfelderwärmung durchgeführt worden. Die erzielten guten Ergebnisse stützen sich im Wesentlichen auf zwei Tatsachen. Dies sind zum einen ein am Institut entwickeltes Auslegungskonzept und zum anderen die Verwendung einer Kombination aus numerischer Simulation und automatischen Optimierungsalgorithmen. Bei der automatischen Optimierung suchen spezielle Algorithmen optimale Parameter für die Auslegung von Anlagen. Die Schwerpunkte der Entwicklungen im Bereich der Querfelderwärmung zielten unter anderen auf die Anwendung von Erwärmern für flexible Bandbreiten. **Bild 8** zeigt das am ETP entwickelte Prinzip zur Erwärmung von Bändern mit variabler Bandbreite. Es stellt ein für viele Anwendungen hervorragend anwendbares und äußerst robustes Induktorprinzip dar und ist inzwischen erfolgreich im industriellen Einsatz erprobt worden.

Induktives Randschichthärten

Ein weiterer Forschungsschwerpunkt befasst sich mit dem induktiven Härten von Bau- und Konstruktionsteilen. Hierbei liegt ein besonderer Schwerpunkt auf der Entwicklung numerischer Simulationswerkzeuge, die den dreidimensionalen transienten induktiven Erwärmungsvorgang präzise nachbilden können. Parallel werden experimentelle Untersuchungen durchgeführt, die zur Verifizierung des numerischen Modells dienen und den Praxisbezug herstellen.

Die Auslegung der Härteanlagen, insbesondere die Gestaltung der Induktorgeometrie und die Einstellung der Härteparameter wie beispielsweise die Frequenz des Induktorstroms oder die Einsatzleistung, erfolgt basierend auf Erfahrungswerten noch überwiegend experimentell. Hier sind bisher gerade bei komplizierten Härteaufgaben für diffizile Werkstückgeometrien dem induktiven Härteverfahren Grenzen gesetzt.

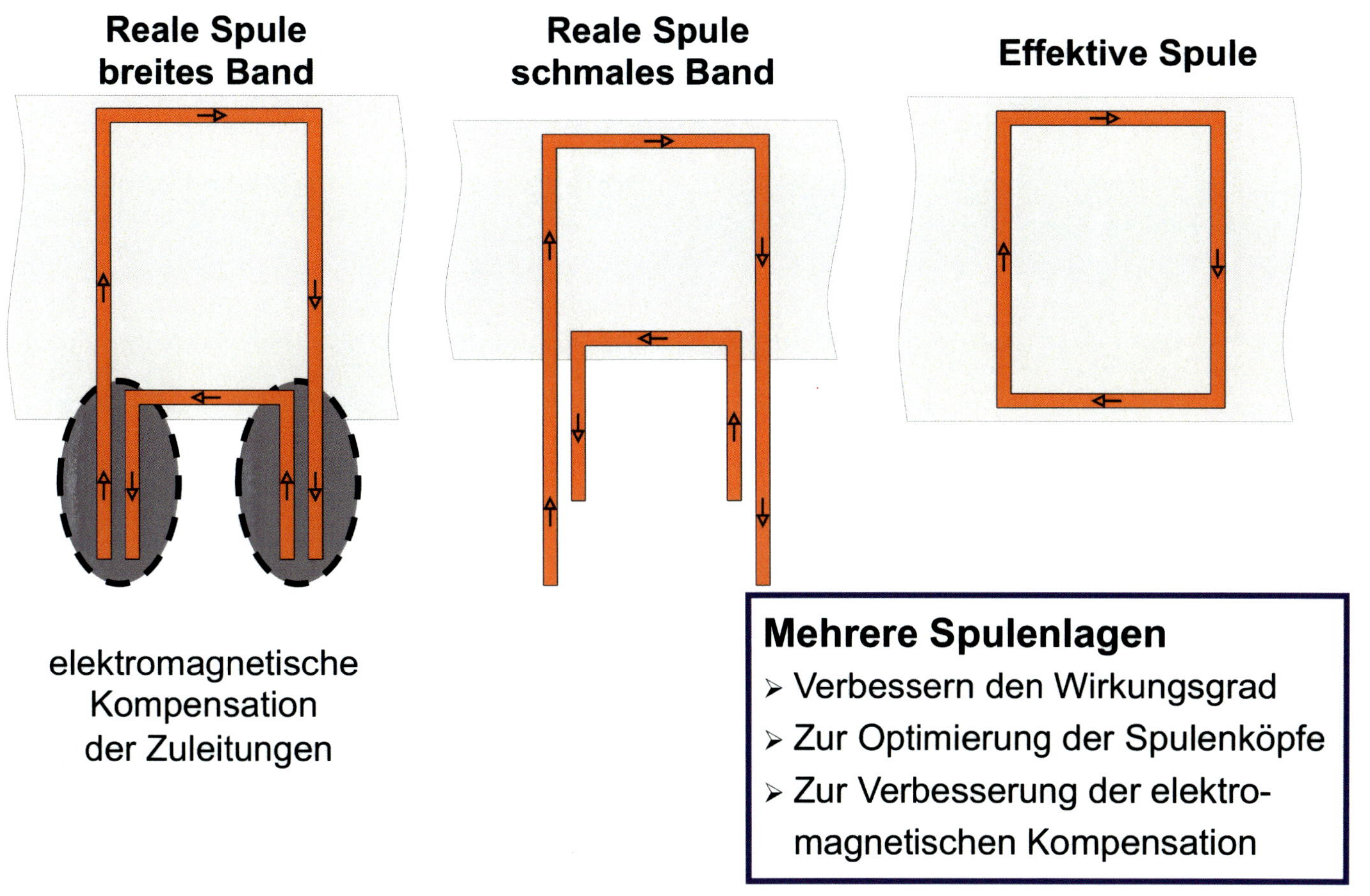

Bild 8: Querfelderwärmungsprinzip für variable Bandbreiten

Die numerische Simulation induktiver Erwärmungsprozesse kann einen entscheidenden Beitrag zur Auslegung von Härteanlagen für komplizierte Härteaufgaben leisten. Am ETP wurde ein Berechnungsmodell entwickelt, das den dreidimensionalen transienten Erwärmungsprozess erfolgreich simuliert. Somit können Härteparameter variiert und deren Einfluss auf das Erwärmungsprofil untersucht werden.

Das Simulationsmodell berücksichtigt alle für den induktiven Erwärmungsprozess verantwortlichen Phänomene. Die Materialgrößen des zu erwärmenden Gutes, die in der Regel eine starke Temperaturabhängigkeit aufweisen, besitzen einen großen Einfluss auf den Erwärmungs- und Härtevorgang. Deshalb wurden die elektrischen und thermischen Materialparameter als Funktion der Temperatur implementiert. Des Weiteren wurde eine Kopplung von elektromagnetischem und thermischem Feld realisiert, da sich beide gegenseitig beeinflussen. Handelt es sich bei der Härteanordnung um einen rotationssymmetrischen Aufbau, so kann die Werkstückrotation ebenfalls berücksichtigt werden. Somit steht am ETP ein universelles Simulationstool zur Verfügung, das den transienten Erwärmungsvorgang induktiver Erwärmungsprozesse komplexer dreidimensionaler Werkstückgeometrien erfolgreich nachbilden kann.

Das numerische Modell wurde bereits für eine Reihe von unterschiedlichen Härteanwendungen, wie z.B. für das Randschichthärten von Getriebeschnecken, grobverzahnten Zahnrädern und großen Lagerringen für Windenergieanlagen erfolgreich eingesetzt. Dabei kann in vielen Fällen die Temperaturverteilung am Ende des Erwärmungsprozesses als Maß für die Härteverteilung übernommen werden. Vergleiche von Temperaturprofilen mit den entsprechenden Härteprofilen haben diese Gültigkeit bestätigt, wenn die Abschreckung des Werkstücks optimal abläuft und keine großen Einhärtetiefen vorliegen.

In Anwendungsfällen mit großen Einhärtetiefen, reduzierter Abschreckintensität oder, wenn Zeitverzögerungen zwischen dem Erwärmungs- und Abkühlvorgang auftreten, haben sich jedoch Abweichungen zwischen dem simulierten Temperaturprofil und der endgültigen Härteverteilung ergeben. Daher wurde das elektromagnetisch/thermische Modell um ein neues Modul zur Simulation der Materialumwandlung während des Abschreckvorgangs erweitert. Das Modul erlaubt die Bestimmung des Martensitsanteils nach der Abschreckung unter Berücksichtigung der Abschreckintensität, des Abschreckbeginns oder auch bei großen Einhärtetiefen, bei denen die inneren Bereiche des Werkstücks weniger intensiv abgeschreckt werden.

Bild 9 zeigt den Vergleich der Temperaturverteilung aus der rein elektromagnetisch/thermischen Berechnung (a) mit dem experimentell ermittelten Härteprofil (b) sowie mit dem mittels des neu entwickelten Simulationsmoduls berechneten Martensitanteil (c) für einen Anwendungsfall mit großer Einhärtetiefe. Für diesen Fall ergibt sich eine erhebliche Abweichung des reinen Temperaturprofils vom experimentell ermittelten Härteprofil, während die berechnete Martensitverteilung sehr gut mit dem Härteprofil übereinstimmt. Das neu entwickelte Modul zur verbesserten Bestimmung des

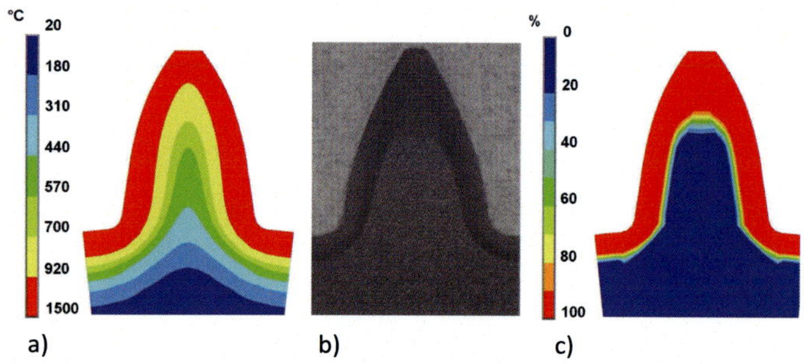

Bild 9: Berechnetes Temperaturprofil (a), experimentell ermitteltes Härteprofil (b) und berechnetes Härteprofil (c)

Härteprofils wurde bereits für verschiedene Anwendungsfälle erfolgreich eingesetzt.
Ein neues Untersuchungsfeld ist die Entwicklung des induktiven Anlassens in einer Linie nach dem Induktionshärteprozess. Aufgrund der Niedertemperaturbehandlung beim Anlassen befindet sich das Werkstück unter der Curie-Temperatur, was eine sehr genaue Anpassung der optimalen Prozessfrequenz und der Induktorgeometrie erfordert. Ein gesamthaftes Berechnungs- und Auslegungsverfahren zur ganzheitlichen Modellierung des Härte- und Anlassprozesses wurde entwickelt und erfolgreich erprobt.

Induktionserwärmung für das Warmformpressen von Karosserieteilen

Die Warmumformung von Karosseriebauteilen hat sich aufgrund wachsender Herausforderungen hinsichtlich Crashverhalten, Schadstoff-Ausstoß sowie steigender Leichtbauanforderungen zu einer der wichtigsten Technologien zur Gewichtsersparnis einer Karosserie entwickelt. Während der Warmumformung werden geformte Rohlinge aus Stahl, die zumeist aus dem Werkstoff 22MnB5 bestehen, bis etwa 950°C erwärmt, austenitisiert und anschließend zur Martensitbildung abgeschreckt. Derzeit erfolgt die Beheizung in Rollenherdöfen, die eine nur langsame Beheizung und damit eine begrenzte Produktionsrate ermöglichen. Darüber hinaus ist die Energieeffizienz aufgrund des Prinzips der indirekten Beheizung solcher Öfen gering.
Die Induktionserwärmung der Rohlinge bietet ein hohes Potenzial, um die Produktionsrate drastisch zu erhöhen und die Energieeffizienz zu verbessern. Nur aufgrund der Tatsache, dass die zu erhitzenden Teile typischerweise bereits vorgeformt sind und häufig bereits Löcher und Ausschnitte aufweisen, wird die Induktionserwärmung zu einer sehr komplexen Aufgabe. Außerdem kann eine Induktionserwärmung, die immer mit elektromagnetischen Kräften verbunden ist, zu Problemen führen, wenn die Rohlinge mit einer niedrigschmelzenden Beschichtungslegierung wie Al-Si beschichtet sind. In verschiedenen Projekten wurden verschiedene mögliche Induktionserwärmungsverfahren (Längsfelderwärmung, Querfelderwärmung, nur die Erwärmung mittels Induktion sowie die Hybriderwärmung durch Induktion und konventionelle Erwärmung) untersucht und hinsichtlich der Potenziale und Grenzen der Induktionserwärmung für die Warmumformung in Abhängigkeit von den Produktionsbedingungen bewertet.

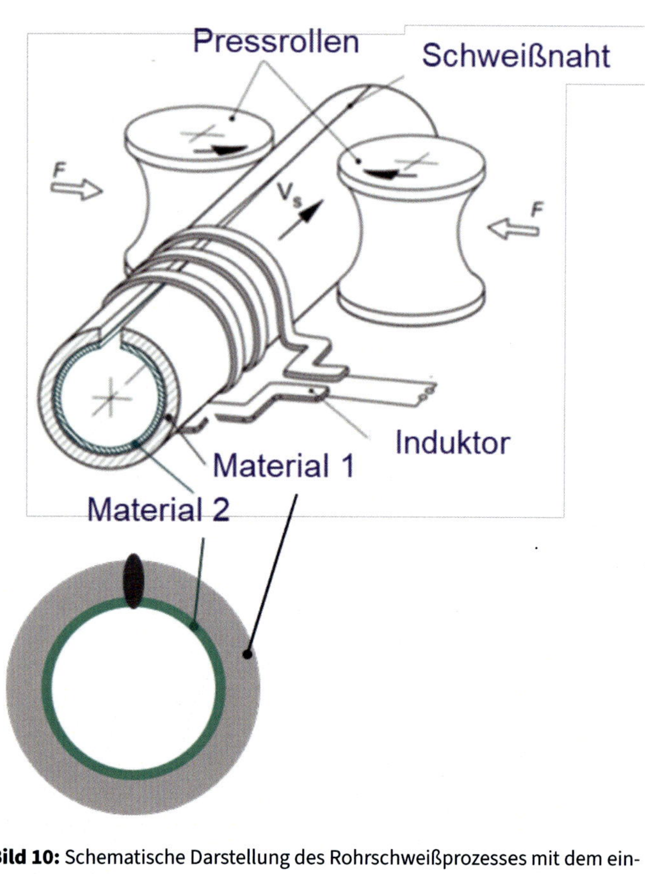

Bild 10: Schematische Darstellung des Rohrschweißprozesses mit dem einlaufenden Schlitzrohr, Induktor und Pressrollen

Induktives Hochfrequenzschweißen von Rohren

Die komplexe numerische Simulation des induktiven Hochfrequenz-Längsnaht-Rohrschweißprozesses ist seit vielen Jahren ein Forschungsthema am ETP. In enger Zusammenarbeit mit Industriepartnern konnten zahlreiche Verbesserungen des induktiven Rohrschweißprozesses erzielt werden. Darüber hinaus wurde erstmalig das induktive Hochfrequenz-Rohrschweißen von mehrlagigen plattierten Rohren unter Anwendung des Zwei- und Einzelfrequenzverfahrens in einem Kooperationsprojekt zusammen mit der TU Chemnitz untersucht (**Bild 10**).
Plattierte Rohre werden unter anderen beim Transport von aggressiven bzw. abrasiven Medien eingesetzt, zum Beispiel in Kraftwerken und in der chemischen Industrie. Die Kombination von zwei verschiedenen Metallen in einem Rohr bietet auf wirtschaftliche Weise eine hohe Korrosions- und/oder Abriebfestigkeit. Bis heute werden die plattierten Rohre durch diskontinuierliches Lichtbogenschweißen oder Schweißplattieren mit vergleichsweise geringen Produktionsraten hergestellt.

Mit Hilfe von numerischen Simulationsmodellen des Rohrschweißprozesses konnte die Durchführbarkeit des induktiven Längsnahtschweißens von plattierten Rohren untersucht und Lösungsansätze für die technische Realisierung abgeleitet werden. Der Nachweis erfolgte mit metallischen Legierungen stark unterschiedlicher Zusammensetzungen und Gefügestrukturen am Beispiel der Werkstoffe S355 J2 und der Legierung 625. Die genannten Lösungsansätze eignen sich, um das Schweißen von weiteren ferritisch-austenitischen Materialkombinationen abzubilden. Bei der Lösungsfindung konnte mit Hilfe elektrischer und geometrischer Parameter eine gewünschte Leistungs- und Temperaturverteilung in der Bandkante eingestellt werden. Hierbei bietet die simultane Zweifrequenztechnik einige Vorteile in der Prozesssteuerung und ermöglicht die Homogenisierung der Temperaturverteilung in der Schweißkante (**Bild 11**).

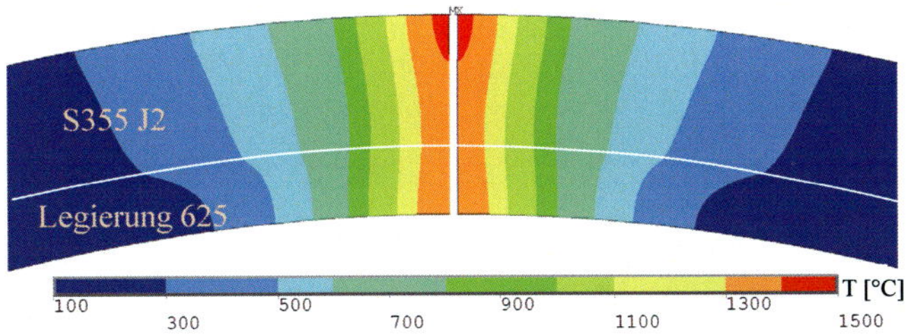

Bild 11: Temperaturverteilung im Rohrquerschnitt bei einer Schweißgeschwindigkeit von vs = 40 m / min, geschweißt mit zwei Frequenzen von fHF = 220 kHz und fMF = 10 kHz

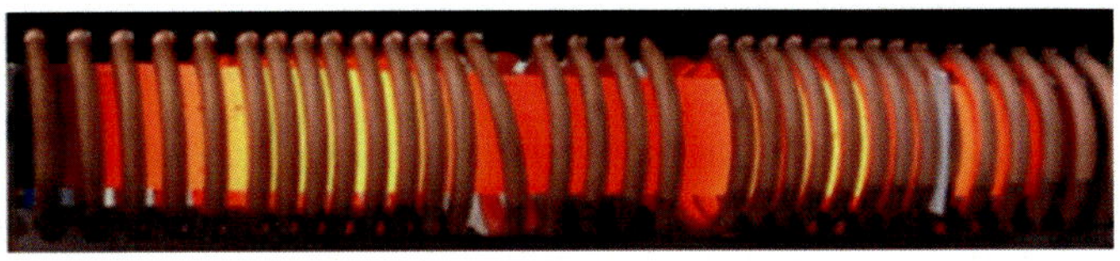

Bild 12: Induktiv erwärmtes Bauteil mit Zonen höherer und niedrigerer Temperatur

Tailored Heating zum Warmumformen von Massivbauteilen

In Kooperation mit dem Institut für Industrieofenbau und Wärmetechnik (IOB) der RWTH Aachen wurde ein durch die AiF gefördertes Forschungsprojekt zum maßgeschneiderten Erwärmen (Tailored Heating) für die Warmumformung erfolgreich durchgeführt. Durch numerische und experimentelle Untersuchungen wurde untersucht, inwieweit ein maßgeschneidertes Temperaturprofil in einem Werkstück für die nachfolgende Umformung realisiert werden kann. Auf diese Weise kann eine gezielte Verteilung der Fließspannung im Werkstück eingestellt werden, die für einen nachfolgenden Umformprozess dahingehend genutzt werden kann, dass eine gewünschte Massenvorverteilung im Bauteil erzielt wird.

Üblicherweise werden Gesenkschmiedeprozesse in mehreren Umformschritten, mindestens durch Vorformen und Fertigformen, durchgeführt. Beim Vorformen, werden spezielle Umformverfahren, wie z.B. das Reckwalzen oder Querkeilwalzen, angewendet. Die dafür benötigten Umformaggregate und Umformwerkzeuge sind sehr kostenintensiv. Mit dem Tailored Heating wird eine wirtschaftliche Möglichkeit geboten, auf die Vorformaggregate zu verzichten und dennoch durch Pressen des maßgeschneidert erwärmten Rohteils eine geeignete komplexe Vorform herzustellen und sowohl Energie- als auch Materialeinsparungseffekte zu erzielen.

Zur Erzeugung der Temperaturverteilung wurden am ETP die Erwärmung durch Konduktion sowie durch Induktion (**Bild 12**) und am IOB durch Direct Flame Impingement untersucht. Ausgehend von numerischen Untersuchungen für drei unterschiedliche Werkstoffe wurden die jeweiligen Erwärmungskonzepte an Versuchsaufbauten getestet und miteinander technisch und wirtschaftlich verglichen. Am Ende des Projektes wurde, auf Grundlage der Ergebnisse aus Simulation und Experiment, Richtlinien zur Auslegung und Anwendung von maßgeschneiderten Temperaturprofilen für die untersuchten Werkstückgeometrien und Werkstoffe erstellt.

Nachhaltigkeit und Defossilisierung industrieller Wärmeprozesse

Die Industrie bezieht etwa 28% der gesamten Endenergie in Deutschland und ist damit der Sektor mit dem zweithöchsten Energiebedarf, wobei Wärmeprozesse mit einem Anteil von etwa 2/3 den industriellen Endenergiebedarf deutlich dominieren und die Wärmebereitstellung für diesen Bereich aktuell mit einem Anteil von ca. 85% fast ausschließlich durch fossile Energieträger erfolgt. Hieraus resultiert, dass die Prozesswärme- und Kältebereitstellung gegenwärtig einen Anteil von knapp 15% der jährlichen deutschen CO2-Emissionen verursacht. Somit bieten Wärmebereitstellungen auf Basis erneuerbarer Energien große Potenziale zur klimaneutralen Prozesswärme für die Industrie und das Erreichen der CO2-Reduktionsziele der EU und der Bundesregierung.

Vor diesem Hintergrund werden vom ETP in Zusammenarbeit mit Industrieunternehmen und Verbänden aktuell Untersuchungen zur nachhaltigen und klimaneutralen Energienutzung durch Defossilisierung von industriellen thermischen Prozessen durchgeführt und entsprechende Transformationskonzepte entwickelt.

Allerdings müssen im Unterschied zu den Defossilisierungsanstrengungen in anderen Sektoren bei industriellen Wärmeprozessen die weite Spanne der Wärmeanwendungen und deren technologischen und anwendungstechnischen Prozessanforderungen, wie beispielsweise Temperaturbereiche, Wärmebedarfe, Heizleistungen, Ofenabmessungen und -atmosphären als Besonderheit berücksichtigt werden. Darüber hinaus fließen Kriterien wie Zuverlässigkeit und Volatilität der Energieversorgung, Möglichkeiten der Energiespeicherung sowie wirtschaftliche Aspekte, z.B. Investitions- und Betriebsaufwand und nicht zuletzt politische Rahmenbedingungen in die Untersuchungen ein.

In vielen Anwendungen kann Prozesswärme prinzipiell durch die Verbrennung fossiler Energieträger, wie Gas oder Öl, oder durch die Nutzung erneuerbarer Energiequellen realisiert werden. Je nach Anforderungen des Erwärmungsprozesses, wie Temperatur, Leistung oder Energieintensität, eignen sich alternativ verschiedene regenerative Energiequellen. So können je nach Temperaturniveau fossile Brennstoffe zur Erzeugung von Prozessdampf substituiert werden, z. B. durch solare oder geothermische Wärmequellen, durch den Einsatz von Hochtemperatur-Wärmepumpen oder durch mit Ökostrom betriebene Elektrodendampfkessel. Wesentlich anspruchsvoller sind industrielle Hochtemperatur- und Hochleistungsheizprozesse, z.B. bei Anwendungen in der Eisen- und Stahlindustrie, wo die speziellen Prozessparameter wie zeit- und ortsabhängige Prozesstemperaturverteilung im Produkt, Leistungsdichte, Ofenabmessungen und -durchsatz, Ofenatmosphäre, metallurgische Aspekte, chemische Reaktionen und vieles mehr zu berücksichtigen sind.

Die Wärmebereitstellung durch Nutzung elektrischer Energie ist grundsätzlich für alle erforderlichen Prozesstemperaturen eine Option zur nachhaltigen Defossilisierung von

Wärmeprozessen. Dabei ermöglichen elektrothermische Verfahren, wie z.B. die Widerstandserwärmung sowie induktive oder dielektrische Verfahren, die direkte effiziente vielseitige Nutzung von erneuerbarer elektrischer Energie in industriellen Wärmeprozessen.

Seminare zur elektrothermischen Prozesstechnik

In Zusammenarbeit mit der Forschungsvereinigung Industrieofenbau e.V. (FOGI) führt das Institut jährlich das 2-tägige Seminar „Elektrothermische Prozesstechnik" durch. Das Seminar gibt einen Überblick über den aktuellen Stand und zukünftige Entwicklungen ausgewählter Anwendungen elektrothermischer Verfahren. Dabei vermitteln die Vortragenden aus der Industrie und dem ETP physikalische und technische Grundlagen, stellen moderne Anlagen- und Verfahrenskonzepte vor und führen energetische Bewertungen durch. Praxisnah werden anhand innovativer aktueller Beispiele die heutigen und zukünftigen effizienten Einsatzmöglichkeiten der Elektroprozesswärme aufgezeigt. Vertiefend werden gezielte Kenntnisse zur Anlagenauslegung und Prozessoptimierung sowie Bewertung von konkurrierenden elektrischen und brennstoffbeheizten Prozesswärmeverfahren betrachtet.

Darüber hinaus veranstaltet das ETP zusammen mit der Fachzeitschrift PROZESSWÄRME des Vulkan-Verlags in Essen seit mehreren Jahren erfolgreich das Praxisseminar zum „Induktiven Schmelzen und Gießen". Das Seminar vermittelt u.a. neben anwendungsbezogenen Grundlagen aktuelle Anlagen- und Prozessentwicklungen, die durch zahlreiche Referentinnen und Referenten aus der Industrie praxisnah präsentiert werden.

Ausblick

Das Institut für Elektroprozesstechnik in Hannover sieht seine Lehr- und Forschungsschwerpunkte auch in Zukunft in der Entwicklung elektrothermischer und elektromagnetischer Verfahren, Prozesse und Anlagen. Insbesondere für die Herstellung neuer Materialien und neuer Produkte bietet die Elektroprozesstechnik vielseitige Entwicklungspotentiale und ermöglicht heute noch nicht sichtbare innovative Lösungen. Vor dem Hintergrund der Defossilisierung von industriellen thermischen Prozessen werden die Arbeiten zur nachhaltigen klimaneutralen Energienutzung in der industriellen thermischen Prozesstechnik durch die Anwendung elektrothermischer Verfahren einen weiter zunehmenden Stellenwert am ETP bekommen.

Die vielfältigen engen Kontakte zu Anlagenherstellern und zu den industriellen Anwendern sichern die Praxisnähe der Arbeiten. Über die enge Bindung zur industriellen Praxis wird auch die Lehrtätigkeit stets auf dem aktuellen Stand von Wissenschaft und Technik ausgerichtet sein. Insbesondere die Einbindung der Studierenden und wissenschaftlichen Mitarbeiterinnen und Mitarbeiter in die industrienahe Forschung stellt die wichtige Verknüpfung zwischen Lehre und Praxis sicher.

Autor:

Prof. Dr.-Ing. Egbert Baake
Institut für Elektroprozesstechnik
Leibniz Universität Hannover
Wilhelm-Busch-Str. 4
D-30167 Hannover
+49 (0) 511/ 762 2872
etp@etp.uni-hannover.de
www.etp.uni-hannover.de

INSERENTENVERZEICHNIS

Bibliografische Information der Deutschen Nationalbibliothek

Die Deutsche Nationalbibliothek verzeichnet diese Publikation in der Deutschen Nationalbibliografie; detaillierte bibliografische Daten sind im Internet über www.dnb.de abrufbar.

Hybrid Heating

1. Auflage 2025

ISBN: 978-3-8027-3188-4 (Print)

ISBN: 978-3-8027-3189-1 (eBook)

Friedrich-Ebert-Straße 55, 45127 Essen, Deutschland

Telefon: +49 201 820 02-0, Internet: www.vulkan-verlag.de

Projektmanagement:	Marie-Therese Hanschmann, Vulkan-Verlag GmbH, Essen
Lektorat:	Marie-Therese Hanschmann, Vulkan-Verlag GmbH, Essen
Herstellung:	Melanie Zöller, Vulkan-Verlag GmbH, Essen
Umschlaggestaltung:	Melanie Zöller, Vulkan-Verlag GmbH, Essen
Titelbild:	© Kanthal GmbH, Mörfelden-Walldorf
Satz:	Daniel Klunkert, Vulkan-Verlag GmbH, Essen
Druckerei:	AC medienhaus GmbH, Wiesbaden